Der Verlag dankt der Berliner Universitätsbibliothek (Zweigstelle Mathematik der Humboldt-Universität), insbesondere Herrn H. HADAN, und der Leipziger Universitätsbibliothek (Außenstelle der Sektion Mathematik der Karl-Marx-Universität), insbesondere Frau I. LETZEL, für vielfältige Unterstützung.
Foto (Seite 4): G. KIESLING, Berlin.
Die Vorlagen für die Faksimileabdrucke auf den Seiten 118 und 122 (Autographen aus der Bibliothek der Ungarischen Akademie der Wissenschaften) stellte freundlicherweise L. FEJES TÓTH, Budapest, zur Verfügung.
Die Fotos der beiden Briefmarken (Seite 242) wurden freundlicherweise von P. SCHREIBER, Greifswald, zur Verfügung gestellt.
Der Verlag dankt außerdem Herrn Buchbindermeister W. FRENKEL, Leipzig, für die hilfreiche Unterstützung.

ISBN-13:978-3-211-95822-3 e-ISBN-13:978-3-7091-9511-6
DOI: 10.1007/978-3-7091-9511-6

TEUBNER-ARCHIV zur Mathematik · Band 4

1. Auflage

Lektor: Jürgen Weiß

Gesamtherstellung: INTERDRUCK Graphischer Großbetrieb Leipzig

H. Reichardt

Gauß und die Anfänge der nicht-euklidischen Geometrie

Mit Originalarbeiten von
J. Bolyai, N. I. Lobatschewski und F. Klein

Der vierte Band der Reihe „TEUBNER-ARCHIV zur Mathematik" enthält das Buch von H. Reichardt „Gauß und die nicht-euklidische Geometrie". Diese bereits 1976 im Teubner-Verlag erschienene Arbeit behandelt die Vorgeschichte der nicht-euklidischen Geometrie, Gauss' Weg zur nicht-euklidischen Geometrie und die Wirkung des Nachlasses von Gauss.

Im vorliegenden Band findet der Leser außerdem fotomechanische Nachdrucke grundlegender Beiträge von J. Bolyai, N. I. Lobatschewski und F. Klein, auf die H. Reichardt in seinem Buch ausführlich Bezug genommen hat.

BSB B. G. Teubner Verlagsgesellschaft, Leipzig
Distributed by Springer-Verlag Wien New York

The fourth volume of the series „TEUBNER-ARCHIV zur Mathematik“ contains the book of H. Reichardt on „Gauss and non-Euclidean geometry“. Published in 1976 by Teubner-Verlag, this presents the foundations of non-Euclidean geometry, Gauss' approach to the subject and his influence on it.

The volume also contains, in photomechanically reproduced form, basic contributions of J. Bolyai, N. I. Lobachevski and F. Klein mentioned by H. Reichardt in his book.

Le quatrième tome de la série „TEUBNER-ARCHIV zur Mathematik“ contient le livre de H. Reichardt „Gauss et la géométrie non euclidienne“. Ce travail, déjà publié par les éditions Teubner en 1976 traite de la préhistoire de la géométrie non euclidienne du cheminement de la pensée de Gauss vers la géométrie non euclidienne et de l'influence des œuvres posthumes de Gauss.

Dans ce tome le lecteur trouve en outre des reproductions photomécaniques des contributions fondamentales de J. Bolyai, N. I. Lobachevski et F. Klein sur lesquelles H. Reichardt a donné dans son livre des développements détaillés.

Четвёртый том серии „TEUBNER-ARCHIV zur Mathematik“ содержит книгу Х. Рейхарда „Гаусс и неэвклидовая геометрия“. Эта работа, которая была опубликована издательством Тойбнер уже в 1976 году, посвящена предистории неэвклидовой геометрии, подходу Гаусса к неэвклидовой геометрии и действию наследия Гаусса.

В настоящем томе читатель найдёт кроме того фотомеханические копии основоположительных работ Болуа, Лобачевского и Клейна, к которым Рейхард обращается в своей книге.

Gewidmet

in dankbarer Erinnerung dem großen Geometer

WILHELM BLASCHKE
(1885–1962)

zu seinem 100. Geburtstag

am

13. September 1985

Inhalt

Vorwort zum Band „Gauß und die Anfänge der nicht-euklidischen Geometrie“

Anläßlich des 200. Geburtstages von CARL FRIEDRICH GAUSS (30. April 1777 – 23. Februar 1855) war mein kleines Buch „Gauß und die nicht-euklidische Geometrie“ erschienen, in dem naturgemäß GAUSS im Vordergrund stand. Da nun aber GAUSS über die nicht-euklidische Geometrie direkt gar nichts publizierte, indirekt nur in Form von Besprechungen einiger Arbeiten anderer Autoren über die Theorie der Parallellinien, mußte man auf briefliche Mitteilungen und auf Einzelstücke aus dem Nachlaß zurückgreifen. Davon sind wesentliche Teile in meinem Buch wörtlich wiedergegeben.

Von besonderer Bedeutung sind dabei Hinweise von GAUSS auf J. BOLYAI und N. I. LOBATSCHEWSKI, weil GAUSS in deren Arbeiten, die ohne direkte Abhängigkeit von ihm entstanden waren, seine eigenen Ergebnisse wiederfand und daraufhin Vergleiche anstellen konnte. Auch aus diesen Arbeiten von BOLYAI und LOBATSCHEWSKI konnten seinerzeit nur einzelne Stellen abgedruckt werden.

Jetzt aber ist es im Rahmen der neuen Reihe „TEUBNER-ARCHIV zur Mathematik“ möglich, von beiden Geometern grundlegende Arbeiten fotomechanisch nachzudrucken, die als klassische Stücke immer wieder zitiert werden, die aber heute nur noch unter Schwierigkeiten auszuleihen oder gar für den eigenen Bücherschrank zu erwerben sind.

Bei BOLYAI ist es klar, welcher Beitrag auszuwählen war, nämlich der sogenannte „Appendix“, und zwar in der 1913 bei Teubner erschienenen Form [5], herausgegeben von P. STÄCKEL. Bei LOBATSCHEWSKI habe ich mich sozusagen auf Empfehlung von GAUSS für das kleine Buch „Geometrische Untersuchungen zur Theorie der Parallellinien“ [7] entschieden, weil hier die Entwicklung der nicht-euklidischen Geometrie von den Axiomen bis zu den Grundformeln der Trigonometrie durchgeführt ist. In diesem Büchlein schreibt LOBATSCHEWSKI auf S. 19 (vgl. S. 177 dieses Bandes), daß die Voraussetzungen der nicht-euklidischen (bei ihm „imaginären“) Geometrie zugelassen werden können, ohne auf einen Widerspruch zu führen. Jedoch muß man sagen, daß er ebenso wie GAUSS und J. BOLYAI keinen Beweis für diese Widerspruchslosigkeit gegeben hat.

Dieser war erst erbracht, als F. KLEIN [16] entdeckte, daß die projektive Maßbestimmung, wie sie CAYLEY [15] auf Grund der projektiven Theorie der Kegelschnitte entwikkelt hatte, als Modell (bei KLEIN „Bild“) für die nicht-euklidische Geometrie genommen werden kann. Deshalb erscheint es mir angebracht, diejenigen Paragraphen aus der Arbeit „Über die sogenannte Nicht-Euklidische Geometrie“ [16], die für den Beweis der Widerspruchsfreiheit entscheidend sind, hier mit aufzunehmen. Die aus Platzgründen nicht mit abgedruckten Paragraphen werden im Anhang kurz referiert.

Eigentlich hätte auch der Riemannsche Habilitationsvortrag aus dem Jahre 1854 „Über die Hypothesen, welche der Geometrie zu Grunde liegen“ hier mit abgedruckt werden können, da in dieser Arbeit aus der Frage nach Riemannschen Räumen mit freier Beweglichkeit die Räume mit konstanter Krümmung hergeleitet werden, wobei die nicht-euklidische Geometrie mit erfaßt wird. Jedoch enthält bereits der erste Band des „TEUBNER-ARCHIVS zur Mathematik“ [36] einen fotomechanischen Nachdruck von RIEMANNS Habilitationsvortrag (aus den 1876 bei Teubner erschienenen „Gesammelten Mathematischen Werken" [11]), so daß wir hier darauf verzichten können.

Über die philosophischen Betrachtungen, die im Zusammenhang mit der Entwicklung der Theorie der Parallelen und der nicht-euklidischen Geometrie angestellt worden sind, ist so viel geschrieben worden (schon GAUSS hat Bemerkungen dazu gemacht; siehe etwa [35, S.27/28; vgl. S. 33/34 dieses Bandes]), daß es unmöglich ist, im Rahmen dieses Buches darauf einzugehen. Zwei der Hauptfragen, nämlich wie weit die euklidische oder die nicht-euklidische Geometrie unsere räumliche Situation erfassen können und wie es mit der inneren Widerspruchsfreiheit der nicht-euklidischen Geometrie steht, sind im Laufe meines Textes [35] immer wieder behandelt worden, so daß diese Betrachtungen hier nicht erweitert werden.

Die Vorgehensweisen von GAUSS, BOLYAI und LOBATSCHEWSKI einerseits und KLEIN andererseits waren einander entgegengesetzt. Die ersteren gingen rein hypothetisch vor: Sie untersuchten die Frage, wie eine Geometrie aussehen müsse, in der das Parallelenaxiom nicht gelte, setzten also voraus, daß es eine solche Geometrie gibt, und mußten damit rechnen, daß bei noch weitergehenden Untersuchungen Widersprüche auftauchen würden. Sie zeigten also: Es gibt im wesentlichen *höchstens* eine solche Geometrie. KLEIN dagegen gab ein konkretes Beispiel für eine solche Geometrie an, indem er die auf der projektiven Maßbestimmung beruhende Cayleysche Geometrie als Modell für eine nicht-euklidische Geometrie erkannte. Da dieses Modell auf der projektiven Geometrie beruhte, die man als widerspruchsfrei ansieht, hatte er damit ein Modell für die nicht-euklidische Geometrie angegeben. Dabei blieb die Frage offen, ob es nicht noch andere, dazu nicht isomorphe Geometrien geben kann, in denen das Parallelenaxiom nicht gilt. Erst jetzt war es also auf Grund der Ergebnisse von GAUSS, BOLYAI und LOBATSCHEWSKI einerseits und von KLEIN andererseits gesichert, daß es im wesentlichen eine und nur eine solche Geometrie, *die* sogenannte nicht-euklidische, gibt, die in sich widerspruchsfrei ist. Damit erst waren die Anfänge der nicht-euklidischen Geometrie fest gegründet.

Der kurze, neuverfaßte Anhang enthält neben den Betrachtungen zu KLEINS Arbeit [16] einige Anmerkungen zur Bezeichnung „nicht-euklidisch" und Informationen zum Bildnis „Johann Bolyai" [35, S. 55; vgl. S. 61 dieses Bandes].

Berlin, August 1984

HANS REICHARDT

Gauß
und die nicht-euklidische Geometrie

von

Professor Dr. Hans Reichardt

BSB B. G. Teubner Verlagsgesellschaft
1976

Vorwort

Dem Verlag B. G. Teubner, Leipzig, danke ich für den Vorschlag, anläßlich des 200. Jahrestages der Geburt von C. F. Gauß (30. 4. 1777) ein kleines Buch über dessen Bedeutung für die nicht-euklidische Geometrie zu schreiben.

Die Entwicklung der nicht-euklidischen Geometrie und die Rolle, die Gauß dabei spielte, bilden den Inhalt eines der eigenartigsten Kapitel der Geschichte der Mathematik. Aus den Untersuchungen zur Problematik des euklidischen Parallelenaxioms entwickelte sich fast zwangsläufig, aber gegen den Willen der Geometer und entgegen aller Anschaulichkeit die nicht-euklidische Geometrie mit ihren zunächst widersinnig erscheinenden Konsequenzen. Gleichzeitig verwandelte sich die Geometrie von einer Naturwissenschaft, die sie ursprünglich als Lehre von den Eigenschaften unseres Raumes war, zu einer mathematischen Disziplin, bei der es auf innere Geschlossenheit, Konsequenz und Widerspruchsfreiheit ankommt. Außerdem tauchte bei den Mathematikern, die von der Richtigkeit der nicht-euklidischen Geometrie überzeugt waren, die Frage nach der wahren, d.h. nach der in der Natur realisierten Geometrie auf, und die Denkschwierigkeiten vergrößerten sich noch, weil man zwischen euklidischer und nicht-euklidischer Geometrie, wenn nur deren „Krümmung" klein genug ist, wegen der beschränkten Meßgenauigkeit praktisch nicht mehr unterscheiden kann. Man erkannte, daß es doch nicht ganz so einfach ist, die Mathematik durch Abstraktion aus der Wirklichkeit zu gewinnen, wie man sich das häufig vorgestellt hat.

Alle diese Komplikationen waren Gauß bewußt, und so wagte er es nicht, seine umfangreichen Untersuchungen auf diesem Gebiet zu veröffentlichen, und auch seine Gedanken zu den Begründungen der nicht-euklidischen Geometrie durch J. Bolyai und Lobatschewski sprach er nur mit der Bitte um Geheimhaltung an seine besten Bekannten aus. Die Veröffentlichung der Briefe und der nachgelassenen Aufzeichnungen von Gauß rückten die längst vergessenen Werke von J. Bolyai und Lobatschewski ins rechte Licht, aber erst Andeutungen, die Riemann noch in Anwesenheit von Gauß im Rahmen seines Habilitationsvortrages machte, und vor allem die Realisierung der nicht-euklidischen Geometrie innerhalb der gewöhnlichen projektiven Geometrie durch F. Klein 15 Jahre nach Gauß' Tod erlaubten es, die unbewiesenen Überzeugungen von Bolyai, Gauß und Lobatschewski von der Widerspruchsfreiheit der nicht-euklidischen Geometrie als mathematisch einwandfrei nachzuweisen.

Dementsprechend wird hier zunächst die Vorgeschichte der nicht-euklidischen Geometrie geschildert. Dann geht es um die Ideen von Gauß, die aus einigen Aufzeichnungen und aus seinem Briefwechsel zu entnehmen sind, wobei es sich als notwendig erweist, ausführlich auf die Darstellungen von J. Bolyai, Lobatschewski und Riemann einzugehen. Zum Schluß wird noch die oben schon angedeutete Weiterentwicklung nach Gauß beschrieben, die in dem projektiven Modell von Cayley-Klein und dem konformen Modell von Poincaré gipfelt. Dabei bietet sich die Gelegenheit, ausgehend von einem Ansatz von Gauß unmittelbar zu einem in der deutschen Literatur kaum bekannten, aber schon seit über 80 Jahren existierenden Modell zu kommen, nämlich zu einer längentreuen und singularitätenfreien Darstellung der ebenen nicht-euklidischen Geometrie durch eine Fläche im dreidimensionalen pseudo-euklidischen Raum. Diese Realisierung zeichnet sich durch besondere Eleganz aus, und die oben genannten Modelle lassen sich durch einfache Projektionen daraus gewinnen.

Auf die Behandlung der mit der nicht-euklidischen Geometrie zusammenhängenden Fragen der mathematischen Logik wird hier nicht eingegangen, weil darüber der inhaltsreiche Artikel von Klingenberg im Gauß-Gedenkband (Teubner, Leipzig 1957) Auskunft gibt.

Berlin, Februar 1976 H. Reichardt

Inhalt

1. Die Vorgeschichte der nicht-euklidischen Geometrie

1.1. Die euklidischen Axiome

Die Vorgeschichte der nicht-euklidischen Geometrie erstreckt sich über einen Zeitraum von etwas mehr als 2000 Jahren. Sie beginnt mit Diskussionen über die „Elemente" von Euklid, die etwa im Jahre 325 v.u.Z. verfaßt worden sind und in denen zum ersten Mal der Versuch gemacht wurde, ein Gebiet des menschlichen Denkens, in diesem Falle die Geometrie, in einem ganz wohlbestimmten Sinn zu einer wissenschaftlichen Disziplin zu machen. Wenn auch von unserem heutigen Standpunkt aus gesehen der euklidische Aufbau der Geometrie noch Lücken aufweist, so ist doch das dahinter steckende Prinzip Leitfaden geworden für einen anzustrebenden Aufbau einer jeden Wissenschaft. Auch bis in die Philosophie wirkte das euklidische Vorbild: Spinoza versuchte seine Lehre „more geometrico" (nach geometrischer Art) aufzuziehen.

Die Auffassungen Euklids und der zeitgenössischen Geometer waren nun etwa die folgenden: Im Laufe einiger Jahrhunderte hatte sich, zum Teil im Anschluß an die alten Geometrien der Babylonier und Ägypter, ein reicher Schatz an geometrischen Einzelresultaten angehäuft, so daß man das Bedürfnis nach einer systematischen Durchdringung der Geometrie immer stärker empfand. Eine Möglichkeit, Ordnung in die Geometrie zu bringen, bestand darin, daß man das Vorwärtsschreiten in der Geometrie analysierte und daraus die Konsequenzen zog. Man erkannte dabei, daß die Definition neuer geometrischer Gebilde, neue Konstruktionen und Beweise neuer Sätze und Zusammenhänge prinzipiell nur nach den Gesetzen der Logik stets aus bereits bekannten Begriffen und deren Eigenschaften hergeleitet wurden. In diesem Sinne sollte die geometrische Anschauung zwar völlig ausgeschaltet sein, um Fehlschlüsse, die sich bei zu leichtfertigem Umgang mit der Anschauung einschleichen könnten, völlig auszuschließen, aber in Wirklichkeit bleibt die geometrische Anschauung unentbehrlich beim Aufstellen neuer Probleme, beim Erfinden von Konstruktionen, beim Entdecken neuer Eigenschaften und bei den Versuchen, eine Vermutung zu beweisen oder zu widerlegen. Allerdings ist die Anschaulichkeit ein recht dehnbarer Begriff: Was dem erfahrenen Geometer anschaulich selbstverständlich (und dann auch meist richtig) ist, muß dem Anfänger oft völlig unverständlich und schleierhaft sein, und häufig ist es recht schwierig, anschaulich scheinbar völlig klare Zusammenhänge logisch einwandfrei zu begründen.

Dieses rein logische Aufsteigen vom Einfachen zum Komplizierten erscheint häufig auch in der Form einer Zurückführung des Neuen auf schon Bekanntes. Das schon Bekannte muß aber auch logisch begründet sein, d.h. sich auf vorher schon Bekanntes zurückführen lassen, usw. Das geht aber nicht; nach endlich vielen Reduktionen muß das Verfahren dadurch beendet sein, daß man auf geometrische Aussagen stößt, die, wie man früher häufig sagte, keines Beweises bedürfen, wie z.B. die Aussage, daß man durch zwei Punkte genau eine Gerade legen kann. Man wird also nach einem System von Begriffen und Sätzen suchen, das man an den Anfang der Geometrie setzen kann, um daraus die gesamte Geometrie zu entwickeln. Das System, das Euklid aufgeschrieben hat, besteht aus drei Teilen: den Erklärungen (Definitionen), den Forderungen (Axiomen) und den Grundsätzen.

Erklärungen

1. Was keine Teile hat, ist ein Punkt.
2. Eine Länge ohne Breite ist eine Linie.
3. Die Enden einer Linie sind Punkte.
4. Eine Linie ist gerade, wenn sie gegen die in ihr befindlichen Punkte auf einerlei Art gelegen ist.
5. Was nur Länge und Breite hat, ist eine Fläche.
6. Die Enden einer Fläche sind Linien.
7. Eine Fläche ist eben, wenn sie gegen die in ihr befindlichen Geraden auf einerlei Art gelegen ist.
8. Ein ebener Winkel ist die gegenseitige Neigung zweier Linien, die sich in einer Ebene treffen, ohne in einer geraden Linie zu liegen.
9. Sind die den Winkel einschließenden Linien gerade, so heißt der Winkel geradlinig.
10. Wenn eine Gerade, die auf einer anderen errichtet ist, zu beiden Seiten gleiche Winkel bildet, so ist jeder der beiden gleichen Winkel ein Rechter, und die errichtete Gerade heißt senkrecht zu der, auf der sie errichtet ist.
11. Stumpf ist ein Winkel, der größer ist als ein Rechter.
12. Spitz aber ist einer, der kleiner ist als ein Rechter.
13. Das Ende eines Dinges bildet dessen Grenze.
14. Was von einer oder von mehreren Grenzen eingeschlossen ist, ist eine Figur.
15. Ein Kreis ist eine ebene, von einer einzigen Linie eingeschlossene Figur, bei der die Geraden, die sich nach ihr von einem gewissen Punkt innerhalb der Figur erstrecken, alle einander gleich sind.
16. Dieser Punkt wird der Mittelpunkt des Kreises genannt.
17. Durchmesser des Kreises ist jede durch den Mittelpunkt gezogene und auf beiden Seiten durch den Umfang des Kreises begrenzte Gerade; diese halbiert den Kreis.
18. Ein Halbkreis ist die Figur, die von einem Durchmesser und dem von ihm abgeschnitteten Bogen eingeschlossen wird. Der Mittelpunkt des Halbkreises ist derselbe wie der des Kreises.
19. Geradlinige Figuren sind solche, die von geraden Linien eingeschlossen werden, und zwar sind sie dreiseitig, wenn sie von drei, vierseitig, wenn sie von vier, vielseitig, wenn sie von mehr als vier Geraden eingeschlossen werden.
20. Unter den dreiseitigen Figuren ist ein gleichseitiges Dreieck die mit drei gleichen Seiten, ein gleichschenkliges Dreieck die mit nur zwei gleichen Seiten, endlich ein ungleichseitiges die mit drei ungleichen Seiten.
21. Unter den dreiseitigen Figuren ist ferner ein rechtwinkliges Dreieck die mit einem rechten Winkel, ein stumpfwinkliges die mit einem stumpfen Winkel, endlich ein spitzwinkliges die mit drei spitzen Winkeln.
22. Unter den vierseitigen Figuren ist ein Quadrat eine solche, die gleichseitig und rechtwinklig ist, ein Rechteck eine solche, die rechtwinklig, aber nicht gleichseitig

ist, ein **Rhombus** eine solche, die gleichseitig, aber nicht rechtwinklig ist, ein **Rhomboid** eine solche, deren gegenüberliegende Seiten und Winkel gleich sind, die aber weder gleichseitig noch rechtwinklig ist. Alle übrigen vierseitigen Figuren sollen **Trapeze** heißen.

23. **Parallel** sind gerade Linien, die in derselben Ebene liegen und, nach beiden Seiten ins Unendliche verlängert, auf keiner Seite zusammentreffen.

Forderungen

1. Es soll gefordert werden, daß sich von jedem Punkte nach jedem Punkte eine gerade Linie ziehen lasse.
2. Ferner, daß sich eine begrenzte Gerade stetig in gerader Linie verlängern lasse.
3. Ferner, daß sich mit jedem Mittelpunkt und Halbmesser ein Kreis beschreiben lasse.
4. Ferner, daß alle rechten Winkel einander gleich seien.
5. Endlich, wenn eine Gerade zwei Gerade trifft und mit ihnen auf derselben Seite innere Winkel bildet, die zusammen kleiner sind als zwei Rechte, so sollen die beiden Geraden, ins Unendliche verlängert, schließlich auf der Seite zusammentreffen, auf der die Winkel liegen, die zusammen kleiner sind als zwei Rechte.

Grundsätze

1. Dinge, die demselben Dinge gleich sind, sind einander gleich.
2. Fügt man zu Gleichem Gleiches hinzu, so sind die Summen gleich.
3. Nimmt man von Gleichem Gleiches hinweg, so sind die Reste gleich.
7. Was zur Deckung miteinander gebracht werden kann, ist einander gleich.
8. Das Ganze ist größer als sein Teil.

Mit der Aufstellung eines solchen Systems ist nun eine ganze Reihe von Problemen auf das engste verknüpft. Offensichtlich ist das euklidische System aus der Anschauung und Erfahrung durch Idealisierung entstanden. Einen Punkt im euklidischen Sinn, also ein Gebilde, das keinerlei Ausdehnung hat, gibt es in der Natur nicht. Aus dem analogen Grunde gibt es auch in der Natur keine Gerade, und hier kommt noch die weitere Idealisierung dazu, daß eine euklidische Gerade nach beiden Seiten ohne Ende verlängert werden kann, womit gemeint ist, daß auf ihr Strecken liegen, die jede vorgeschriebene Länge überschreiten. Mit welchem Recht darf man also diese Definitionen aussprechen und den so definierten Dingen Eigenschaften beilegen, die man in der Natur nur näherungsweise und im beschränkten Ausmaß beobachten, ausmessen und nachprüfen kann? Die Suggestion, die von dem euklidischen System ausgeht, ist aber so kräftig, daß dessen innere Konsequenz, z.B. auch von Gauß, zunächst nicht angezweifelt worden ist, und erst lange nach Gauß hat man sich mit dieser Problematik beschäftigt. (Ebenso spät hat man übrigens auch bemerkt, daß die euklidischen Definitionen des Punktes und der Geraden beim Aufbau der Geometrie überhaupt nicht gebraucht werden, sondern daß nur die Beziehungen, die durch die Axiome zwischen diesen idealisierten Gebilden festgelegt werden, wesentlich sind.) Wenn wir heute von der Widerspruchsfreiheit einer mathematischen Disziplin sprechen, so meinen wir damit, daß es nicht möglich ist, aus dem Axiomensystem des betreffenden Gebietes mit einem Satz zugleich – natürlich auf anderem Wege – seine Verneinung zu beweisen. Die Widerspruchsfreiheit der euklidischen Geometrie sah man als selbstverständlich an, und von philosophischer Seite her, nämlich von Kant, wurde die euklidische Geometrie sogar als denknotwendig hingestellt. Wie man heute zur euklidischen Geometrie steht, wird später darzustellen sein.

Ein ganz anderes – und scheinbar recht harmloses – Problem besteht in der Frage nach Abhängigkeiten innerhalb eines Axiomensystems, d.h. in der Frage, ob ein oder mehrere Axiome aus dem System weggelassen werden können, ohne daß sich Inhalt und Umfang der Folgerungen aus dem kleineren System verringern, d.h., daß die ganze Theorie sich auch schon aus dem kleineren System entwickeln läßt. Das ist dann der Fall, wenn die weggelassenen Axiome aus den beibehaltenen Axiomen bewiesen werden können; denn wenn das geschehen ist, sind sie zu bewiesenen Sätzen der Theorie geworden und können als solche für den weiteren Aufbau genau so verwendet werden, als ob sie noch Axiome wären.

Betrachtet man nun das System der fünf euklidischen Axiome, so erkennt man sofort, daß die ersten vier in Inhalt und Formulierung wesentlich einfacher erscheinen als das 5. Axiom, und man möchte meinen, daß sich dieses Parallelenaxiom aus den vier anderen müsse beweisen lassen. Wahrscheinlich hat auch Euklid selbst schon diese Sonderstellung bemerkt; jedenfalls wird in den ersten 28 Sätzen, die sich bei Euklid an die Erklärungen, Forderungen und Grundsätze anschließen, das 5. Axiom noch nicht benutzt, von Satz 29 an jedoch wird es als unentbehrlich mit herangezogen. Warum aber hat Euklid das 5. Axiom nicht auf die anderen zurückgeführt? Die einfache Erklärung, daß er keinen Beweis dafür gefunden hat, könnte recht primitiv erscheinen. Unsere heutige Erklärung, daß er prinzipiell keinen Beweis finden konnte, beruht auf Kenntnissen, zu denen sich die Geometer erst nach reichlich 2 Jahrtausenden durchringen konnten; das Ergebnis dieses Bemühens war die nicht-euklidische Geometrie, die in sich ebenso konsequent wie die euklidische ist, obwohl in ihr das Parallelenaxiom nicht mehr gilt. Damit war entgegen allen Erwartungen, die durch Anschauung und Erfahrungen begründet waren, nachgewiesen, daß die euklidische Geometrie nicht denknotwendig und daß das Parallelenaxiom von den ersten vier Axiomen unabhängig ist. Trotzdem wäre es eine Anmaßung, wollte man das jahrtausendelange Festhalten an der euklidischen Geometrie als Vorurteil betrachten, das nun endlich überwunden sei. Vielmehr muß man das Genie und den Mut derjenigen Mathematiker bewundern, die in vielen Generationen aufeinander aufbauend der Lösung des Parallelenproblemes allmählich und in einzelnen Etappen immer näher kamen und sie trotz vieler Fehlschläge schließlich fanden.

Dieses Ringen mit dem Parallelenproblem macht die Vorgeschichte der nicht-euklidischen Geometrie aus. Trotzdem muß zunächst noch auf eine Problematik hingewiesen werden, die man bei jedem Axiomensystem zu behandeln hat, nämlich ob bei der Anwendung der Axiome nicht doch Schlußweisen verwendet werden, die weder in den Axiomen noch in der Logik stecken. Auch hier ist wieder die Anschaulichkeit der Axiome der Grund dafür, daß man gewisse Schlußweisen der euklidischen Geometrie nicht axiomatisiert hat, und zwar handelt es sich hier vor allem um Stetigkeitsbetrachtungen, wie sie, um nur ein Beispiel anzugeben, etwa in folgender Weise ohne Bedenken durchgeführt wurden. Verbindet man einen festen Punkt mit einem sich längs einer Geraden immer weiter bewegenden Punkt, so gibt es für die Verbindungsgerade eine Grenzlage, die in der euklidischen Geometrie natürlich die Parallele zu der gegebenen Geraden durch den gegebenen festen Punkt ist. Aber eine solche Schlußweise muß natürlich in geeigneten Axiomen verankert sein.

Ähnliches ist auch von den beiden eng miteinander zusammenhängenden Begriffen der Bewegung und der Kongruenz („Gleichheit") zu sagen, die in den Erklärungen, Forderungen und Grundsätzen ohne weiteres verwendet werden, obwohl auch sie nach euklidischer Manier hätten erklärt und deren Grundeigenschaften durch Axiome hätten festgelegt werden müssen. Den Begriff der Bewegung hat Euklid anscheinend nach Möglichkeit vermieden; er erscheint zunächst nur im Grundsatz 7, wobei es sich darum handelt, daß Figuren miteinander zur Deckung gebracht werden. Welche Lücken sonst noch im euklidischen System bestehen, erkennt man am besten durch Vergleiche mit dem Hilbertschen System, das man als erste lückenlose und begrifflich einwandfreie Axiomatisierung der euklidischen Geometrie anzusehen hat und das in seinen „Grundlagen der Geometrie" [1] ausführlich dargestellt ist.

1.2. Versuche, das Parallelenaxiom direkt zu beweisen

Wie schon gesagt, fühlten sich schon im Altertum viele Geometer veranlaßt, das Parallelenaxiom zu beweisen, d.h., es aus den Erklärungen, Forderungen mit Ausnahme der 5. selbst und den Grundsätzen rein logisch direkt herzuleiten, wobei natürlich auch die anschließenden Sätze 1 bis 28 verwendet werden dürfen, da sie ohne das 5. Axiom bewiesen werden können (übrigens bekommt in anderen Überlieferungen der „Elemente" von Euklid das Parallelenaxiom die Nr. 11, manchmal auch 13). Zu den ersten Versuchen gehören die von Ptolemäus (87 bis 165), Proklos (410 bis 485) und von Nasir-Eddin (1201 bis 1274) in Arabien. Die Liste der bekannten Mathematiker, die ebenfalls das 5. Axiom bewiesen zu haben glaubten, schließt mit Legendre [2] (1752 bis 1833), der allerdings in seinen späteren Publikationen zur Ansicht gekommen zu sein scheint, daß auch seine Beweisgedanken in der Durchführung immer noch Lücken ließen. In den ersten Auflagen (ab 1794) seiner „Elemente" gab er Beweise des Parallelenaxioms an, die aber stets als unvollständig entlarvt wurden, und von der 9. Auflage an stellte er die Parallelentheorie wieder im wesentlichen nach Euklid dar.

Wieso konnte nun ein so einfach erscheinendes Problem so viele große Mathematiker so lange beschäftigen? Die psychologischen Klippen sind darin zu suchen, daß jedermann die euklidische Geometrie aufs beste kennt und nun gesicherte Schlußweisen in aller Harmlosigkeit, mit bestem Gewissen und in ganz unauffälliger Form verwendet. Dabei dachte man nicht daran, daß viele solche Selbstverständlichkeiten, wenn man sie beweisen wollte, das Parallelenaxiom voraussetzen, und so entpuppten sich die angeblichen Beweise immer wieder als Zirkelschlüsse, in denen das 5. Axiom bewiesen wurde, indem man es in versteckter Form schon voraussetzte. So kann man das Parallelenaxiom beweisen, wenn man etwa folgende Sätze als selbstverständlich voraussetzt oder, mit anderen Worten, als Ersatzaxiome einführt: Durch einen gegebenen Punkt gibt es zu einer gegebenen Geraden genau eine Parallele. (Das ist eigentlich nur eine andere Fassung des 5. Axioms.) Die Winkelsumme im Dreieck beträgt 2 Rechte. Es genügt schon, daß in einem einzigen Dreieck die Winkelsumme gleich 2 Rechten ist. Es gibt zwei einander ähnliche, aber verschieden große Dreiecke. Durch drei Punkte, die nicht auf einer Geraden liegen, kann man stets einen Kreis ziehen. Drei Punkte, die gleichen Abstand von einer Geraden haben, liegen selbst auf einer Geraden. Jede Gerade, die durch einen Punkt eines Winkelraumes geht, schneidet mindestens einen der beiden Schenkel. Durch den gleichen Punkt kann man stets Geraden ziehen, die beide Schenkel treffen. (Bei manchen dieser Ersatzaxiome muß man noch die Unendlichkeit der Geraden hinzunehmen. Auch wird gelegentlich als selbstverständlich angenommen, daß eine Gerade die Ebene in zwei getrennte Teile zerlegt.)

Sehr schön hat C. F. Hindenburg (1741 bis 1808), der große Mann der (jetzt wieder erwachenden) Kombinatorik, im Leipziger Magazin 1786, Seite 361. diese Situation charakterisiert, woraus außerdem zu entnehmen ist, mit welcher Aufmerksamkeit man damals die Beweisversuche verfolgte:

„Was behauptet wird, der Beweis von Euklid's Grundsatze lasse sich leicht so weit treiben, daß das, was daran noch etwa übrig bleibt, nicht nur augenscheinlich richtig ist, sondern auch allen Anschein hat, daß es nachgeholt, und der Beweis dadurch ergänzt werden könne; habe ich, aus vielfältiger Erfahrung, etwas anders befunden, nämlich: das, was etwa noch zu erweisen übrig ist, scheint anfangs eine **Kleinigkeit** zu sein; aber diese anscheinende Kleinigkeit, soll sie nach aller Strenge berichtigt werden, ist, wenn man genauer nachsieht, immer die **Hauptsache** selbst; gewöhnlich setzt sie den Satz oder einen ihm gleich gültigen, voraus, den man eben erweisen soll."

1.3. Versuche, das Parallelenaxiom indirekt zu beweisen

Die bisher beschriebenen Beweisversuche hatten schließlich nur den Erfolg, daß man die euklidische Geometrie auch ohne das Parallelenaxiom aufbauen kann, wenn man nur anstatt dieses Axiomes einen der anschaulich ebenso berechtigten Sätze verwendet, wie sie in 1.2. als Beispiele genannt wurden. Als Vorstufe einer nicht-euklidischen Geometrie kann man alle diese Bemühungen daher nicht ansehen, wohl aber als Ansporn zu weiteren Forschungen, wenn sie, was nun Temperamentssache war, nicht zur Resignation oder Verzweiflung führten, wovon noch ein Beispiel gegeben werden wird. Es kam zeitweise so weit, daß man befürchten mußte, als unseriös angesehen zu werden, wenn man sich überhaupt noch mit Beweisversuchen für das 5. Axiom beschäftigte.

Als eine wirkliche Vorstufe zur nicht-euklidischen Geometrie müssen aber die Betrachtungen gelten, die Saccheri (1667 bis 1733) und Lambert (1728 bis 1777) angestellt haben [3], obwohl sie beide das feste Ziel vor Augen hatten, das Parallelenaxiom zu beweisen. Der Unterschied zu ihren Vorgängern bestand aber darin, daß sie keine direkten Beweise anstrebten, sondern indirekt vorgingen, indem sie aus der Annahme, daß das 5. Axiom falsch sei, einen Widerspruch herleiten wollten. Zu echten Widersprüchen aber kamen beide nicht, glaubten sich jedoch am Ziel, als sie zu Ergebnissen kamen, die sie mit der Natur der Geraden für unvereinbar hielten (Existenz von Geraden, die sich asymptotisch immer näherkommen, Saccheri) oder für mit dem Wesen der Geometrie unverträglich (Existenz eines absoluten Längenmaßes, Lambert). Daß sie aber in gewissem Sinn doch ihrer Sache nicht ganz sicher waren, zeigte sich bei Saccheri darin, daß er, je näher er seinem Ziel zu sein glaubt, um so umständlicher und wortreicher wird und dabei mehrere Beweisgründe anführt, während Lambert, obwohl er aus der Ablehnung der Existenz einer absoluten Längeneinheit zu einem Widerspruch gegen die zu widerlegende Annahme und damit zum Beweis des Parallelenaxioms kommt, noch weitere interessante Konsequenzen aus dieser Annahme zieht und Andeutungen macht, aus denen hervorgeht, daß er zu wesentlich weitergehenden Resultaten gekommen ist, als er publiziert hat.

Obwohl also beide Geometer in Wirklichkeit ihr Ziel nicht erreicht haben, sind die Begriffsbildungen und Ergebnisse, die sie aus der Verneinung des Parallelenaxioms gewonnen haben, doch so interessant, daß sie hier ausführlicher dargestellt werden sollen, zumal es sich dabei in Wirklichkeit bereits um typische Denkweisen der nicht-euklidischen Geometrie handelt.

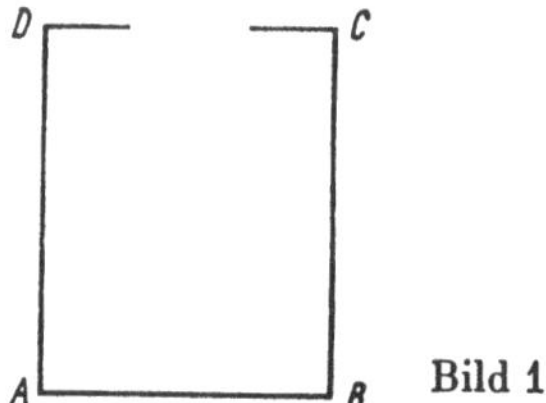

Bild 1

Saccheri geht bei seinen Betrachtungen von einem Viereck $ABCD$ aus (Bild 1), bei dem die Winkel bei A und B rechte und die Seiten AD und BC einander gleich sind. Aus Symmetriegründen sind dann die Winkel bei C und D einander gleich, und zwar folgt im Fall der euklidischen Geometrie aus dem Parallelenaxiom, daß bei C und D ebenfalls rechte Winkel liegen. Setzt man jedoch dieses Axiom nicht voraus, so muß man die Möglichkeiten betrachten, daß die Winkel bei C und D rechte bzw. stumpfe bzw. spitze sind. Man spricht dann von der 1. bzw. 2. bzw. 3. Hypothese. Zunächst zeigt Saccheri, daß bei diesen drei Hypothesen folgt: $AB = CD$ bzw. $AB > CD$ bzw. $AB < CD$. Jetzt folgt leicht: Gilt in einem solchen Viereck die 1. Hypothese, so auch in jedem anderen dieser Art.

(Beim Beweis verwendet Saccheri das archimedische Axiom, das übrigens in einem der späteren Bücher von Euklid schon formuliert wird: Sind a und b gegebene Strecken, so gibt es ein geeignetes Vielfaches von a, das größer als b ist.) Aus Stetigkeitsgründen folgt nun: Gilt in einem solchen Viereck die 2. bzw. 3. Hypothese, so auch in jedem anderen. Nun folgt leicht: Die Winkelsumme im Dreieck ist gleich, größer bzw. kleiner als 2 Rechte, je nachdem, ob die 1., 2. bzw. 3. Hypothese vorliegt. Bei der 1. Hypothese kann man jetzt das Parallelenaxiom beweisen, während die 2. aufgrund der unendlichen Länge der Geraden leicht zu einem Widerspruch führt.

Wesentlich mehr Mühe macht aber die 3. Hypothese. Auf jeden Fall aber kommt Saccheri zu einer Tatsache von besonderer Wichtigkeit: Die Punkte, die auf derselben Seite einer Geraden liegen und alle den gleichen Abstand von ihr haben, bilden unter Voraussetzung der 3. Hypothese keine Gerade mehr, ganz im Gegensatz zur euklidischen Geometrie. Weiter ergeben sich für zwei Geraden, die sich nicht schneiden, die folgenden beiden Möglichkeiten: Entweder sie besitzen beide genau ein gemeinsames Lot, d.h., es existiert dann genau eine Gerade, die die beiden gegebenen Geraden senkrecht schneidet, oder aber, die eine Gerade kommt bei immer weiter reichender Verlängerung der anderen beliebig nahe, ohne sie jedoch zu schneiden. Nach Saccheri widerspricht das aber der Natur der Geraden, und damit ist dann auch die 3. Hypothese zerstört, es bleibt als einzige Möglichkeit die 1., d.h., das Parallelenaxiom ist bewiesen. Im Sinne von Abschnitt 1.2. aber kann man nur sagen: aus dem Axiom, daß es keine zwei Geraden gibt, die sich beliebig nahekommen, ohne sich zu schneiden, folgt das Parallelenaxiom.

Obwohl die große Arbeit von Saccheri der breiten mathematischen Öffentlichkeit schnell bekannt wurde, wurde sie ebenso bald wieder vergessen; vielleicht verbreitete sich allmählich die Erkenntnis, daß die Situation zweier zueinander asymptotischer Geraden doch nicht mehr als so widernatürlich zu empfinden sei, wie das bei Saccheri noch der Fall war. Auf jeden Fall aber wuchs das Interesse an der Parallelentheorie immer weiter. So hatte sich der Göttinger Mathematiker Kästner (1719 bis 1800) eine große Sammlung von Schriften darüber zugelegt (von Gauß oder Lichtenberg hat Kästner die wenig schmeichelhafte Charakterisierung bekommen, er sei der größte Mathematiker unter den Dichtern und der größte Dichter unter den Mathematikern). Die sehr inhaltsreiche und verständnisvolle Dissertation von Klügel über die bis dahin bekannt gewordenen Beweisversuche ist immerhin auf Anregung von Kästner entstanden. In einem Nachwort zu dieser Dissertation fügt Kästner hinzu, daß es gegenwärtig nur übrigbleibe, offen, wie es Hütern der reinsten Wahrheit gezieme, die Forderung Euklids als solche auszusprechen; niemand, der bei gesunden Sinnen sei, wird sie ja bestreiten wollen.

Es ist gut möglich, daß Lambert durch diese Dissertation zu seinen Forschungen über die Parallelentheorie angeregt worden ist. Sein Ausgangspunkt ist ganz ähnlich wie bei Saccheri die Betrachtung von Vierecken, die jedoch drei rechte Winkel haben (aus dem Viereck von Saccheri entsteht ein solches Viereck durch Halbierung längs der Symmetrielinie.) Er zeigt ähnlich wie Saccheri, daß im Fall der 1. Hypothese, bei der auch der vierte Winkel ein rechter ist, das Parallelenaxiom gilt und daß die 2. Hypothese, bei der der vierte Winkel stumpf ist, mit der Annahme der unendlichen Länge der Geraden unverträglich ist. Am bequemsten erscheinen ihm dabei Stetigkeitsschlüsse; er zeigt aber auch, wie man sie vermeiden kann. Die 3. Hypothese, die des spitzen Winkels, macht ihm die größte Mühe, und er kommt zu keiner endgültigen Widerlegung. Wahrscheinlich hat er deswegen seine Untersuchungen nicht mehr veröffentlicht; das geschah erst 1786 nach seinem Tode auf Veranlassung eines Enkels des großen Mathematikers Johann Bernoulli. Auf jeden Fall aber sind seine Forschungen als ein Vorstadium der nicht-euklidischen Geometrie anzusehen. Dabei gehen sie in eine andere Richtung als die von Saccheri; Punkte konstanten Abstandes von einer Geraden spielen bei ihm ebensowenig eine Rolle wie die Möglichkeit einer asymptotischen Annäherung zweier Geraden. Dafür gewinnt er andere wichtige Einsichten auf Grund der Hypothese des spitzen Winkels. Zunächst stellt er ausdrücklich fest, daß zwei Geraden, die ein gemeinsames Lot haben, sich immer weiter und über alle Grenzen voneinander entfernen, je weiter man auf ihnen fortschreitet. Die Winkelsumme im Dreieck weist er natürlich ebenfalls als kleiner als 180° nach. Ein großer Fortschritt aber liegt in der Erkenntnis, daß es bei der Hypothese des spitzen Winkels eine ausgezeichnete Längeneinheit gibt, ganz im Gegensatz zu den Erfahrungen, auf denen die euklidische Geometrie beruht. Im Anschluß an die Betrachtungen über die Winkel im Dreieck schreibt er im § 79:

„Man sieht leicht, daß sich auf diese Art bey der dritten Hypothese noch weiter gehen läßt; und daß sich ähnliche Sätze auch bey der zwoten finden lassen, doch mit ganz entgegengesetztem Erfolge. Ich habe aber vornehmlich bey der dritten Hypothese solche Folgesätze aufgesucht, um zu sehen, ob sich nicht Widersprüche äußern würden. Aus Allem sah ich, daß sich diese Hypothese gar nicht leicht umstoßen läßt. Ich werde demnach noch einige solcher Folgesätze anführen, ohne darauf zu sehen, wiefern sie auch bey der zwoten Hypothese mit gehöriger Veränderung gezogen werden können.

Die erheblichste von solchen Folgen ist, daß, wenn die dritte Hypothese statt hätte, wir ein absolutes Maaß der Länge jeder Linien, des Inhalts jeder Flächenräume und jeder körperlichen Räume haben würden. Dieses stößt nun einen Satz um, den man ohne Bedenken unter die Grundsätze der Geometrie rechnen kann, und woran bisher noch kein Mensch gezweifelt hat, daß es nehmlich kein solches absolutes Maaß gebe."

Im § 80 zeigt er, wie man ein solches absolutes Maß konstruieren kann, und schreibt dazu:

„Diese Folge hat etwas Reizendes, welches leicht den Wunsch abdringt, die dritte Hypothese möchte doch wahr seyn!

Allein ich wünschte es, dieses Vortheils unerachtet, dennoch nicht, weil unzähliche andre Unbequemlichkeiten dabey mit seyn würden. Die trigonometrischen Tafeln würden unendlich weitläuftig; und die Aehnlichkeit und Proportionalität der Figuren würde ganz wegfallen; keine Figur ließe sich anders als in ihrer absoluten Größe vorstellen; um die Astronomie wäre es übel bestellt; u. s. w."

Der § 81 beginnt dann damit, diese Argumente seien jedoch von Zuneigung und Abneigung bestimmt, und diese müßten aus der Geometrie sowie aus allen Wissenschaften ganz wegbleiben. Was für Saccheri sicher ein Grund gewesen wäre, die 3. Hypothese auszuschließen, nämlich die Existenz einer absoluten Längenmessung, nimmt Lambert jedoch als denkmöglich in Kauf und sucht nach weiteren Konsequenzen aus der 3. Hypothese.

Die bedeutendste Entdeckung, die nun noch folgt, ist die, daß der Überschuß von 180° über die Winkelsumme im Dreieck, der sich ja zunächst nur als positiv herausgestellt hatte, eine unmittelbare geometrische Bedeutung hat: Dieser Überschuß ist proportional zum Flächeninhalt des Dreiecks. Hieraus ergibt sich zunächst wieder ein neues Ersatzaxiom für das 5. Axiom: Da nämlich unter Annahme der 3. Hypothese folgt, daß die Flächeninhalte alle unter einer festen Grenze bleiben, fällt, wenn man die Existenz von Dreiecken mit beliebig großem Flächeninhalt fordert, die Möglichkeit der 3. Hypothese weg, und es bleibt nur die 1. übrig. Also ist das Axiom: Es gibt Dreiecke mit beliebig großem Flächeninhalt, ein Ersatz für das 5. Axiom, und wenn man es voraussetzt, so kommt man zum Parallelenaxiom und damit zur euklidischen Geometrie.

Besonders bemerkenswert aber sind die Betrachtungen, die sich an den Zusammenhang zwischen Winkelsumme und Flächeninhalt im Dreieck anschließen. Der zweite Teil von § 82 lautet nämlich:

„Ich werde nun noch folgende Anmerkung beyfügen. Bey der zwoten Hypothese kommen ganz ähnliche Sätze vor, nur daß dabey in jedem Triangel die Summe der drei Winkel größer als 180 Gr. wird. Der Ueberschuß proportionirt sich ebenfalls nach dem Flächenraume des Triangels.

Hierbey scheint mir merkwürdig zu seyn, daß die zwote Hypothese statt hat, wenn man statt ebener Triangel sphärische nimmt, weil bey diesen sowohl die Summe der Winkel größer als 180 Gr. als auch der Ueberschuß dem Flächenraume des Triangels proportional ist.

Noch merkwürdiger scheint es, daß, was ich hier von den sphärischen Triangeln sage, sich ohne Rücksicht auf die Schwierigkeit der Parallellinien erweisen lasse, und keinen andern Grundsatz voraussetzt, als daß jede durch den Mittelpunkt der Kugel gehende ebene Fläche die Kugel in zween gleiche Theile theile.

Ich sollte daraus fast den Schluß machen, die dritte Hypothese komme bey einer imaginären Kugelfläche vor. Wenigstens muß immer Etwas seyn, warum sie sich bey ebenen Flächen lange nicht so leicht umstoßen läßt, als es sich bei der zwoten thun ließ."

Bisher hatte man die sphärische Trigonometrie als einen Teil der Geometrie des euklidischen Raumes aufgefaßt. Lambert faßt nun die sphärische Trigonometrie als etwas Selbständiges, von der Einbettung in den dreidimensionalen Raum Unabhängiges auf, nämlich als eine Geometrie auf der Kugeloberfläche, die sehr viel Ähnlichkeit mit der Geometrie der euklidischen Ebene besitzt, wenn man an Stelle der Geraden in der Ebene die Großkreise auf der Kugeloberfläche nimmt. Natürlich gibt es auch entscheidende Unterschiede: Die Längen der Großkreise sind nicht mehr unendlich, zwei Großkreise schneiden sich in zwei Punkten, und durch zwei diametral gegenüberliegende Punkte gehen unendlich viele Großkreise. Die gemeinsamen Eigenschaften haben aber ihren Grund in der Analogie zwischen den beiden Bewegungsgruppen: In der Ebene gibt es genau eine Bewegung, die einen gegebenen Punkt und eine durch ihn gehende orientierte Gerade in ein ebensolches Gebilde überführt, und auf der Kugel gibt es genau eine Drehung, die einen Punkt und einen durch ihn gehenden orientierten Großkreis mit einem ebensolchen Gebilde zur Deckung bringt. Daraus resultiert, daß man auf der Kugeloberfläche einen zu dem in der Ebene existierenden Kongruenzbegriff analogen besitzt. Ob nun die Lambertsche Vermutung, auf einer Kugel mit imaginärem Radius gäbe es eine Geometrie, die den euklidischen Axiomen genüge, wobei nur die 1. Hypothese durch die 3. ersetzt sei, allein auf dem Vergleich der Vorzeichen der Flächeninhalte auf der gewöhnlichen Kugeloberfläche und auf der Oberfläche einer Kugel mit imaginärem Radius beruht, weiß man nicht. Einerseits hat Lambert sich nach der Niederschrift der Theorie der Parallellinien mit den hyperbolischen Funktionen sinh und cosh beschäftigt, die man auch als gewöhnliche trigonometrische Funktionen mit rein imaginärem Argument auffassen kann; und hier würde sich auch ein stärkeres Motiv für die Lambertsche Vermutung finden lassen, da die Trigonometrie auf der Kugel mit imaginärem Radius durch die entsprechenden Formeln mit Hilfe der hyperbolischen Funktionen formuliert werden kann, wie die sphärische Trigonometrie mit Hilfe der gewöhnlichen trigonometrischen Funktion. Andererseits bleiben in den §§ 84 bis 86 einige Fragen offen, die Lambert ohne weiteres hätte beantworten können, wenn er die Trigonometrie auf der Kugel mit imaginärem Radius zur Verfügung gehabt hätte.

Aber es wird noch einen weiteren Grund gegeben haben, warum Lambert seine Vermutung nicht weiter verfolgt hat. Was hätte für ihn eine Kugel mit imaginärem Radius sein können? Ihre Gleichung im euklidischen Raum wäre $x^2 + y^2 + z^2 = -r^2$ mit reellem $r \neq 0$ gewesen, und diese Gleichung ist im euklidischen Raum durch Punkte mit reellen Koordinaten x, y, z nicht erfüllbar. Auf jeden Fall hat Lambert als erster die Idee einer Realisierung oder, wie wir heute sagen, eines Modelles der nicht-euklidischen Geometrie gehabt, die allerdings in der ihm vorschwebenden Form nicht ohne weiteres durchzuführen war.

Während die Werke von Saccheri und Lambert in Vergessenheit gerieten, wurde das Interesse für die Parallelentheorie in erster Linie durch die „Éléments de Géométrie" von Legendre [2] wachgehalten, deren erste Auflage 1794 erschien und die später in vielen weiteren Auflagen verbreitet wurden. Allerdings gehen die Ergebnisse und Methoden nicht über das hinaus, was Saccheri und Lambert produziert hatten.

1.4. Über die Widerspruchsfreiheit der euklidischen Geometrie

Wie schon in 1.1. mehrfach betont, war die Überzeugungskraft des euklidischen Aufbaues der Geometrie so groß, daß niemand annahm, es könne in ihr jemals zu Widersprüchen kommen. Dazu kam, daß alle geometrischen Erfahrungen und

Anwendungen in der Praxis in vollem Einklang mit ihr waren und daß sich bei der rein theoretischen weiteren Forschung niemals irgendwelche Widersprüche einstellten. Trotzdem muß man, worauf auch schon in 1.1. hingewiesen wurde, sich fragen, ob die Idealisierungen der Erfahrungen, die ja nur mit beschränkter Genauigkeit und in beschränkten Ausmaßen gemacht werden können, berechtigt sind, d.h., ob sie wirklich auf ein widerspruchsfreies System führen.

Die Mathematiker haben zunächst, entsprechend den aus der Anschauung gewonnenen Erfahrungen, die Geometrie der Ebene und die Geometrie des Raumes (und natürlich auch die Geometrie auf der Geraden) aufgebaut. Erst etwa in der Mitte des 19. Jahrhunderts begann man sich für höherdimensionale Geometrie zu interessieren; genannt seien da vor allem Riemann und Graßmann. Wie kann man aber höherdimensionale Geometrie treiben, von der man keine solche anschaulichen Erfahrungen machen kann?

Der Schlüssel dafür ist die Algebraisierung der Geometrie, die für die ersten drei Dimensionen durch die analytische Geometrie geliefert wurde. Die Methode ist bekanntlich die folgende: In einem kartesischen Koordinatensystem etwa der Ebene wird jedem Punkt ein Zahlenpaar (x, y) zugeordnet, wobei x, y die orientierten Abstände von zwei als Koordinatenachsen bezeichneten, aufeinander senkrecht stehenden Geraden bedeuten. Umgekehrt gehört zu jedem solchen Paar (x, y) ein Punkt. Eine Gerade wird als die Menge der auf ihr liegenden Punkte aufgefaßt; die Koordinaten dieser Punkte lassen sich durch eine einzige Gleichung $ax + by = c$ charakterisieren, wobei a und b nicht gleichzeitig 0 sind und wobei es nur auf die Verhältnisse $a:b:c$ ankommt. Wie ein Punkt durch seine beiden Koordinaten x, y festgelegt wird, wird eine Gerade also durch die Verhältnisse $a:b:c$ (mit der genannten Einschränkung) umkehrbar eindeutig bestimmt. Nach dem Satz des Pythagoras wird der Abstand zwischen zwei Punkten mit den Koordinaten (x_1, y_1) und (x_2, y_2) durch $\sqrt{(x_2 - x_1)^2 + (y_1 - y_2)^2}$ gegeben, und der Winkel φ zwischen den Geraden mit den Verhältnissen $a_1:b_1:c_1$ und $a_2:b_2:c_2$ wird durch

$$\cos\varphi = \frac{a_1a_2 + b_1b_2}{\sqrt{a_1^2 + b_1^2}\sqrt{a_2^2 + b_2^2}}, \quad \sin\varphi = \frac{a_1b_1 - a_2b_2}{\sqrt{a_1^2 + b_1^2}\sqrt{a_2^2 + b_2^2}}$$

berechnet, wobei es die bekannten Komplikationen bezüglich des Vorzeichens geben kann, weil ja a_1, b_1 und c_1 (und ebenso a_2, b_2 und c_2) mit einem beliebigen Faktor $\neq 0$ multipliziert werden können. Die Verbindungsgerade zweier Punkte erhält man nun, indem man $a:b:c$ aus den Gleichungen $ax_1 + by_1 = c$ und $ax_2 + by_2 = c$ bestimmt, und den Schnittpunkt zweier nichtparalleler Geraden, für die also $\sin\varphi \neq 0$ ist, aus den beiden Gleichungen $a_1x + b_1y = c_1$, $a_2x + b_2y = c_2$.

So lassen sich alle geometrischen Fragen durch Übergang zu den Koordinaten algebraisieren; ganz entsprechend geht man bei der Geometrie auf einer Geraden oder im Raum vor. Aus den euklidischen Axiomen hat man dann die koordinatenmäßigen Darstellungen für Punkte, Geraden und Ebenen gefunden sowie Formeln für Abstände, Winkel und natürlich auch für Flächeninhalte von Dreiecken oder Parallelogrammen und Rauminhalte von Tetraedern usw. Diese Algebraisierung kann man nun umkehren: Als Grundelemente nimmt man die Zahlenpaare (x, y) sowie die Verhältnisse $a:b:c$ (wobei a und b nicht beide verschwinden) und sagt, beide koinzidieren, wenn $ax + by = c$; als Abstand von (x_1, y_1) und (x_2, y_2) definiert man $\sqrt{(x_2 - x_1)^2 + (y_2 - y_1)^2}$ usw. Die Zahlenpaare (x, y) und die Verhältnisse $a:b:c$ nennt man nun Punkte und Geraden. Man sagt, der Punkt (x, y) liegt auf der Geraden $a:b:c$ oder die Gerade $a:b:c$ geht durch den Punkt (x, y), wenn $ax + by = c$ ist usw. Damit kann man zeigen, daß für die so definierten Punkte und Geraden die euklidischen Axiome alle erfüllt sind. Es gilt dies auch noch, wenn man nicht nur das unvollständige euklidische, sondern das vollständige Hilbertsche Axiomensystem heranzieht.

Jetzt erkennt man: Wäre die euklidische Geometrie der Ebene widerspruchsvoll, so müßte man einen Widerspruch in der Theorie der reellen Zahlen finden, da ja die Objekte der Geometrie und Operationen mit ihnen umkehrbar eindeutig den Zahlenpaaren, Verhältnissen usw. und den Operationen mit ihnen zugeordnet sind. Die reellen Zahlen lassen sich aber in bekannter Weise auf die natürlichen Zahlen zurückführen, und damit ist die Widerspruchsfreiheit der euklidischen Geometrie auf die der natürlichen Zahlen zurückgeführt, und wir glauben, das Recht zu haben, daran nicht zu zweifeln.

Will man nun die n-dimensionale euklidische Geometrie für $n > 3$ aufbauen, so geht man so vor: Das n-tupel $(x_1, \ldots, x_n)$ bezeichnet man als einen Punkt, die Verhältnisse $a_1:a_2:\ldots:a_n:a$, wobei $a_1, \ldots, a_n$ nicht gleichzeitig verschwinden dürfen, bezeichnet man als eine Hyperebene (bei $n = 1$ ist das ein Punkt, bei $n = 2$ eine Gerade, bei $n = 3$ eine Ebene), und man sagt, der Punkt liegt auf der Hyperebene oder die Hyperebene geht durch den Punkt (wofür man auch sagt, Punkt und Hyperebene koinzidieren), wenn $a_1x_1 + \cdots + a_nx_n = a$ ist. Den Abstand der Punkte $(x_1, \ldots, x_n)$ und $(y_1, \ldots, y_n)$ definiert man durch

$$\sqrt{(y_1 - x_1)^2 + (y_2 - x_2)^2 + \cdots + (y_n - x_n)^2},$$

usw. Die Bewegungen sind dann Transformationen, die Punkte in Punkte, Hyperebenen in Hyperebenen usw. überführen, wobei der Abstand zweier Punkte invariant bleibt. So kommt man zum Begriff der Kongruenz, und die n-dimensionale Geometrie ist dann die Invariantentheorie der geometrischen Gebilde gegenüber diesen Bewegungen. Man kann diese Geometrie natürlich auch axiomatisieren; aber meist begnügt man sich mit der algebraischen Einführung.

Das Problem der nicht-euklidischen Geometrie, ihre Existenz, verwandelte sich bei einer solchen algebraischen Auffassung in die Frage, ob es ein algebraisches Modell für deren Axiome gibt. Es war dann eine große Überraschung für die Mathematiker, daß sich (übrigens erst vor reichlich 100 Jahren) nicht nur ein algebraisches Modell für die nicht-euklidische Geometrie angeben ließ, sondern sogar ein geometrisches im Rahmen der euklidischen Geometrie. Besonders verblüffend war es, daß man umgekehrt ein Modell für die ebene euklidische Geometrie innerhalb der nicht-euklidischen Geometrie des Raumes angeben konnte (vgl. 3.2.).

Was also nun das große Problem der euklidischen Geometrie gewesen war, die Frage nach der Notwendigkeit des Parallelenaxiomes, war damit gelöst. Da es Geometrien gibt, in denen das Parallelenaxiom nicht gilt, kann dieses Axiom nicht aus den anderen hergeleitet werden. Euklid hatte also völlig recht, daß er das Parallelenaxiom mit aufnahm, wenn er die von ihm gemeinte und uns auch heute noch als die am natürlichsten erscheinende Geometrie aufbauen wollte. Der Weg zu der nicht-euklidischen Geometrie und die Rolle, die Gauß dabei spielte, werden nun den Inhalt des folgenden Abschnittes bilden.

2. Gauß' Weg zur nicht-euklidischen Geometrie

2.1. Gauß und die Parallelentheorie

Carl Friedrich Gauß (30. 4. 1777 bis 23. 2. 1855) begann im Alter von etwa 15 Jahren, sich mit dem Parallelenproblem zu beschäftigen, wie aus dem Brief von Gauß an Schumacher vom 28. 11. 1846 (s. S. 77) hervorgeht. Man weiß von anderen Gelegenheiten her, wie groß die Wahrheitsliebe von Gauß und die Güte seines Gedächtnisses waren, so daß man an dieser Datierung nicht zu zweifeln

Carl Friedrich Gauß

braucht. Aus einer ganzen Reihe weiterer Briefe, die Gauß an seine Freunde und Bekannten geschrieben hat und die nicht ganz so präzise auf 1792 hinweisen, ergeben sich ähnliche Hinweise auf die Beschäftigung mit der Parallelentheorie. Wer oder was ihn dazu angeregt hat, ist nicht bekannt; wie wir aber im vorigen Abschnitt gesehen haben, wurde dieses Problem gerade um diese Zeit in der mathematischen Öffentlichkeit heftig diskutiert. Auch weiß man nicht, an welchen Büchern er sich hat orientieren können. Jedenfalls war er mit Bartels (1769 bis 1836) befreundet, der Gauß' Lehrer Büttner beim Unterricht half und 1788 beim Übergang von Gauß zum Carolineum in Braunschweig den Mathematikprofessor von Zimmermann (1743 bis 1815) auf die besondere Begabung von Gauß aufmerksam machte. Später wirkte Bartels selbst als Mathematikprofessor an den Universitäten Kasan und Dorpat (jetzt Tartu).

Gauß war zunächst natürlich von der Einzigkeit der euklidischen Geometrie überzeugt. Er lernte, wie viele Axiome das Parallelenaxiom ersetzen können, daß es aber noch niemandem gelungen wäre, dieses Axiom auf die anderen zurückzuführen. Jedenfalls war er 1792, wie aus dem Brief an Schumacher hervorgeht, schon so weit, daß er untersuchte, wie eine Geometrie, in der das Parallelenaxiom falsch ist, aussehen müßte. Er ging also zunächst den gleichen Weg wie Saccheri und Lambert und hoffte wie diese, schließlich auf einen Widerspruch zu kommen und somit das Parallelenaxiom indirekt zu beweisen. Wie aus dem Brief an Gerling [4, VIII, S. 266] vom 2. 10. 1846 hervorgeht, wußte er bereits 1794, daß der Flächeninhalt eines Dreiecks in einer solchen Geometrie dem Überschuß von 180° über die Winkelsumme proportional sein würde.

Während seiner Studienzeit, die im Oktober 1795 in Göttingen begann, lernte Gauß den Ungarn Wolfgang (Farkas) Bolyai (9. 2. 1775 – 20. 11. 1856) kennen, der sich im Oktober 1796 dort als Mathematikstudent hatte immatrikulieren lassen. Von Bolyais Sohn Johann, einem der Schöpfer der nicht-euklidischen Geometrie, gibt es eine Schilderung der Bekanntschaft dieser beiden jungen Mathematiker. Er schreibt darin [5, 1. T., S. 8]:

„Mein Vater sprach u.a. von seinen Gedanken behufs Erklärung der geraden Linie und der etwaigen Wege zum Beweise des XI. Axiomes, und der schon damals zum Koloß in die höheren Regionen der Wissenschaft, besonders der Zahlenlehre, emporgewachsene Gauß brach ergötzt, überrascht in die lakonischen Worte aus: Sie sind ein Genie: Sie sind mein Freund!, worauf sogleich das Band der Brüderschaft erfolgte."

Über die Göttinger Zeit der Freundschaft, die während des ganzen Lebens anhielt, schrieb Wolfgang Bolyai [5, 1. T., S. 9]:

„Er war sehr bescheiden und zeigte wenig; nicht 3 Tage, wie mit Plato, jahrelang konnte man mit ihm zusammen sein, ohne seine Größe zu erkennen. Schade, daß ich dieses titellose, schweigsame Buch nicht aufzumachen und zu lesen verstand. Ich wußte nicht, wieviel er weiß, und er hielt, nachdem er meine Art sah, viel von mir, ohne zu wissen, wie wenig ich bin. Uns verbanden die wahre (nicht oberflächliche) Leidenschaft für die Mathematik und unsere sittliche Übereinstimmung, so daß wir oft, miteinander wandernd, mit den eigenen Gedanken beschäftigt, stundenlang wortlos waren."

1799 reiste Wolfgang Bolyai nach Ungarn zurück. Bei ihrem letzten Treffen am 24. Mai, nach dem sie sich nicht wieder gesehen haben, berichtete er Gauß, daß er jetzt einen Beweis des XI. Axioms habe. Im Brief vom 16. 12. 1799 schrieb ihm nun Gauß [4. VIII, S. 159]:

„Es thut mir sehr leid, daß ich unsere ehemalige größere Nähe nicht benutzt habe, um mehr von Deinen Arbeiten über die ersten Gründe der Geometrie zu erfahren; ich würde mir gewiß dadurch manche vergebliche Mühe erspart haben und ruhiger geworden sein, als jemand wie ich es sein kann, so lange bei einem solchen Gegenstand noch so viel zu desideriren ist. Ich selbst bin in meinen Arbeiten dadrüber weit vorgerückt (wiewohl mir meine andern ganz heterogenen Geschäfte wenig Zeit dazu lassen); allein der Weg, den ich eingeschlagen habe, führt nicht so wohl zu dem Ziele, das man wünscht und welches Du erreicht zu haben versicherst, als vielmehr dahin, die Wahrheit der Geometrie zweifelhaft zu machen. Zwar bin ich auf manches gekommen, was bei den meisten schon für einen Beweis gelten würde, aber was in meinen Augen so gut wie NICHTS beweist, z. B. wenn man beweisen könnte, dass ein gradliniges Dreieck möglich sei, dessen Inhalt grösser wäre als eine jede gegebene Fläche, so bin ich im Stande die ganze Geometrie völlig strenge zu beweisen. Die meisten würden nun wohl jenes als ein Axiom gelten lassen; ich nicht; es wäre ja wohl möglich, dass, so entfernt man auch die drei Endpunkte des Dreiecks im Raume von einander annähme, doch der Inhalt immer unter (infra) einer gegebenen Grenze wäre. Dergleichen Sätze habe ich mehrere, aber in keinem finde ich etwas Befriedigendes. Mach' doch ja Deine Arbeit bald bekannt; gewiss wirst Du dafür den Dank nicht zwar des grossen Publikums (worunter auch mancher gehört, der für einen geschickten Mathematiker gehalten wird) einernten, denn ich überzeuge mich immer mehr, dass die Zahl wahrer Geometer äusserst gering ist und die meisten die Schwierigkeiten bei solchen Arbeiten weder beurtheilen noch selbst einmal sie verstehen können – aber gewiss den Dank aller derer, deren Urtheil Dir allein wirklich schätzbar sein kann. – In Braunschweig ist ein Emigrant Namens CHAUVELOT, ein nicht schlechter Geometer, welcher vorgibt, die Theorie der Parallellinien ganz begründet zu haben und seine Arbeit nächstens wird drucken lassen, aber ich verspreche mir eben nichts von ihm. In HINDENBURGS Archiv, 9tes Stück, befindet sich gleichfalls ein neuer Versuch über denselben Gegenstand, von einem gewissen HAUFF, welcher unter aller Kritik ist."

Man sieht, mit welcher Klarheit Gauß sowohl die damalige allgemeine Situation als auch seinen eigenen Standpunkt beurteilte. Der Gedanke an die Möglichkeit einer anderen als der euklidischen Geometrie leuchtet jedenfalls noch nicht auf.

Am 16. 9. 1804 schickte Wolfgang seine „Göttingische Theorie der Parallelen" an Gauß mit der Bitte um eine Stellungnahme. Die entscheidende Stelle aus dem Beweisversuch hat Gauß in seiner Antwort vom 25. 11. 1804 klar herausgestellt, so daß es nicht nötig erscheint, Bolyais Theorie hier wiederzugeben. (Sie ist zu finden in [5, 2. T., S. 5–15].) Gauß schreibt:

„Ich habe Deinen Aufsatz mit großem Interesse und Aufmerksamkeit durchgelesen, und mich recht an dem ächten gründlichen Scharfsinne ergötzt. Du willst aber nicht mein leeres Lob, das auch gewissermassen schon darum parteiisch scheinen könnte, weil Dein Ideengang sehr viel mit dem meinigen Ähnliches hat, worauf ich ehemals die Lösung dieses Gordischen Knotens versuchte, und vergebens bis jetzt versuchte. Du willst nur mein aufrichtiges unverholenes Urtheil. Und dieses ist, dass Dein Verfahren mir noch nicht Genüge leistet. Ich will versuchen, den Stein des Anstosses, den ich noch darin finde (und der auch wieder zu derselben Gruppe von Klippen gehört, woran meine Versuche bisher scheiterten) mit so viel Klarheit, als mir möglich ist, ans Licht zu ziehen. Ich habe zwar noch immer die Hoffnung, dass jene Klippen einst, und noch vor meinem Ende, eine Durchfahrt erlauben werden. Indess habe ich jetzt so manche andere Beschäftigungen vor der Hand, dass ich gegenwärtig daran nicht denken kann, und glaube mir, es soll mich herzlich freuen, wenn Du mir zuvorkommst, und es Dir gelingt alle Hindernisse zu übersteigen. Ich würde dann mit der innigsten Freude alles thun, um Dein Verdienst gelten zu machen und ins Licht zu stellen, so viel in meinen Kräften steht. Ich komme nun gleich zur Sache.

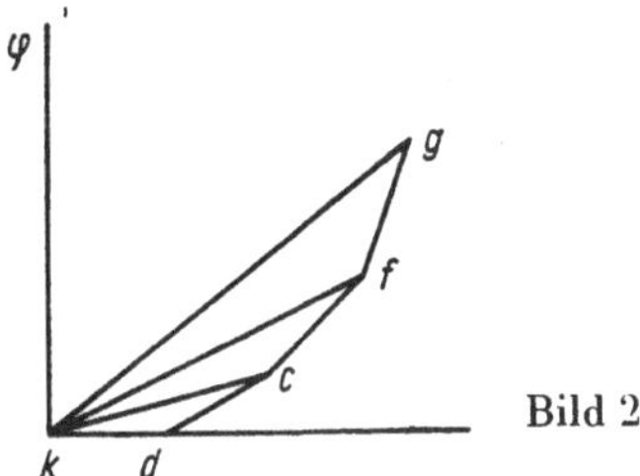

Bild 2

Bei allen übrigen Schlüssen finde ich gar nichts wesentliches einzuwenden: was mich nicht überzeugt hat, ist bloss das Räsonnement im XIII. Artikel. Du denkst Dir daselbst eine ins Unbestimmte fortgeführte Linie $\Pi \ldots kdcfg \ldots$, die aus lauter geraden und gleichen Stücken besteht: kd, dc, cf, fg etc., und wo die Winkel kdc, dcf, cfg etc. einander gleich sind, und willst beweisen, dass Π über kurz oder lang nothwendig über $k\varphi$ hinaus gehen werde. Zu dieser Absicht läßt Du die gerade Linie $kd\infty = Q$ sich nach der Seite zu, wo Π liegt, um k herumbewegen, so dass sie nach und nach von einer Seite des Polygons Π zur folgenden kommt. Du zeigst vortrefflich, dass Q so, wie es stufenweise durch d, c, f, g etc. geht, jedesmal näher an $k\varphi$ kommt: gegen alles diess lässt sich NICHTS einwenden: aber nun fährst Du fort

> „Quapropter Q moveri potest modo praescripto usque dum in $k\varphi$, $\varphi\infty$ pervenerit" etc.[1])

und diese Schlußfolge ist es, die mir nicht einleuchtet. Aus Deinem Räsonnement folgt, meiner Einsicht nach, noch gar nicht, dass der Winkel, um den Q, beim Durchlaufen einer Seite von Π (nach oben herum), der $k\varphi$ näher kommt, nicht etwa immer unbedeutender werde, so dass das Aggregat aller successiven Annäherungen, so oft sie auch wiederholt werden, dennoch immer noch nicht gross [genug] werden könnte, um Q in $k\varphi$ zu bringen. Könntest Du beweisen, dass $dkc = ckf = fkg$ etc., so wäre die Sache gleich aufs Reine. Aber dieser Satz ist zwar wahr, allein schwerlich ohne die Theorie der Parallelen schon vorauszusetzen, strenge zu beweisen. Man könnte also immer noch besorgen, dass die Winkel dkc, ckf, fkg etc. successive abnehmen. Geschähe diess (bloss exempli gratia) in einer geometrischen Progression, so dass $ckf = \psi \times dkc$, $fkg = \psi \times dkc$ etc. (so dass ψ kleiner als 1), so würde die Summe aller Annäherungen, so viele male man sie auch fortsetzte, doch immer kleiner als $\frac{1}{1-\psi} \times ckf$ bleiben, und diese Grenze könnte denn immer noch kleiner als der rechte Winkel $dk\varphi$ sein. Du hast mein aufrichtiges Urtheil verlangt: ich habe es gegeben, und ich wiederhole nochmals die Versicherung, dass es mich innig freuen soll, wenn Du alle Schwierigkeiten überwindest."

In seiner Antwort auf diesem Brief schreibt Wolfgang Bolyai am 18. 12. 1807, daß er sich vielleicht nicht deutlich genug ausgedrückt habe und daß er Gauß

[1]) „Deshalb läßt sich Q in der vorgeschriebenen Weise verschieben, bis es in $k\varphi$, $\varphi\infty$, anlangt" usw.

einen Nachtrag zur Göttingenschen Parallelentheorie schicken werde (abgedruckt l.c., S. 16–22), jedoch hat Gauß darauf nicht mehr geantwortet.

Dem Astronomen Schumacher, mit dem Gauß im Laufe seines Lebens einen sehr umfangreichen Briefwechsel geführt hat, hat er gelegentlich über seine Untersuchungen über die Theorie der Parallelen Mitteilungen gemacht. In Schumachers Tagebuch „Gaußiana" [4, VIII, S. 165] vom November 1808 steht:

„Gauß hat die Theorie der Parallelen darauf zurückgebracht, daß, wenn die angenommene Theorie nicht wahr wäre, es eine constante a priori der Länge nach gegebene Linie geben müßte, welches absurd ist. Doch hält er selbst diese Arbeit noch nicht für hinreichend."

Gegenüber Lambert war das noch kein wesentlicher Fortschritt, denn auch dieser hatte das Ergebnis schon gekannt und nicht als Argument gegen die 3. Hypothese angesehen.

In Gauß' Nachlaß fand man „Ideen" [4, VIII, S. 166], deren eine, datiert vom 27. 4. 1819, lautet:

„In der Theorie der Parallelen sind wir jetzt noch nicht weiter als Euklid war. Dieses ist die partie honteuse der Mathematik, die früh oder spät eine ganz andere Gestalt bekommen muß."

Ist das nur ein Desideratum oder steckt dahinter schon die Idee einer neuen Geometrie? Andeutungen über die Ahnung oder über das Wissen von einer neuen Geometrie kann man aus der Antwort von Gauß auf eine Anfrage von Gerling herauslesen, der von 1817 bis 1864 Professor der Mathematik, Physik und Astronomie in Marburg war und mit dem Gauß einen ausgedehnten Briefwechsel vor allem über astronomische Fragen geführt hat. Gleichzeitig zeigt Gauß' Antwort, wie eng bei ihm der Zusammenhang zwischen allgemeinen Prinzipien und Betrachtungen, die bis ins kleinste Detail gingen, war. Die Anfrage von Gerling ist in einem Brief vom 11. 3. 1816 [4, VIII, S. 167] enthalten und lautet:

„Am Schlusse dieses fällt mir ein, dass ich schon oft vergessen habe, Sie um Ihr Urtheil über LEGENDRES Theorie der Parallelen in seinen élémens de géom. zu bitten. – Er definirt die gerade Linie als den kürzesten Weg zwischen zwei Punkten, und beweist mit Hülfe dieser Definition, dass die Summe 3er Winkel im Dreieck nicht grösser sein kann als 2 R, nachher beweist er, dass sie auch nicht kleiner sein könnte als 2 R, wobei aber vorausgesetzt wird, dass man eine Linie durch einen Punkt zwischen den Schenkeln eines Winkels der $< \frac{2}{3}$ R ist, immer so legen könnte, dass beide Schenkel geschnitten werden. Diese Voraussetzung rechtfertigt er in einer Anmerkung (pag. 280, 6te edit. 1806) durch das Einholen und Überholen des Punktes durch Verbindungslinien zwischen gleich weit vom Scheitel abliegenden Punkten auf den Schenkeln. – In diesem letzten scheint mir aber derselbe Fehler zu stecken, dessen Sie mich bei meinem letzten Aufenthalt in Göttingen überführten. Er erklärt es für assez évident, und glaubt, man könne es zu keiner grössern Strenge bringen, ohne von einer andern Erklärung der geraden Linie auszugehen. – Hinterher aber zeigt er, dass die Summe der 3 Winkel im Dreieck = 2 R sein müsse, noch auf eine andere mir neue und, wie mir scheint, stringente Weise; etwa so: durch 2 Winkel und die zwischenliegende Seite A, B, c ist das ganze Dreieck bestimmt, also

$$C = \varphi(A, B, c).$$

Setzt man nun den rechten Winkel = 1, so sind C, A, B Zahlen, es muss also c aus der Function wegfallen, weil sonst $c = \psi(C, A, B)$ = einer Zahl, q[uod] e[st] a[bsurdum]. Demnach im rechtwinkligen Dreiecke die Summe der beiden spitzen Winkel = 1 R, woraus das andere weiter folgt.

Ich hatte diesen Satz im LEGENDRE schon gelesen, als ich in G[öttingen] studirte, und ärgerte mich auf meiner letzten Rückkehr von Göttingen nicht wenig, dass er mir nicht eingefallen war, als ich die Freude hatte, Sie damals darüber sprechen zu hören. Jetzt finde ich bei nochmaligem Nachlesen, dass er gegen den Einwurf der sphärischen Dreiecke, „der ihm gemacht sei", erwiedert, bei ihnen sei nicht $C = \varphi(A, B, c)$, sondern $C = \varphi(A, B, c, \text{rad.})$ „ou seulement

$$C = \varphi\left(A, B, \frac{c}{r}\right)$$

en vertu de la loi des homogènes".[1]) Dieses letzte will mir nicht recht klar werden, und ich wünsche sehr gelegentlich die ganze Sache mit ein Paar Worten von Ihnen erwähnt zu sehen."

Gauß antwortete darauf sofort in seinem Brief vom 11. 4. 1816 [4, VIII, S. 168] folgendermaßen:

„Sie wünschen mein Urtheil über LEGENDRES Beweis der Parallelen zu haben. Ich gestehe, dass für mich gar keine Beweiskraft in seinem Schlusse liegt. Er schliesst, daß $c = \psi(A, B, C)$, also = einer Zahl, welches absurd. Aber dieses also folgt nicht, denn die Gleichung $c = \psi(A, B, C)$ sagt nichts weiter aus, als dass c bestimmt ist, sobald A, B, C bestimmt sind, schliesst aber nicht aus, dass noch eine constante Linie mit in der Form ψ vorkomme. Aus der Gleichung $C = \varphi(A, B, c)$ braucht c nicht wegzufallen, sondern jene kann recht gut bestehen, sobald in der Function φ eine constante Linie $= m$ mit vorkommt, so dass eigentlich

$$C = \varphi\left(A, B, \frac{c}{m}\right).$$

Es ist leicht zu beweisen, dass, wenn Euklids Geometrie nicht die wahre ist, es gar keine ähnliche Figuren gibt: die Winkel in einem gleichseitigen Dreieck sind dann auch nach der Grösse der Seite verschieden, wobei ich gar nichts absurdes finde. Es ist dann der Winkel Function der Seite und die Seite Function des Winkels, natürlicher Weise eine solche Function, in der zugleich eine constante Linie vorkommt. Es scheint etwas paradox, dass eine constante Linie gleichsam a priori möglich sein könne; ich finde aber darin nichts widersprechendes. Es wäre sogar wünschenswerth, dass die Geometrie Euklids nicht wahr wäre, weil wir dann ein allgemeines Mass a priori hätten, z. B. könnte man als Raumeinheit die Seite desjenigen gleichseitigen Dreiecks annehmen, dessen Winkel = 59°59′59″,99999."

[1]) „oder nur ... wegen der Homogenität".

Als erste öffentliche Äußerung von Gauß zur Parallelentheorie ist die Besprechung eines Buches von Schwab über das erste Buch von Euklid und von Metternich über die vollständige Theorie der Parallelen anzusehen [4, VIII, S. 170]. Sie ist deshalb von Bedeutung, weil Gauß sich nicht scheut, seine Ansichten über die Parallelentheorie ganz offen und sehr deutlich auszusprechen, während er, wie wir noch sehen werden, seine späteren Ideen über die nicht-euklidische Geometrie äußerst konsequent, man könnte schon sagen, erbarmungslos, vor der Öffentlichkeit zurückhielt. Auch in der gleich wiederzugebenden Besprechung gibt es eine Zweideutigkeit. Er schreibt von der Lücke in den Anfängen der euklidischen Geometrie, die man nicht ausfüllen kann. Das kann nun so gemeint sein, daß man es *noch nicht* kann; das kann aber auch bedeuten, daß man es *prinzipiell nicht* kann. Etwas deutlicher ist schon der Schluß der Besprechung des zweiten Buches, wo es heißt, daß die Unmöglichkeit eines gewissen Falles „in aller Strenge bewiesen werden kann, welches weiter auszuführen aber hier nicht der Ort ist“.

Göttingische gelehrte Anzeigen. 1816 April 20.

STUTTGART.

Typis J. F. Steinkopf: Commentatio in primum elementorum Euclidis librum, qua veritatem geometriae principiis ontologicis niti evincitur, omnesque propositiones, axiomatum geometricorum loco habitae, demonstrantur. Auctore J. C. SCHWAB, Regi Württembergiae a consiliis aulicis secretioribus, academiae scientiarum Petropolitanae, Berolinensis et Harlemensis Sodali. 1814. 65 Seiten in Octav.

MAINZ.

Auf Kosten des Verfassers und in Commission bei Florian Kupferberg: Vollständige Theorie der Parallellinien. Nebst einem Anhange, in welchem der erste Grundsatz zur Technik der geraden Linie angegeben wird. Herausgegeben von MATTHIAS METTERNICH, Doctor der Philosophie, Professor der Mathematik, Mitglied der gelehrten Gesellschaft nützlicher Wissenschaften zu Erfurt. 1815. 44 Seiten in Octav.

Es wird wenige Gegenstände im Gebiete der Mathematik geben, über welche so viel geschrieben wäre, wie über die Lücke im Anfange der Geometrie bei Begründung der Theorie der Parallellinien. Selten vergeht ein Jahr, wo nicht irgend ein neuer Versuch zum Vorschein käme, diese Lücke auszufüllen, ohne dass wir doch, wenn wir ehrlich und offen reden wollen, sagen könnten, dass wir im Wesentlichen irgend weiter gekommen wären, als Euklides vor 2000 Jahren war. Ein solches aufrichtiges und unumwundenes Geständnis scheint uns der Würde der Wissenschaft angemessener, als das eitele Bemühen, die Lücke, die man nicht ausfüllen kann, durch ein unhaltbares Gewebe von Scheinbeweisen zu verbergen.

Der Verfasser der ersten Schrift hatte bereits vor 15 Jahren in einer kleinen Abhandlung: „Tentamen novae parallelarum theoriae notione situs fundatae“ einen ähnlichen Versuch gemacht, indem er alles auf den Begriff von Identität der Lage zu stützen suchte. Er definirt Parallellinien als solche gerade Linien, die einerlei Lage haben, und schliesst daraus, dass solche Linien von jeder dritten geraden Linie nothwendig unter gleichen Winkeln geschnitten werden müssen, weil diese Winkel nichts anderes seien, als das Mass der Verschiedenheit der Lage dieser dritten Linie von den Lagen der beiden

Parallellinien. Diese Beweisart ist in der vorliegenden neuen Schrift wiederholt, ohne dass wir sagen könnten, dass sie durch die eingewebten philosophischen Betrachtungen an Stärke gewonnen hätte. Der Behauptung S. 24: „Notionem situs e geometria adeo non excludi posse, ut potius notionibus ejus fundamentalibus annumeranda sit, dudum omnes agnoverse geometrae“ muss in dem Sinne, in welchem der Verf. den Begriff Lage in seinem Beweise gebraucht, jeder Geometer widersprechen. Wenn wir von des Verfassers Definition: „Situs est modus, quo plura coexistunt vel juxta se existunt in spatio“ ausgehen, so ist Lage ein blosser Verhältnisbegriff, und man kann wohl sagen, dass zwei gerade Linien A, B eine gewisse Lage gegen einander haben, die mit der gegenseitigen Lage zweier andern C, D einerlei ist. Aber der Verf. gebraucht das Wort Lage in seinem Beweise als absoluten Begriff, indem er von Identität der Lage zweier nicht coincidirenden geraden Linien spricht. Diese Bedeutung ist offenbar so lange leer und ohne Haltung, bis wir wissen, was wir uns bei einer solchen Identität denken und woran wir dieselbe erkennen sollen. Soll sie an der Gleichheit der Winkel mit einer dritten geraden Linie erkannt werden, so wissen wir ohne vorangegangenen Beweis noch nicht, ob eben dieselbe Gleichheit auch bei den Winkeln mit einer vierten geraden Linie Statt haben werde: soll die Gleichheit der Winkel mit jeder andern geraden Linie das Criterium sein, so wissen wir wiederum nicht, ob gleiche Lage ohne Coincidenz möglich ist. Wir stehen mithin nach des Verf. Beweis noch gerade auf demselben Punkte, wo wir vor demselben standen.

Ein grosser Teil der Schrift dreht sich um die Behauptung gegen KANT, dass die Gewissheit der Geometrie sich nicht auf Anschauung, sondern auf Definitionen und auf das „Principium identitatis“ und das „Principium contradictionis“ gründe. Dass von diesen logischen Hilfsmitteln zur Einkleidung und Verkettung der Wahrheiten in der Geometrie fort und fort Gebrauch gemacht werde, hat wohl KANT nicht leugnen wollen: aber dass dieselben für sich nichts zu leisten vermögen, und nur taube Blüten treiben, wenn nicht die befruchtende lebendige Anschauung des Gegenstandes selbst überall waltet, kann wohl niemand verkennen, der mit dem Wesen der Geometrie vertraut ist. Hrn. SCHWABs Widerspruch scheint übrigens zum Theil nur auf Missverständniss zu beruhen: wenigstens scheint uns, nach dem 16ten Paragraph seiner Schrift, welcher von Anfang bis zu Ende gerade das Anschauungsvermögen in Anspruch nimmt, und am Ende beweisen soll, „postulata Euclidis in generaliora resolvi posse, non sensu et intuitione sed intellectu fundata“, dass Hr. SCHWAB sich bei diesen Benennungen verschiedener Zweige des Erkenntnisvermögens etwas anderes gedacht haben müsse, als der Königsberger Philosoph.

Obgleich der Verfasser der zweiten Schrift seinen Gegenstand auf eine ganz andere und wirklich mathematische Art behandelt hat, so können wir doch über das Resultat derselben nicht günstiger urtheilen. Wir haben nicht die Absicht, hier den ganzen Gang seines versuchten Beweises darzulegen, sondern begnügen uns, dasjenige hier herauszuheben, worauf im Grunde alles ankommt.

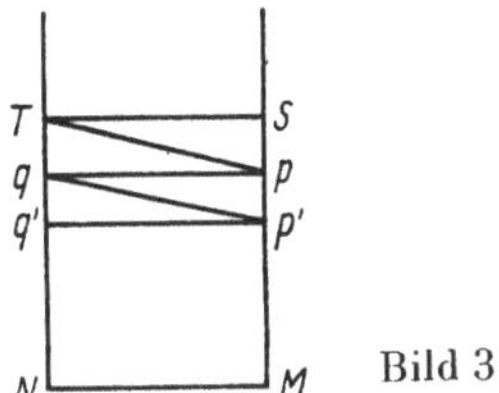

Bild 3

Man denke sich zwei im Punkte N unter rechten Winkeln einander schneidende gerade Linien, und fälle von einem Punkte S, der ausserhalb dieser geraden Linien, aber in derselben Ebene liegt, Senkrechte auf dieselben: ST und SM. Es kommt nun darauf an zu beweisen, dass MST ein rechter Winkel wird. Der Verf. sucht dies apagogisch zu beweisen; zuvörderst nimmt er an, MST sei spitz, fällt von T auf MS das Perpendikel T_p, und beweist, dass p zwischen S und M fallen muss. Hierauf fällt er wieder aus p auf NT das Perpendikel pq, wo q zwischen T und N fallen wird. Dann fällt er abermals aus q auf MS das Perpendikel qp', wo p' zwischen p und M liegen wird. Sodann abermals aus p' auf NT das Perpendikel $p'q'$ u.s.w. Diese Operationen lassen sich ohne Aufhören fortsetzen, und so werden von der Linie MS nach und nach die Stücke Sp, pp' u.s.w. abgeschnitten, die jedes eine angebliche Grösse haben, und deren Zahl unbegrenzt ist. Der Verfasser meint nun, dass diess widersprechend sei, weil auf diese Weise nothwendig MS zuletzt erschöpft werden müsste. Es ist kaum begreiflich, wie er sich auf eine solche Weise selbst täuschen konnte. Er macht sich sogar selbst den Einwurf, dass die Summe der Stücke Sp, pp' u.s.w., wenn diese Stücke immer kleiner und kleiner werden, doch ungeachtet ihre Anzahl ohne Aufhören zunehme, nicht über eine gewisse Grenze hinauswachsen könnte, und meint diesen Einwurf damit zu heben, dass jene Stücke, auch wenn sie immer kleiner und kleiner werden, doch immer grösser bleiben, als eine a n g e b l i c h e G r ö s s e; nemlich jene Stücke sind Katheten von rechtwinkligen Dreiecken, und folglich immer grösser als der Unterschied zwischen Hypotenuse und der andern Kathete. Fast scheint es, dass eine grammatische Zweideutigkeit den Verf. irre geleitet hat, nemlich der zwiefache Sinn des Artikels e i n e angebliche Grösse. Der Schluss des Verf. würde nur dann richtig sein, wenn sich zeigen liesse, dass die Stücke Sp, pp', u.s.w. immer grösser bleiben als E i n e b e s t i m m t e angebliche Grösse, z.B. als der Unterschied zwischen der Hypotenuse pT und der Kathete ST. Aber das läßt sich nicht beweisen, sondern nur, dass jedes Stück immer grösser bleibt, als eine angebliche Grösse, die aber selbst für jedes Stück eine andere ist, nemlich Sp grösser als der Unterschied zwischen pT und ST, ferner pp' grösser als der Unterschied zwischen qp' und qp u.s.w. Hiermit verschwindet nun aber die ganze Kraft des Beweises.

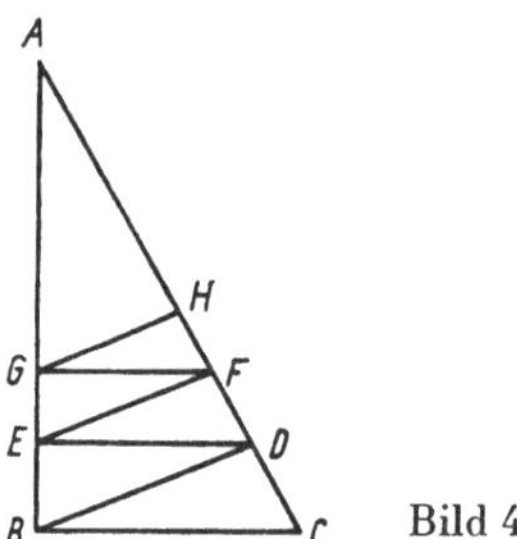

Bild 4

Auf dieselbe Art, wie er seinen Beweis führen zu können geglaubt hat, könnte er auch beweisen, dass in einem ebenen Dreiecke ABC, worin B ein rechter Winkel ist, C nicht spitz sein könne; er brauchte nur aus B ein Perpendikel BD auf die Hypotenuse AC zu fällen, dann wieder das Perpendikel DE auf AB und so ohne Aufhören die Perpendikel EF, FG, GH u.s.w. wechselsweise auf AC und AB. Die Stücke CD, DF, FH u.s.w. sind immer grösser als der angebliche Unterschied zwischen Hypotenuse und einer Kathete d e s j e n i g e n rechtwinkligen Dreiecks, worin jede der Reihe nach die andere Kathete ist, demungeachtet erschöpft ihre Summe offenbar die Hypotenuse AC nie, so gross auch ihre Anzahl angenommen wird.

Wir müssten fast bedauern, bei so bekannten und leichten Dingen so lange verweilt zu haben, wenn nicht diese Schrift, deren Verf. es übrigens wirklich um Wahrheit zu thun scheint, durch die Art, wie sie schon vor ihrer Erscheinung in öffentlichen Blättern angekündigt wurde, eine mehr als gewöhnliche Aufmerksamkeit auf sich gezogen hätte. Wir bemerken daher hier nur noch, dass der Verf. nachher auf eine ganz ähnliche, und daher eben so nichtige Art beweisen will, dass der Winkel MST nicht stumpf sein kann: allein hierbei ist doch ein wesentlicher Unterschied, weil in der That die Unmöglichkeit dieses Falles in aller Strenge bewiesen werden kann, welches weiter auszuführen, aber hier nicht der Ort ist."

Wesentlich ernster wird man diese Andeutungen jedoch nehmen, wenn man weiß, wie sie gemeint sind. 10 Jahre später, am 15. 1. 1827, heißt es in einem Brief an Schumacher [4, X_2, Heft 5, S. 8]:

„Ich habe wohl zuweilen versucht, über diesen und jenen Gegenstand bloß Andeutungen ins Publikum zu bringen; entweder aber sind sie von Niemand beachtet oder, wie z.B. einige Äußerungen in einer Rezension G. G. Anz. 1816, p. 619, es ist mit Kot danach geworfen."

Noch deutlicher schreibt er in seinem Brief vom 18. 8. 1832 an den Astronomen Encke [4, X_2, Heft 5, S. 9]:

„Es ist von jeher mein gewissenhaft befolgter Grundsatz gewesen, solche Andeutungen, die aufmerksame Leser in jeder meiner Schriften in großer Menge finden können (sehen Sie z.B. meine Disqu. arithm. pag. 593 [art. 335]) stets dann erst zu machen, wenn ich den Gegenstand für mich selbst ganz abgemacht habe."

Wie in den Jahren 1816/17 Gauß die Überzeugung gewachsen ist, daß das Parallelenaxiom nicht bewiesen werden kann, geht aus dem Brief vom 28.4.1817 an den Astronomen Olbers [4, VIII, S. 177] hervor; der in dem Brief erwähnte Wachter, geboren 1792, war ein Schüler von Gauß und zuletzt Professor der Mathematik am Gymnasium von Danzig, wo er am 3. 4. 1817 von einem Spaziergang nicht mehr zurückgekehrt ist; wie er umgekommen ist, ob durch einen Unfall oder ein Verbrechen, weiß man nicht. Gauß schrieb über ihn am 15.5.1817 an Gerling [6, S. 157]:

„Wachter hatte einen braven Charakter, gewiß ausgezeichnete Talente, eine reine Leidenschaft für die Wissenschaft, und wenn auch seine metaphysischen Schwärmereien ihn auf Abwege führten, so glaubte ich doch, daß ein reiferes Alter ihn immer mehr von jenen geheilt hätte, und daß er viel für die Wissenschaft geleistet haben würde."

Besonders interessant ist, daß Wachter bei seinen – manchmal auch fehlerhaften – Versuchen über die Parallelentheorie die wichtige Entdeckung machte, daß auf den sogenannten Horosphären der räumlichen Geometrie unter Annahme der 3. Hypothese die gewöhnliche euklidische Geometrie der Ebene gelte. Die Horosphären sind Flächen, die als Grenzgebilde der Oberflächen solcher Kugeln entstehen, die durch einen festen Punkt gehen und deren Mittelpunkte längs einer von diesem Punkt ausgehenden Halbgeraden gegen unendlich wandern. In der euklidischen Geometrie entsteht als Grenzgebilde eine Ebene, jedoch unter der Annahme der 3. Hypothese eine andere Fläche. Ist also diese räumliche Geometrie in sich widerspruchsfrei, so kann man die Horosphäre als Modell der euklidischen Ebene auffassen, so daß damit deren Widerspruchsfreiheit nachgewiesen wäre. Zunächst aber erst einmal der Wachter betreffende Auszug aus dem Brief vom 28. 4. 1817 an Olbers [4, VIII, S. 177]:

„WACHTER hat eine kleine Piece drucken lassen über die ersten Gründe der Geometrie, wovon Sie durch LINDENAU vermuthlich ein Exemplar erhalten werden. Obgleich W. in das Wesen der Sache mehr eingedrungen ist, als seine Vorgänger, so ist sein Beweis doch nicht bündiger als alle andern. Ich komme immer mehr zu der Überzeugung, dass die Nothwendigkeit unserer Geometrie nicht bewiesen werden kann, wenigstens nicht vom menschlichen Verstande noch für den menschlichen Verstand. Vielleicht kommen wir in einem anderen Leben zu andern Einsichten in das Wesen des Raums, die uns jetzt unerreichbar sind. Bis dahin müsste man die Geometrie nicht mit der Arithmetik, die rein a priori steht, sondern etwa mit der Mechanik in gleichen Rang setzen."

Woher aber kam diese immer wachsende Überzeugung? Der Ausgangspunkt war ja bei Gauß das Problem, wie eine Geometrie aussehen müßte, in der das euklidische V. Axiom falsch sei, und zwar führte er diese Untersuchung in der Erwartung, schließlich bei den Folgerungen aus der Hypothese des spitzen Winkels zu einem Widerspruch zu kommen, wie das ja bei der 2. Hypothese schon bei Sacchari und Lambert geschehen war. Damit wäre dann nur noch die 1. Hypothese übriggeblieben, und das hätte bedeutet, daß das V. Axiom bewiesen wäre, also in Wirklichkeit kein Axiom mehr, sondern ein Satz sei, der aus den anderen Axiomen folge. An die Möglichkeit, daß auch die euklidische Geometrie zu einem Widerspruch führen könnte, hat natürlich niemand geglaubt. Gauß hat nun, wie aus späteren Andeutungen hervorgeht, schon um die Jahre 1816/17 soviel interessante und in sich durchaus konsequente Folgerungen aus der 3. Hypothese gehabt, insbesondere eine zur sphärischen Trigonometrie weitgehend analoge, von ihm zunächst anti-euklidische, später nicht-euklidische Geometrie genannte, so daß er immer sicherer wurde, diese neue Geometrie sei ebenso denkmöglich wie die euklidische. Wie Wachter in einem Brief an Gauß vom 12. 12. 1816 [4, VIII, S. 175] schreibt, hat er sich mit einem Versuch beschäftigt, einen Zugang zu der „transzendenten Geometrie" von Gauß zu finden, über die ihm Gauß während eines Besuches in Göttingen im April 1816 im Rahmen eines Gespräches über die anti-euklidische Geometrie Andeutungen gemacht hat.

Gauß war sich aber auch bewußt, welche Mühe er 25 Jahre lang hatte aufbringen müssen, um zu diesem Standpunkt zu kommen, der allen Erwartungen widersprach, und welche Zumutung eine Veröffentlichung seiner Ansichten an die Mathematiker seiner Zeit sein würde. Das geht zum ersten Mal sehr deutlich aus seiner Antwort auf eine Anfrage von Gerling [4, VIII, S. 178] hervor. Gerling hatte die Aufgabe übernommen, von Lorenz' Buch über reine Mathematik eine neue Auflage herauszugeben, und wollte nun speziell Gauß' Rat über die Behandlung der Parallelentheorie hören (aus einem Brief vom 23. 7. 1818):

„In der Geometrie habe ich weniger Anstöße, möchte aber besonders gern Ihre Meinung wissen, wie es mit der Parallelen-Theorie wohl am besten zu halten ist. Was Lorenz darüber hat, ist teils falsch, teils ungründlich – daß die euklidische Manier vorzutragen sei, dabei den Mangel derselben einzugestehen, halte ich für richtig; das „quomodo" aber ist mir nicht klar. Ich habe gedacht, es sei am besten, den Satz: Eine gerade Linie kann durch einen Punkt nur eine Parallele haben, als Axiom hinzustellen, und in einer Anmerkung zu sagen, daß man einen Beweis für diesen Satz noch nicht habe finden können, und deshalb dies solange, bis einer gefunden, oder die Unwahrheit des Satzes, bewiesen sei, als Axiom annehmen müsse, wie im Grunde schon Euklides getan. – Haben Sie doch die Güte, mir auch hierüber Ihr Urteil zu eröffnen."

Gauß aber antwortete in seinem Brief vom 25. 8. 1818 [4, VIII, S. 179] aus Zeitgründen nur ganz kurz:

„Ich freue mich, daß Sie den Mut haben, sich so auszudrücken, als wenn Sie die Möglichkeit, daß unsere Parallelen-Theorie, mithin unsere ganze Geometrie, falsch wäre, anerkennen. Aber die Wespen, deren Nest Sie aufstören, werden Ihnen um den Kopf fliegen."

Ob die Scheu vor dem Unverständnis der großen mathematischen Öffentlichkeit der einzige Grund gewesen ist, daß Gauß von seinen Überzeugungen nichts publiziert hat, weiß man nicht. Er hat seine Bedenken, wie wir später noch sehen werden, noch mehrere Male seinen Freunden und Kollegen mitgeteilt. Da er von der Richtigkeit der nicht-euklidischen Geometrie nunmehr überzeugt war, fiel es ihm besonders leicht, Fehler in angeblichen Beweisen des Parallelenaxioms zu finden. Ein Beispiel dafür ist die folgende Besprechung [4, VIII, S. 183], bei der es besonders bemerkenswert ist, daß sie auch nicht die geringste Andeutung über nicht-euklidische Gedankengänge enthält.

Göttingische gelehrte Anzeigen. 1822 October 28.

MARBURG.

Theorie der Parallelen, von CARL REINHARD MÜLLER, Doctor der Philosophie, ausserordentlichem Professor der Mathematik u.s.w. 1822. 40 Seiten in Quart.

Rec. hat bereits vor sechs Jahren in diesen Blättern seine Überzeugung ausgesprochen, dass alle bisherigen Versuche, die Theorie der Parallellinien streng zu beweisen, oder die Lücke in der Euklidischen Geometrie auszufüllen, uns diesem Ziele nicht näher gebracht haben, und kann nicht anders, als dieses Urtheil auch auf alle spätern ihm bekannt gewordenen Versuche ausdehnen. Inzwischen bleiben doch manche solcher Versuche, obgleich der eigentliche Hauptzweck verfehlt ist, wegen des darin bewiesenen Scharfsinns den Freunden der Geometrie lesenswerth, und Rec. glaubt in dieser Rücksicht die vorliegende bei Gelegenheit einer Schulprüfung bekannt gemachte kleine Schrift besonders auszeichnen zu müssen. Den ganzen sinnreichen Ideengang des Verf. hier ausführlich darzulegen, wäre für unsere Blätter zu weitläufig und auch überflüssig, da die Schrift selbst gelesen zu werden verdient: aber sie hat ihre schwache Stelle, wie alle übrigen Versuche, und diese herauszuheben, ist der Zweck dieser Anzeige.

Wir finden diese schwache Stelle S. 15 in dem Beweise des Lehrsatzes des 15. Artikels. Dieser Lehrsatz ist der wahre Nerv der ganzen Theorie, welche fällt, sobald jener nicht streng bewiesen werden kann. Wir führen daher zuvörderst diesen Lehrsatz hier aus; die dazu gehörige Figur wird jeder leicht selbst zeichnen können.

Wenn jeder Winkel an der Grundlinie *ON* eines gleichschenkligen Dreiecks grösser ist, als der Winkel an der Spitze *A*, und man setzt in *O* an die Seite *OA* einen Winkel von der Grösse des Winkels *A*, dessen anderer Schenkel *OL* die *AN* in dem Punkte *L* zwischen *A* und *N* trifft, schneidet alsdann von *AO* ein Stück $OM = NL$ ab und zieht *ML*; wenn man ferner in *M* an *MA* abermals einen Winkel von der Grösse des Winkels *A* setzt, dessen anderer Schenkel *MC* die *AN* in dem Punkte *C* zwischen *A* und *L* trifft, hierauf von *AM* ein Stück $MB = LC$ abschneidet und *BC* zieht, und sodann diese Construction auf ähnliche Art fortsetzt, so dass auf der Linie *OA* die Punkte *O*, *M*, *B*, *E*, *G*, *K* u. s. w., auf der Linie *NA* hingegen die Punkte *N*, *L*, *C*, *D*, *F*, *H* u. s. w. liegen, so wird behauptet, dass die Stücke *OM*, *MB*, *BE*, *EG*, *GK* u. s. w. oder die ihnen resp. gleichen *NL*, *LC*, *CD*, *DF*, *FH* u. s. w. eine abweichende Progression bilden.

Den Beweis dieses Lehrsatzes sucht der Verf. apagogisch so zu führen, dass er die übrigen möglichen Fälle, wenn der Lehrsatz nicht wahr wäre, aufzählt, und die Unstatthaftigkeit eines jeden zu erweisen versucht. Der Verf. behauptet nemlich, dass unter jeder Voraussetzung einer von folgenden fünf Fällen Statt haben müsste. Die aufeinander folgenden Stücke, von *OM* an gerechnet, wären

1) alle einander gleich, oder
2) jedes nachfolgende grösser als das vorhergehende, oder
3) einige einander gleich und das darauf folgende grösser oder kleiner, oder
4) einige auf einander folgende nähmen fortschreitend ab, und die darauf folgenden fortschreitend zu, oder
5) sie würden abwechselnd grösser und kleiner.

In dieser Aufzählung ist der mögliche Fall übergangen, dass die Stücke anfangs fortschreitend zu- und dann fortschreitend abnähmen, und nach Rec. eigener Überzeugung (deren tiefer liegende Gründe hier aber nicht angeführt werden können) wäre dessen Erledigung gerade die Hauptsache und die eigentliche Auflösung des Gordischen Knotens. Inzwischen kann man zugeben, dass diese Auslassung hier in so fern wenig auf sich hat, als die Beweisart des Verf. für die Unstatthaftigkeit des dritten Falls, wenn sie zulässig wäre, auch auf diesen Fall von selbst erstreckt werden könnte. Allein eben diesem angeblichen Beweise der Unstatthaftigkeit des dritten Falls können wir keine Gültigkeit zugestehen. Der Verf. stellt die Sache so vor. Wenn z. B. in dem dritten Falle angenommen wird, die beiden ersten Stücke seien gleich, das dritte aber grösser, so wäre *DC* also grösser als *CL*. Da nun aber *AML* gleichfalls ein gleichschenkliges Dreieck ist, dem dieselbe Grundbedingung zukommt, wie dem ursprünglichen Dreieck *AON*, so müsste, wenn jener dritte Fall mit seiner angenommenen Unterabtheilung der gültige wäre, $DC = CL$ sein, in Widerspruch mit dem vorher Gefundenen.

Wir haben, wie wir glauben, bei diesem Moment des Beweises das, worauf es ankommt, noch etwas klarer und bestimmter nach der Ansicht des Verf. angedeutet, als er es selbst gethan hat, wodurch dann aber auch die Schwäche desselben, wie uns scheint, leichter erkannt wird. Denn offenbar ist hier ganz willkürlich angenommen, dass bei allen gleichschenkligen Dreiecken mit dem Winkel *A* an der Spitze und grösserm Winkel an der Basis, wenn mit ihnen die im Lehrsatz angezeigte Construction vorgenommen wird, die Folge der abgeschnittenen Stücke in Rücksicht auf ihr Gleichbleiben, Grösser- oder Kleinerwerden, allemal, unabhängig von der Grösse der Seiten, nothwendig dieselbe sein müsse, eine Annahme, die doch unmöglich als von selbst evident betrachtet werden darf. Da sich nun aber hierauf allein der versuchte Beweis der Unstatthaftigkeit des dritten (wie auch vierten und fünften) Falls stützt, und der ganze Artikel auch keine andere Ressourcen zum Beweise der Unstatthaftigkeit des übergangenen Falls darbietet, so glauben wir hierdurch das oben ausgesprochene Urtheil hinlänglich gerechtfertigt zu haben, wobei wir aber gern der ganzen übrigen sinnreichen Durchführung in den folgenden Artikeln volle Gerechtigkeit widerfahren lassen.

Welche Schwierigkeiten aber auch vertraute Freunde von Gauß mit dem Verständnis nicht-euklidischer Ideen hatten, ist bei Schumacher zu beobachten. In seinem Brief vom 3. 5. 1831 schreibt er:

„Ich bin so frei, Ihnen anbei einen Versuch zu übersenden ohne Parallel-Linien und ihre Theorie zu gebrauchen, den Satz zu beweisen, daß die Summe aller drei Winkel eines geradlinigen Dreiecks gleich 180° sei, aus dem dann der Beweis des euklidischen Axioms folgen würde. Ich setze nichts voraus, als daß die Summe aller um einen Punkt liegenden Winkel = 360° = 4 R, und daß die Wechselwinkel sich gleich sind. Da ich aus Erfahrung weiß, wie sonderbar blind man (ich wenigstens) mitunter in bezug auf eigene Arbeiten ist, so fürchte ich sehr, daß eine petitio principii dabei zugrunde liegt. Ich bin aber jetzt nicht imstande, sie zu entdecken, und erwarte Belehrung von Ihnen."

Die Antwort von Gauß vom 17. 5. 1831 [4, VIII, S. 212] war ganz kurz und deckte Schumachers Fehler vollkommen auf. Sehr interessant ist folgender Zusatz:

„Von meinen eigenen Meditationen, die zum Teil schon gegen 40 Jahre alt sind, wovon ich aber nie etwas aufgeschrieben habe, und daher manches drei- oder viermal von neuem auszusinnen genötigt gewesen bin, habe ich vor einigen Wochen doch einiges aufzuschreiben angefangen. Ich wünschte doch, daß es nicht mit mir unterginge."

Mit dieser Antwort gab sich Schumacher nicht zufrieden, wie er im Brief an Gauß vom 25. 5. [4, VIII, S. 213] und 29. 6. 1831 [4, VIII, S. 214] schrieb. Die Antwort von Gauß vom 12. 7. 1831 [4, VIII, S. 215] ist nun recht ausführlich. Interessant sind aber nur einige Bemerkungen mehr allgemeiner Natur:

„Was die Parallellinien betrifft, so würde ich Ihnen mein Urteil sehr gern schon auf Ihren ersten Brief geschrieben haben, wenn ich nicht hätte voraussetzen müssen, daß Ihnen mit demselben ohne vollständige Entwicklungen wenig gedient sein würde. Zu solchen vollständigen Entwicklungen, wenn sie wahrhaft überzeugend sein sollen, würden aber vielleicht bogenlange Auseinandersetzungen in Erwiderung auf das, was Sie in wenigen Zeilen im Grunde nur angedeutet haben, nötig sein, zu welchen Auseinandersetzungen mir aber gegenwärtig die erforderliche Geistesheiterkeit fehlt. Um Ihnen jedoch meinen guten Willen zu bestätigen, will ich folgendes hersetzen."

Der folgende Protest wendet sich gegen den Gebrauch unendlich langer Strekken bei Schumacher.

„Was nun aber Ihren Beweis für 1) betrifft, so protestire ich zuvörderst gegen den Gebrauch einer unendlichen Grösse als einer V o l l e n d e t e n, welcher in der Mathematik niemals erlaubt ist. Das Unendliche ist nur eine façon de parler, indem man eigentlich von Grenzen spricht, denen gewisse Verhältnisse so nahe kommen als man will, während anders ohne Einschränkung zu wachsen verstattet ist. In diesem Sinne enthält die

Nicht-Euklidische Geometrie durchaus nichts widersprechendes, wenn gleich diejenigen, die sie kennen lernen, viele Ergebnisse derselben anfangs für paradox halten müssen, was aber für widersprechend zu halten nur eine Selbsttäuchung sein würde, hervorgebracht von der früheren Gewöhnung, die Euklidische Geometrie für streng wahr zu halten.

In der Nicht-Euklidischen Geometrie gibt es gar keine ähnlichen Figuren ohne Gleichheit, z.B. die Winkel eines gleichseitigen Dreiecks sind nicht bloss von $\frac{2}{3}$ R, sondern auch bei verschiedenen Dreiecken nach Massgabe der Grösse der Seiten unter sich verschieden und können, wenn die Seite über alle Grenzen wächst, so klein werden, wie man will."

Ein Stück weiter heißt es:

„In der Euklidischen Geometrie gibt es nichts absolut grosses, wohl aber in der Nicht-Euklidischen, diess ist gerade ihr wesentlicher Charakter, und diejenigen, die diess nicht zugeben, setzen eo ipso schon die ganze Euklidische Geometrie; aber, wie gesagt, nach meiner Überzeugung ist diess blosse Selbsttäuschung."

Als Beispiel für konkrete Ergebnisse in der nicht-euklidischen Geometrie heißt es dann bei Gauß, wobei es schließlich noch bis zur Metaphysik geht:

„In der That ist in der Nicht-Euklidischen Geometrie der halbe Umfang eines Kreises dessen Halbmesser $= r$:

$$= \frac{1}{2} \pi h \left(e^{r/k} - e^{-r/k}\right),$$

wo k eine Constante ist, von der wir durch Erfahrung wissen, dass sie gegen alles durch uns messbare ungeheuer gross sein muss. In Euklids Geometrie wird sie unendlich.

In der Bildersprache des Unendlichen würde man also sagen müssen, dass die Peripherien zweier unendlichen Kreise, deren Halbmesser um eine endliche Grösse verschieden sind, selbst um eine Grösse verschieden sind, die zu ihnen ein endliches Verhältnis hat.

Hierin ist aber nichts widersprechendes, wenn der endliche Mensch sich nicht vermisst, etwas Unendliches als etwas Gegebenes und von ihm mit seiner gewohnten Anschauung zu Umspannendes betrachten zu wollen.

Sie sehen, dass hier in der That der Fragepunkt unmittelbar an die Metaphysik streift."

Die Größe der Verständnisschwierigkeiten bei Schumacher zeigt sich in seinem Brief an Gauß vom 19. 7. 1831 [4, VIII, S. 219] in dem Satz:

„Ich kann nicht sagen, daß er (der Brief) mich schon überzeugt hätte."

Ebensolche Schwierigkeiten zeigte Bessel, dem Schumacher den Brief von Gauß geschickt hatte, bei der Rücksendung am 12. 7. 1831 [4, X_2, H. 5, S. 16]:

„Eine tolle Geschichte ist doch die im Gaußschen Brief vorkommende, daß die Peripherien zweier Kreise von den Halbmessern r und r' nicht im Verhältnis $r:r'$ stehen

3*

sollen. Ich bezweifle dieses nicht, weil Gauß es sagt; allein diese Ungleichheit ist mir so wenig anschaulich, daß ich mir, nach dem alten Kulenkampschen Ausdruck kein Denkbild davon machen kann".

Die Analogie zur sphärischen Trigonometrie, wo sich die Umfänge der Kreise wie $\sin\frac{r}{k} : \sin\frac{r'}{k}$ verhalten, ist den beiden Astronomen nicht in den Sinn gekommen.

2.2. Schweikart und Taurinus

So sehr Gauß fürchtete, daß seine nicht-euklidischen Gedanken mißverstanden werden könnten, so sehr freute er sich über jede Äußerung einer Zustimmung oder einer ähnlichen Entwicklung nicht-euklidischer Ansätze, auch wenn sie begrifflich oft genug nicht klar waren. Die beiden wichtigsten Beispiele dafür sind Schweikart (1780–1859), Professor der Jurisprudenz in Marburg, und sein Neffe Taurinus (1794–1874), auch ein Jurist. Gerling, der ja Astronomie-Professor in Marburg war, erfuhr von Schweikarts nebenberuflichem Interesse für die Parallelentheorie und die 3. Hypothese und erzählte ihm von Gauß, daß dieser vor einiger Zeit öffentlich geäußert hätte, daß man seit Euklids Zeiten im Grunde hiermit nicht weitergekommen sei; ja, daß Gauß gelegentlich Gerling gesagt hätte, wie er durch vielfältige Beschäftigung mit dem Gegenstand auch nicht zum Beweise von der Absurdität einer solchen Annahme gekommen sei. (Vgl. Brief von Gerling an Gauß vom 25. 1. 1819 [4, VIII, S. 180]) Schweikart schickte dann Gerling auf einem Zettel seine Resultate mit der Bitte, sie an Gauß weiterzuleiten, was dann in dem genannten Brief geschah.

Notiz von SCHWEIKART. Marburg, December 1818.

Es gibt eine zweifache Geometrie, – eine Geometrie im engern Sinn – die Euklidische; und eine astralische Grössenlehre.

Die Dreiecke der letztern haben das Eigene, dass die Summe der drei Winkel nicht zwei Rechten gleich ist.

Diess vorausgesetzt, lässt es sich auf das strengste beweisen:

a) dass die Summe der 3 Winkel in dem Dreieck kleiner als 2 Rechte sei;
b) dass die Summen immer kleiner werden, je mehr Inhalt das Dreieck umfaßt;
c) dass die Höhe eines gleichschenkligen rechtwinkligen Dreiecks zwar immer zunimmt, je mehr man die Schenkel verlängert, dass sie aber eine gewisse Linie, die ich die Constante nenne, nicht übersteigen könne.

Die Quadrate haben daher folgende Gestalt:

Ist diese Constante für uns die halbe Erdaxe (wonach jede im Weltraume von einem Fixstern zum andern, die 90° von einander entfernt sind, gezogene Linie eine Tangente der Erdkugel sein würde), so ist sie in Beziehung auf die, im täglichen Leben vorkommenden, Räume unendlich gross.

Die Euklidische Geometrie gilt nur unter der Voraussetzung, dass die Constante unendlich gross sei. Nur dann ist es wahr, dass die drei Winkel eines jeden Dreiecks zwei Rechten gleich seien; auch lässt sich dies, so wie man sich den Satz, dass die Constante unendlich gross sei, geben lässt, leicht beweisen.

SCHWEIKART.

(Der Name Astral-Geometrie statt nicht-euklidischer Geometrie rührt daher, daß sie sich, wenn sie die wahre Geometrie ist, erst bei astronomischen Entfernungen von der euklidischen unterscheiden würde.) Gauß bemerkte dann in seinem Brief an Gerling vom 16. 3. 1819 [4, VIII, S. 181] folgendes:

„Die Notiz von Hrn. Prof. SCHWEIKART hat mir ungemein viel Vergnügen gemacht, und ich bitte ihm darüber von mir recht viel Schönes zu sagen. Es ist mir fast alles aus der Seele geschrieben. Nur bloss bei dem einen Artikel der so anfängt:

Ist diese Constante für uns die halbe Erdaxe u.s.w., muss ich drei Bemerkungen machen:

1) sehe ich die Möglichkeit nicht ein, dass eine Constante bloss für uns gelten könne, und für andere Wesen eine andere. Ich weiss auch nicht, ob Hr. Sch. dies so gemeint habe, nur hat er das für uns selbst unterstrichen.

2) fährt er fort: „wonach jede im Weltraum von einem Fixstern zum andern, die 90° von einander entfernt sind, gezogene Linie eine Tangente der Erdkugel sein würde“. Hierbei ist die Entfernung der Fixsterne verglichen mit der Constante als unermesslich gross betrachtet, aber demungeachtet hat das um 90° von einander entfernt sein dann nur einen bestimmten Sinn, in so fern es auf einen bestimmten Scheitelpunkt des Winkels bezogen wird, z.B. den Mittelpunkt der Erde, was ohne Zweifel auch Hr. Prof. Sch. tacite vorausgesetzt hat.

3) hat ohne Zweifel diess Hr. Prof. Sch. bloss beispielshalber als Erläuterung gesagt, denn obgleich ich mir recht gut die Unrichtigkeit der Euklidischen Geometrie denken kann, so müsste doch nach unsern astronomischen Erfahrungen die besagte Constante unermesslich viel grösser sein, als der Erdradius.

Ich vermuthe, dass Hr. Sch. mit allem diesen einverstanden sein wird, was mich bei dem gänzlichen Zusammentreffen seiner Ansicht mit der meinigen sehr freuen wird. Ich bemerke nur noch, dass ich die Astralgeometrie so weit ausgebildet habe, dass ich alle Aufgaben vollständig auflösen kann, sobald die Constante $= C$ gegeben wird. Der Defect der Winkelsumme im ebenen Dreieck gegen 180° ist z.B. nicht bloss desto grösser, je grösser der Flächeninhalt ist, sondern ihm genau proportional, so dass der Flächeninhalt eine Grenze hat, die er nie erreichen kann, und welche Grenze selbst dem Inhalt der zwischen drei sich asymptotisch berührenden geraden Linien enthaltenen Fläche gleich ist, die Formel für diese Grenze ist

$$\text{Limes areae trianguli plani} = \frac{\pi CC}{\{\log \operatorname{hyp}(1+\sqrt{2})\}^2}.$$

Auch jedes andere Polygon von einer bestimmten Seitenzahl $= n$ hat in Beziehung auf seinen Flächeninhalt eine bestimmte Grenze, der es so nahe man will kommen, aber sie nie erreichen kann,

$$= \frac{(n-2)\,\pi CC}{(\log \operatorname{hyp}(1+\sqrt{2}))^2}.$$

Theilen Sie gefälligst diess Hrn. Schw. mit.“

Schweikart selbst scheint auf diesem Gebiet nicht weitergearbeitet zu haben. Doch wurde sein Neffe Taurinus durch ihn zu weiteren Untersuchungen angeregt, die er in zwei Büchern niederlegte: Theorie der Parallellinien, Köln 1825, und Geometriae prima elementa, Köln 1826. Im Vorwort zu dem zweiten Buch beruft er sich darauf, daß er einige seiner Resultate Gauß mitgeteilt und eine freundliche Antwort erhalten habe. Die Antwort von Gauß vom 8. 11. 1824 [4, VIII, S. 186] ist in vieler Hinsicht recht interessant, besonders wegen des Gegensatzes, der darin besteht, daß er einerseits jede Aufgabe in der nicht-euklidischen Geometrie auflösen könne, daß aber andererseits seine Bemühungen, einen Widerspruch darin zu finden, fruchtlos gewesen sind, und das kann man so interpretieren, daß Gauß die Möglichkeit offenließ, man könne schließlich doch noch auf einen Widerspruch stoßen. Hier zunächst der Brief von Gauß:

Ewr. Wohlgeboren

gefälliges Schreiben vom 30. Oct. nebst dem beigefügten kleinen Aufsatz habe ich nicht ohne Vergnügen gelesen, um so mehr, da ich sonst gewohnt bin, bei der Mehrzahl der Personen, die neue Versuche über die sogenannte Theorie der Parallellinien machen, gar keine Spur von wahrem geometrischen Geiste anzutreffen. Gegen Ihren Versuch habe ich nichts (oder nicht viel) anderes zu erinnern als dass er unvollständig ist. Zwar lässt Ihre Darstellung des Beweises, dass die Summe der drei Winkel eines ebenen Dreiecks nicht grösser als 180° sein kann, in Rücksicht auf geometrische Schärfe noch zu desideriren übrig. Allein dies würde sich ergänzen lassen, und es leidet keinen Zweifel, dass jene Unmöglichkeit sich auf das allerstrengste beweisen lässt. Ganz anders verhält es sich aber mit dem 2n. Theil, dass die Summe der Winkel nicht kleiner als 180° sein kann; diess ist der eigentliche Knoten, die Klippe, woran alles scheitert. Ich vermuthe, dass Sie sich noch nicht lange mit diesem Gegenstande beschäftigt haben. Bei mir ist es über 30 Jahr, und ich glaube nicht, dass jemand sich eben mit diesem 2n. Theil mehr beschäftigt haben könne als ich, obgleich ich niemals darüber etwas bekannt gemacht habe. Die Annahme, dass die Summe der 3 Winkel kleiner sei als 180°, führt auf eine eigene, von der unsrigen (Euklidischen) ganz verschiedene Geometrie, die in sich selbst durchaus consequent ist, und die ich für mich selbst ganz befriedigend ausgebildet habe, so dass ich jede Aufgabe in derselben auflösen kann mit Ausnahme der Bestimmung einer Constante, die sich a priori nicht ausmitteln lässt. Je grösser man diese Constante annimmt, desto mehr nähert man sich der Euklidischen Geometrie und ein unendlicher Werth macht beide zusammenfallen. Die Sätze jener Geometrie scheinen zum Theil paradox, und dem Ungeübten ungereimt; bei genauerer ruhiger Überlegung findet man aber, dass sie an sich durchaus nichts unmögliches enthalten. So z. B. können die drei Winkel eines Dreiecks so klein werden als man nur will, wenn man nur die Seiten gross genug nehmen darf, dennoch kann der Flächeninhalt eines Dreiecks, wie gross auch die Seiten genommen werden, nie eine bestimmte Grenze überschreiten, ja sie nicht einmal erreichen. Alle meine Bemühungen, einen Widerspruch, eine Inconsequenz in dieser Nicht-Euklidischen Geometrie zu finden, sind fruchtlos gewesen, und das Einzige, was unserm Verstande darin widersteht, ist, dass es, wäre sie wahr, im Raum eine an sich bestimmte (obwohl uns unbekannte) Lineargrösse geben müsste. Aber mir deucht, wir wissen, trotz der nichtssagenden Wort-Weisheit der Methaphysiker eigentlich zu wenig oder gar nichts über das wahre Wesen des Raumes, als dass wir etwas uns unnatürlich vorkommendes mit Absolut Unmöglich verwechseln dürfen. Wäre die Nicht-

Euklidische Geometrie die wahre, und jene Constante in einigem Verhältnisse zu solchen Grössen, die im Bereich unserer Messungen auf der Erde oder am Himmel liegen, so liesse sie sich a posterioro ausmitteln. Ich habe daher wohl zuweilen im Scherz den Wunsch geäussert, dass die Euklidische Geometrie nicht die wahre wäre, weil wir dann ein absolutes Mass a priori haben würden.

Von einem Manne, der sich mir als einen denkenden mathematischen Kopf gezeigt hat, fürchte ich nicht, dass er das Vorstehende missverstehen werde: auf jeden Fall aber haben Sie es nur als eine Privat-Mittheilung anzusehen, von der auf keine Weise ein öffentlicher oder zur Öffentlichkeit führen könnender Gebrauch zu machen ist. Vielleicht werde ich, wenn ich einmal mehr Musse gewinne, als in meinen gegenwärtigen Verhältnissen, selbst in Zukunft meine Untersuchungen bekannt machen.

Mit Hochachtung verharre ich

Ewr. Wohlgeboren
ergebenster Diener
C. F. Gauss

Göttingen, den 8. November 1824.

Bemerkenswert ist auch der gebieterische Ton in der Aufforderung, von diesem Brief keinen öffentlichen Gebrauch zu machen.

Die Bücher von Taurinus [3] haben keinen Erfolg gehabt und keine Anerkennung gefunden; Taurinus hat schließlich den Rest der „Elemente", die er auf eigene Kosten hatte drucken lassen, verbrannt. Er beklagt sich selbst darüber, daß man die Autorität eines Gauß besitzen müsse, um sich mit Untersuchungen über das Parallelenaxiom durchzusetzen. Wahrscheinlich hat Taurinus selbst gewußt, daß damals jeder, der sich mit dem V. Axiom „immer noch" beschäftigte, als Wirrkopf angesehen wurde. Aber man muß doch sagen, daß die beiden Bücher in sich nicht konsequent sind. Zunächst entwickelt nämlich Taurinus in der „Theorie der Parallellinien" Folgerungen aus der 3. Hypothese bis zu der Erkenntnis, daß in einer solchen Geometrie noch eine Konstante stecke. Nun aber kommt bei ihm der eigenartige Schluß, daß daraus die Existenz unendlich vieler Geraden durch 2 gegebene Punkte folge, womit die 3. Hypothese widerlegt und das V. Axiom bewiesen sei. In den „Elementen" schreibt er nochmals, daß bei der 3. Hypothese der Widerspruch nur eine Folge der Vielheiten der Systeme sei. Dann aber entwickelt er ganz unvermittelt eine „logarithmisch-sphärische Trigonometrie", indem er rein formal im Kosinussatz der sphärischen Trigonometrie die reellen Seitenlängen der Dreiecke durch rein imaginäre ersetzt, d.h. er entwickelt die Trigonometrie auf der in der Lambertschen Vermutung vorkommenden Kugel mit imaginärem Radius, die er in einem Anhang zur Lösung einer Reihe von Aufgaben der logarithmisch-sphärischen Geometrie verwendet. Er kommt dabei schon auf den später von Bolyai und Lobatschewsky geometrisch eingeführten Parallelwinkel. Weiter berechnet er z.B. den Flächeninhalt eines Dreiecks als Funktion der Seiten, den Umfang und Flächeninhalt des Kreises, die Oberfläche und das Volumen der Kugel. Er nimmt dabei die nicht-euklidische Geometrie von Johann Bolyai und Lobatschewsky formal voraus, ist dabei aber ehrlich genug, zu fragen, was eigentlich hinter diesem formalen, geometrisch nicht motivierten Vorgehen steckt:

„Die Untersuchung der Frage, was nun das wahre Wesen der logarithmisch-sphärischen Geometrie ist, ob sie etwas Mögliches enthält oder ob sie nur imaginär ist, wäre zwar für die höchste Gelehrsamkeit eine würdige Aufgabe, überschreitet jedoch sicher die Grenze der Elemente."

Taurinus hat geglaubt, die nicht-euklidische Geometrie widerlegt zu haben, und hat die nicht-euklidische Trigonometrie entwickelt.

2.3. Gauß' Aufzeichnungen zur nicht-euklidischen Geometrie

Im Brief vom 25. 8. 1818 hatte Gauß Gerling vor einer Publikation nicht-euklidischer Ideen gewarnt (s. S. 32). Immerhin hatte er Taurinus gegenüber am Schluß seines Briefes vom 8. 11. 1824 (s. S. 39) angekündigt, vielleicht selbst in Zukunft seine Untersuchungen bekanntzumachen. Dagegen schreckt er in seinem berühmt gewordenen Brief an Bessel vom 27. 1. 1829 [4, VIII, S. 200] wieder davor zurück:

„Auch über ein anderes Thema, das bei mir schon fast 40 Jahr alt ist, habe ich zuweilen in einzelnen freien Stunden wieder nachgedacht, ich meine die ersten Gründe der Geometrie: ich weiss nicht, ob ich Ihnen je über meine Ansichten darüber gesprochen habe. Auch hier habe ich manches noch weiter consolidirt, und meine Überzeugung, dass wir die Geometrie nicht vollständig a priori begründen können, ist, wo möglich, noch fester geworden. Inzwischen werde ich wohl noch lange nicht dazu kommen, meine sehr ausgedehnten Untersuchungen darüber zur öffentlichen Bekanntmachung auszuarbeiten, und vielleicht wird diess auch bei meinen Lebzeiten nie geschehen, da ich das Geschrei der Böotier scheue, wenn ich meine Ansicht ganz aussprechen wollte."

Bessel antwortete ihm darauf am 10. 2. 1829 [4, VIII, S. 201]:

„Ich würde sehr beklagen, wenn Sie sich ‚durch das Geschrei der Böotier' abhalten ließen, Ihre geometrischen Ansichten auseinanderzusetzen. Durch das, was Lambert gesagt hat, und was Schweikart mündlich äußerte, ist mir klar geworden, daß unsere Geometrie unvollständig ist, und eine Korrektion erhalten sollte, welche hypothetisch ist und, wenn die Summe der Winkel des ebenen Dreiecks gleich 180° ist, verschwindet. Das wäre die **wahre** Geometrie, die euklidische und **praktische,** wenigstens für Figuren auf der Erde."

Wie Gauß in seiner Antwort vom 9. 4. 1830 [4, VIII, S. 201] schreibt, hat er sich über dieses Verständnis sehr gefreut, aber keine Publikation seiner Resultate angekündigt:

„Wahre Freude hat mir die Leichtigkeit gemacht, mit der Sie in meine Ansichten über die Geometrie eingegangen sind, zumal da so wenige offenen Sinn dafür haben. Nach meiner innigsten Überzeugung hat die Raumlehre in unserm Wissen a priori eine ganz andere Stellung, wie die reine Grössenlehre; es geht unserer Kenntnis von jener durchaus diejenige vollständige Überzeugung von ihrer Nothwendigkeit (also auch von ihrer absoluten Wahrheit) ab, die der letztern eigen ist; wir müssen in Demuth zugeben, dass, wenn die Zahl bloss unsers Geistes Product ist, der Raum auch ausser unserm Geiste eine Realität hat, der wir a priori ihre Gesetze nicht vollständig vorschreiben können."

In Gauß' Nachlaß hat man nun einige Aufzeichnungen zur Parallelentheorie und zur nicht-euklidischen Geometrie gefunden, aus denen man allerdings nur recht wenig über seine, wie er selbst sagt, sehr ausgedehnten Untersuchungen auf diesem Gebiet erfahren kann. Es sind da vor allem die folgenden Notizen [4, VIII, S. 202] zu finden:

PARALLELLINIEN.

1. Wenn die Geraden $AM\ldots$, $BN\ldots$ einander nicht schneiden, jede durch A zwischen $AM\ldots$ und $AB\ldots$ gelegte Gerade hingegen die $BN\ldots$ schneidet: so heisst $AM\ldots$ mit $BN\ldots$ parallel.

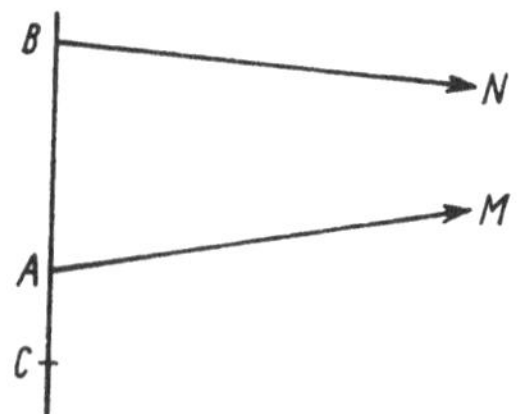

Bild 5

2. Geht eine Gerade beständig durch den Punkt A, und gelangt durch Drehung aus der Lage $AB\ldots$ auf der Seite, wo BN liegt, zuletzt in die Lage $AC\ldots$, die der ersten entgegengesetzt ist, so ist sie anfangs schneidend, zuletzt nicht schneidend, also muss es gewiss Eine und nur Eine Lage geben, die die Scheidung der schneidenden und nicht schneidenden [Geraden] ist, und zwar wird diess die erste nicht schneidende sein, also nach unserer Definition die Parallele $AM\ldots$, da es offenbar keine letzte schneidende geben kann.

3. In unserer Definition sind in beiden Linien bestimmte Anfangspunkte A, B vorausgesetzt. Man sieht aber leicht, dass der Parallelismus davon unabhängig ist, in so fern nur der Sinn der Richtungen, nach welchen die Linien als unbegrenzt betrachtet werden, derselbe bleibt. Nimmt man nemlich statt B einen andern Anfangspunkt B', sei es auf der Linie $BN\ldots$, oder wo immer auf ihrer Fortsetzung rückwärts, so ist von selbst klar, dass diess keinen Unterschied macht.

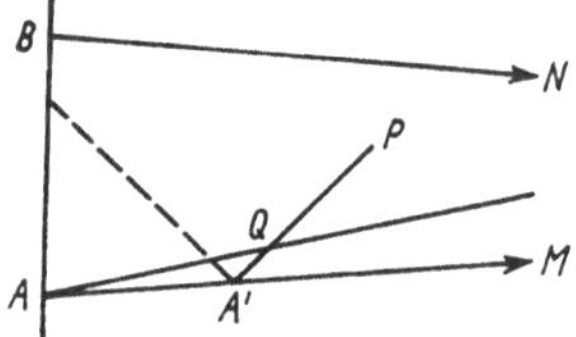

Bild 6

Nimmt man dagegen anstatt A einen andern Anfangspunkt A' auf der Linie $AM\ldots$, zieht durch A' zwischen $A'M\ldots$ und $A'B$ die Gerade $A'P$ in beliebiger Richtung, und durch einen Punkt Q zwischen A' und P die Gerade $AQ\ldots$, so wird solche (Definition) die $BN\ldots$ schneiden, woraus von selbst klar ist, dass auch $QP\ldots$ die $BN\ldots$ schneiden wird.

Nimmt man aber A' auf der rückwärts fortgesetzten $AM\ldots$ und zieht durch A' zwischen $A'M\ldots$ und $A'B\ldots$ in beliebiger Richtung die Gerade $A'P$, verlängert solche rückwärts und nimmt darauf einen beliebigen Punkt Q, so wird $QA\ldots$ die $BN\ldots$ schneiden (Definition), z.B. in R. $A'P$ ist also in der geschlossenen Figur $A'ARB$ und wird daher eine der vier Seiten $A'A$, AR, RB, BA' schneiden, offenbar muss diess aber die dritte RB sein, daher also auch $A'M\ldots$ mit $BN\ldots$ parallel ist.

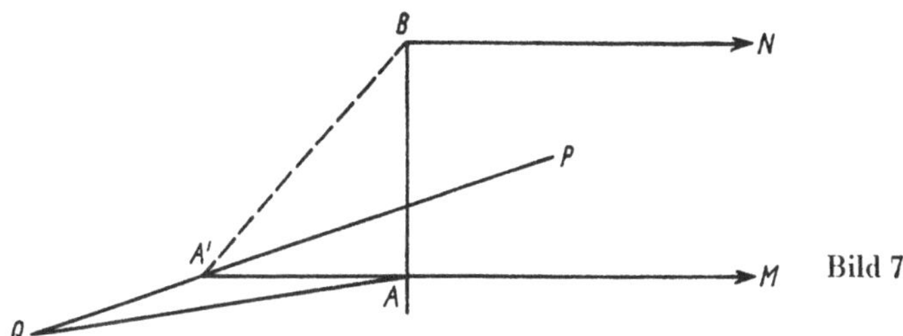

Bild 7

4. Nicht ganz so evident ist die Reciprocität des Parallelismus. Es sei die Gerade 1 parallel mit 2. Von einem beliebigen Punkte in 2, A, fälle man ein Perpendikel AB auf 1. Es sei 3 eine beliebige Gerade durch A zwischen AB und 2, und AC eine Gerade zwischen denselben Grenzen, so dass der Winkel

$$BAC = \frac{1}{2}\,(3{,}2)\,.$$

Wir haben nun zwei Fälle zu unterscheiden.

I. Schneidet $AC\ldots$ die Linie 1 in D, so mache man $BE = BD$, indem E in 1 auf der entgegengesetzten Seite von D genommen wird. Durch D ziehe man zwischen 1 und DA die Gerade $DF\ldots$, so dass $ADF = AED$. Diese Gerade wird also 2 in G schneiden. Man mache [auf 1] $EH = DG$ und verbinde AH. Die Dreiecke ABD, ABE werden congruent sein, also $AE = AD$; folglich auch die Dreiecke ADG, AEH congruent, also $EAH = DAG$. [Mithin ist] $GAH = DAE = (2{,}3)$, [d.h.] AH ist mit 3 identisch oder 3 schneidet 1 in H und folglich ist, weil 3 jede beliebige zwischen 2 und AB liegende Gerade bedeuten kann, 2 mit 1 parallel.

II. Schneidet AC die 1 nicht, so sei D ein beliebiger Punkt auf 1. Es gelten dann dieselben Schlüsse wie vorher bis zu dem Resultat $GAH = DAE$. Allein in diesem Fall ist $DAB < CAB$ oder $DAE < (2{,}3)$. Also $(2{,}3) > GAH$ und 3 wird folglich in der geschlossenen Figur AHD liegen, also DH schneiden. Das übrige wie in I.

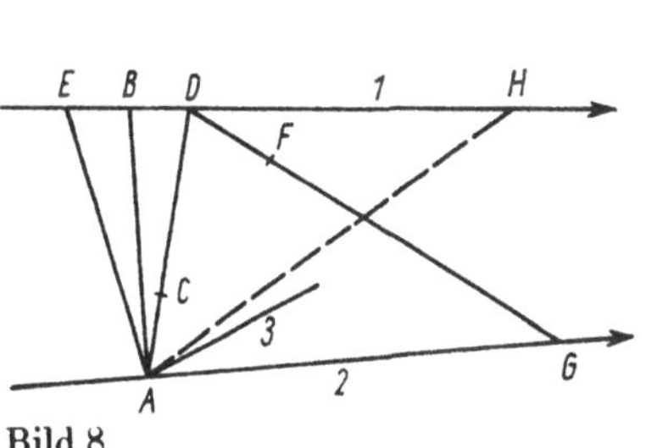

Bild 8

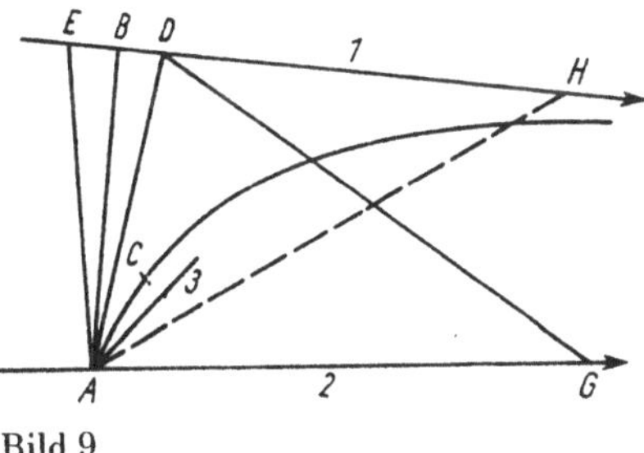

Bild 9

5. Lehrsatz. Ist die Gerade 1 sowohl mit 2 als mit 3 parallel, so ist auch 2 mit 3 parallel.

Beweis. Erster Fall, wenn 1 zwischen 2 und 3 liegt. Es seien A, B Punkte auf 2 und 3 und AB schneide die 1 in C. Durch A ziehe man eine beliebige Gerade $AD\ldots$ zwischen 2 und AB, welche also 1 schneiden wird; weiter fortgesetzt wird sie also auch 3 schneiden; da diess von jeder $AD\ldots$ gilt, so ist 2 mit 3 parallel.

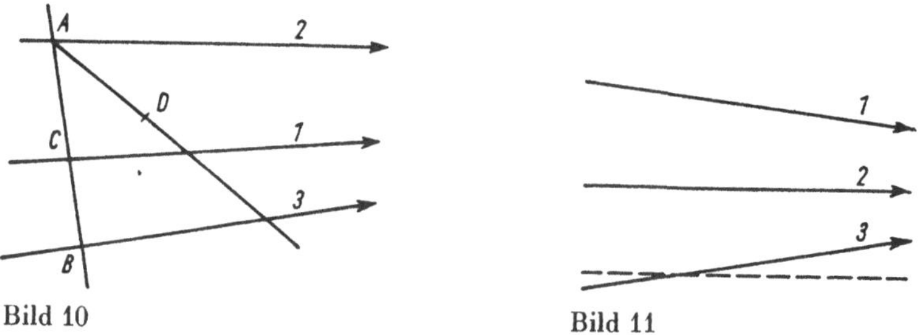

Bild 10 Bild 11

Zweiter Fall, wenn 1 ausserhalb 2 und 3 liegt. Es liege 2 zwischen 1 und 3. Wäre 2 mit 3 nicht parallel, so lässt sich durch einen beliebigen Punkt von 3 eine von 3 verschiedene Gerade ziehen, die mit 2 parallel ist. Diese ist also vermöge des ersten Falls auch mit 1 parallel, welches absurd ist. (Lehrsatz oben nachzusehen.)

6. Lehrsatz. Eine Gerade $CL\ldots$ oder 3, die sich zwischen zwei Parallelen $AM\ldots$ oder 1, $BN\ldots$ oder 2 befindet, und keine von beiden schneidet, ist mit denselben parallel.

Beweis. Man ziehe durch einen beliebigen Punkt C in der Geraden 3 eine Parallele 4 mit 2; wäre diese von 3 verschieden, so müsste 3 entweder zwischen 1 und 4 oder zwischen 2 und 4 fallen; in jenem Fall würde sie (Definition der Parallelen) die 1, im andern die 2 schneiden müssen, gegen die Voraussetzung.

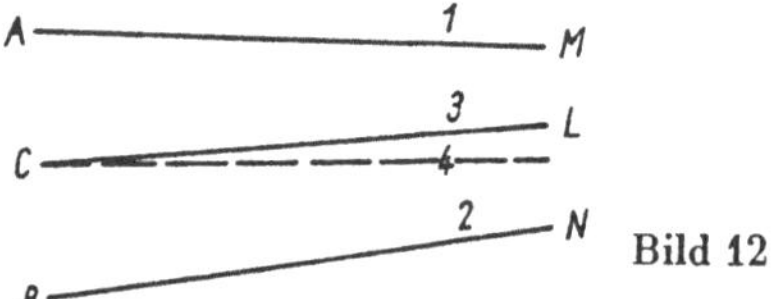

Bild 12

7. Lehrsatz. Zwei Parallellinien, rückwärts fortgesetzt, können einander auf dieser Seite nicht schneiden.

Beweis. Gesetzt $AM\ldots$, $BN\ldots$ schnitten einander auf ihren Fortsetzungen rückwärts in P, so sei Q ein beliebiger Punkt in der noch über P hinaus rückwärts geführten

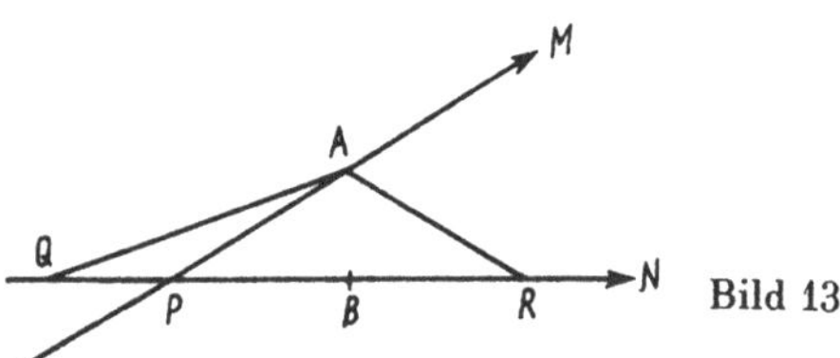

Bild 13

Fortsetzung von BN.... Man verbinde QA, welche Gerade noch weiter fortgesetzt PN in einem Punkt R schneiden wird. Wir haben also durch die Punkte Q, R zwei verschiedene gerade Linien, welches absurd ist.

Vom 18. 11. 1828 [4, VIII, S. 190] stammt ein sehr hübscher Beweis dafür, daß die Winkelsumme im Dreieck 180° nicht übersteigt, wobei Gauß betont, daß dabei das Parallelenaxiom nicht herangezogen wird.

Über die Winkel des Dreiecks.

Der Beweis, dass die Summe der drei Winkel eines Dreiecks nicht grösser sein kann als 180°, ist unabhängig vom 11. Axiom so zu führen.

Es sei $A + B + C > 180°$; man verlängere AB in infin. und wiederhole das vorige Dreieck; dann ist per hyp.

$$CBE < ACB \quad \text{also (Elemente I.24)} \quad CE < AB.$$

Eben so $EG = CE$ u.s.w. Man leitet daraus leicht ab, dass, wenn das Dreieck nur oft genug wiederholt wird, die gerade AM grösser ist als die gebrochene $ACEG\dots NM$, worin sich das Widersprechende leicht nachweisen lässt. Eine n-malige Wiederholung reicht hin, wenn

$$AC + CB - AB < n(AB - CE).$$

(gefunden 1828 Nov. 18).

Wohl aber braucht er das Geradenaxiom, nach dem die Gerade unendlich lang ist.

Einige Bemerkungen über Parallellinien finden sich auf Notizzetteln [4, VIII, S. 207–209] und sind wahrscheinlich in den ersten Monaten des Jahres 1831 aufgeschrieben worden. Neu darin sind die von Gauß definierten korrespondierenden Punkte, und die mit deren Hilfe definierten Kurven, von Gauß Tropen benannt, sind die orthogonalen Trajektorien einer Schar von Parallelen und können daher als Kreise mit unendlichem Radius interpretiert werden. Sie heißen deshalb jetzt Grenzkreise oder Horozyklen (bei Lobatschewski heißen sie Orizyklen).

[CORRESPONDIERENDE PUNKTE IN PARALLELLINIEN.]

1. Definition. Correspondierende Punkte in Parallellinien, auf den gleichen Winkeln an der Verbindungslinie beruhend.

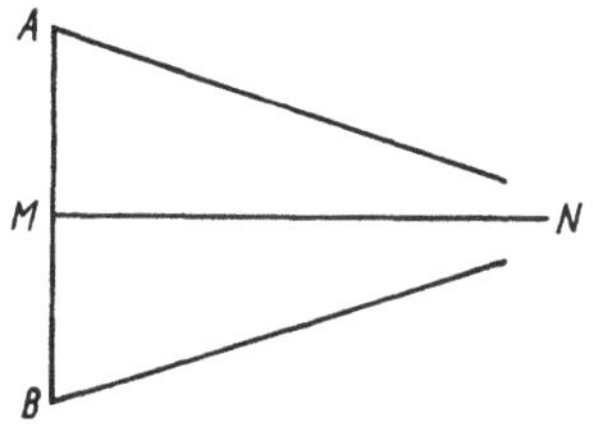

Bild 14

2. Sind A, B correspondierende Punkte und M in der Mitte von AB, MN senkrecht auf AB, so wird 1) MN mit beiden parallel sein, 2) jeder Punkt, welcher mit A auf Einer Seite von MN liegt, wird dem A näher sein als dem B.

....

4. Theorem. Sind A, B correspondierende Punkte auf den Parallelen 1, 2 und A', B' desgleichen, so ist $AA' = BB'$ und vice versa.

5. Theorem. Sind A, B, C Punkte auf den Parallelen 1, 2, 3 und A mit B, B mit C correspondierend; so ist auch A mit C correspondirend.

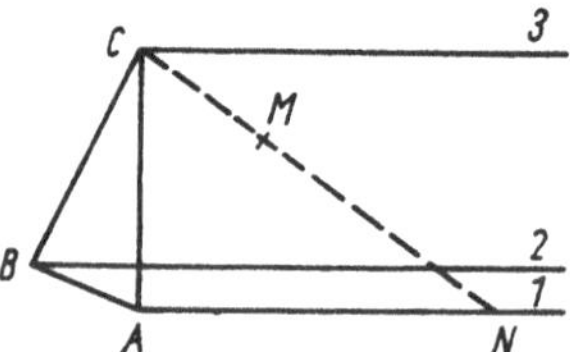

Bild 15

Beweis. Im entgegengesetzten Fall sei der Winkel $C > A$; man nehme $ACM = A$, so wird CM die AN in N schneiden. Man hat also $AN = CN$; allein vermöge Th.Th. ist $AN < BN$ und $BN < CN$, welches also ein Widerspruch ist.

Setzte man voraus, dass $A = B$; $A = C$, und B nicht $= C$, so sei $B = C'$, woraus $A = C'$ folgen würde.

PARALLELISMUS.

1. $ab*$ ist mit $cd*$ parallel, wenn
   1) beide in einer Ebene sind,
   2) einander nicht schneiden,
   3) jede Linie $af*$ innerhalb des Raumes $*bacd*$ die $cd*$ schneidet.

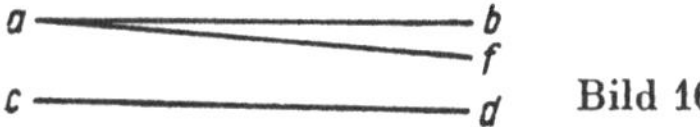

Bild 16

2. Der Parallelismus ist unabhängig von dem Anfang der Linie $cd*$.
3. Der Parallelismus ist unabhängig von dem Anfang der Linie $ab*$.
   I. Es ist auch $a'b*$ parallel mit $cd*$, wenn a' auf $ab*$.
   Beweis. $af*$ schneidet $cd*$; so wird auch $a'f*$ schneiden.
   II. [Es ist auch $a'b*$ parallel mit $cd*$,] wenn a' ausserhalb $ab*$.
   Man mache $baf = ba'f'$; es schneide $af*$ die $cd*$ in g, so wird $a'f'$ die $af*$ nicht schneiden, also cg.

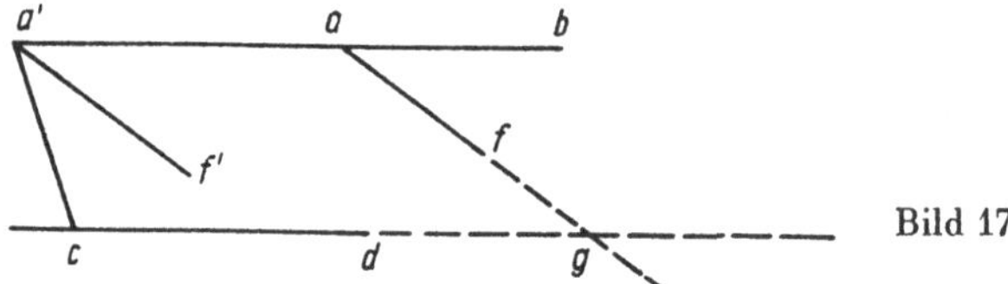

Bild 17

4. Es ist verstattet $ab*$ und $cd*$ zu vertauschen.

Es sei 1 und 2 parallel. Wäre nun nicht 2 mit 1 parallel, so sei cd' mit 1 parallel. Es sei ca senkrecht auf 1 und $acb = acb' = \frac{1}{2} dcd'$. Ferner $cbe = cb'b$. Es wird also be die 2 schneiden, in e'. Macht man nun $b'g = be'$, so wird cg und cd' mit cb' einerlei Winkel machen. Welches absurd ist.

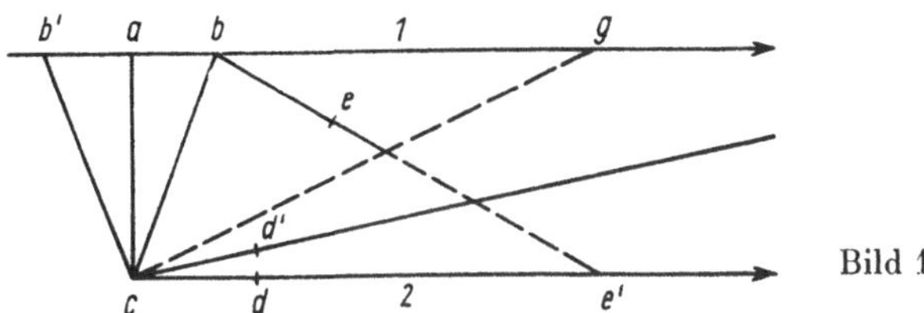

Bild 18

5. Wenn 1 mit 2 und 1 mit 3 parallel, so ist auch 2 mit 3 parallel.
6. Was correspondirende Punkte auf zwei Parallelen sind.
7. Aequidistanz der correspondirenden Punkte.
8. Der Punkt auf einer dritten Parallelen correspondirt correspondierenden Punkten auf den beiden ersten.
9. Trope ist die Linie, die von correspondirenden Punkten gebildet wird, wenn man alle Parallelen zu einer Geraden betrachtet.

Daß er diese Kurven nicht einfach als orthogonale Trajektorien definiert, dürfte seinen Grund darin haben, daß er nach Möglichkeit Differentiationen und sonstige Stetigkeitsbetrachtungen vermeiden wollte.

Es sind dies wahrscheinlich die Meditationen, von deren Niederschrift Gauß in seinem Brief an Schumacher vom 17. 5. 1831 (vgl. 2.1.) berichtet hatte.

Einige weitere Zettel mit Notizen über den Flächeninhalt des Dreiecks [4, VIII, S. 226] und über das Volumen des Tetraeders [4, VIII, S. 228 u. S. 232] in der nicht-euklidischen Geometrie sind wahrscheinlich Vorbereitungen für den Brief vom 6. 3. 1832 an Wolfgang Bolyai, über den im nächsten Abschnitt zu berichten sein wird. Schon jetzt sei aber darauf hingewiesen, daß die Schrift von Wolfgang Bolyais Sohn Johann eine Darstellung der nicht-euklidischen Geometrie enthält und den Anlaß für Gauß' Brief bildete. Hier interessiert vor allem, daß Gauß darin schrieb, die Art des Vorgehens von Johann Bolyai stimme weitgehend mit seinen eigenen Untersuchungen und Methoden überein, so daß es sich nun für ihn erübrige, seine Resultate zu veröffentlichen.

Eine sehr knapp gehaltene Notiz [4, VIII, S. 225] enthält eine Herleitung der Grundformeln für das rechtwinklige Dreieck auf der Kugel, aus denen aber auch die allgemeine Formel für sphärische Dreiecke hergeleitet werden könnte. Dabei wählt Gauß eine darin vorkommende Integrationskonstante negativ. Nimmt man jedoch diese Konstante gleich 0, so erhält man die Trigonometrie der Ebene, und, was für uns natürlich von besonderer Bedeutung ist, aber auf den Zetteln von Gauß nicht in Betracht gezogen wurde, nimmt man die Konstante positiv, so erhält man die nicht-euklidische Trigonometrie. Man muß annehmen, daß diese Aufzeichnungen in Zusammenhang mit dem Erscheinen von Lobatschewskis Buch „Geometrische Untersuchungen zur Theorie der Parallellinien", Berlin 1840, [7] gemacht worden sind; jedenfalls hat man sie in Gauß' Exemplar dieses Buches gefunden (vgl. [4, VIII, S. 257·). Ob Gauß die Formeln der nicht-euklidischen Geometrie, über die er schon mit Wachter 1816 gesprochen hatte (vgl. S. 31), so, wie sie auf diesen Notizen hergeleitet worden sind, oder auf andere Weise gefunden hat, ist nicht bekannt.

Wenn auch diese Aufzeichnungen auf den ersten Blick schwer verständlich erscheinen, erkennt man doch sofort, daß Gauß bestrebt ist, die Grundformeln der sphärischen Trigonometrie daraus herzuleiten, daß für sehr kleine Dreiecke in erster Näherung Formeln der Trigonometrie der euklidischen Ebene gelten. Dabei beschränkt er sich auf rechtwinklige sphärische Dreiecke, aus deren Formeln die für beliebige Dreiecke ohne weiteres hergeleitet werden können. Für ein kleines rechtwinkliges Dreieck mit den Katheten a, b, und der Hypothenuse c sowie den Winkeln α, β setzt er also näherungsweise $a:c = \sin\alpha$, $b:c = \sin\beta$ voraus und trifft weiter folgende Festsetzungen:

1. Das Bogenelement des Kreises mit dem Radius r und dem kleinen Winkel ω hat die Gestalt $f(r)\omega$ und ist näherungsweise gleich der Länge der Sehne oder auch der am einen Ende angebrachten Tangentenstrecke.

2. Errichtet man auf den beiden Enden einer kleinen Strecke h zwei Lote der beliebigen Länge a in gleicher Richtung, so hat die Verbindung der Enden der Lote näherungsweise die Länge $h \cdot g(a)$. An Hand einiger Zeichnungen leitet Gauß nun Relationen zwischen den Differentialen da, db, dc, $d\alpha$ und $d\beta$ her und bekommt dann nach einem Eliminationsprozeß eine Differentialgleichung 2. Ordnung für f. Die nach einer ersten Integration auftretende Konstante nimmt er gleich $-k^2$ und erhält dann $f = \frac{1}{k} \sin(kr)$. Hieraus ergeben sich nun die Formeln für beliebige rechtwinklige Dreiecke auf der Kugel. Einen Kommentar von 6 Seiten gibt Stäckel anschließend in [4, VIII, S. 258], in dem an Hand weiterer Zeichnungen alle nötigen Relationen zwischen den Differentialen ausführlich hergeleitet und die Konsequenzen gezogen werden. Eine etwas kürzere Interpretation der Gaußschen Notizen findet man in dem Aufsatz von Norden auf Seite 137–141 in der von der Akademie der Wissenschaften der UdSSR herausgegebenen Sammlung von Aufsätzen zum 100jährigen Todestag von C. F. Gauß, Moskau 1956, unter der Redaktion von Winogradow [8].

Wegen der Wichtigkeit dieser Methode, aus der Voraussetzung der euklidischen Trigonometrie für sehr kleine Dreiecke die Trigonometrie auf der Kugel und in der nicht-euklidischen Ebene herzuleiten, sei eine Durchführung der Gaußschen Ideen im folgenden vorgeführt, und zwar in einer etwas erweiterten Form. Nimmt man nämlich die Seiten und Winkel eines rechtwinkligen Dreiecks nicht unbedingt positiv, sondern als orientierte Strecken und Winkel, so erhält man anstelle der Grundformeln für das rechtwinklige Dreieck den Zusammenhang zwischen rechtwinklig gradlinigen Koordinaten und Polarkoordinaten, von wo aus man dann leicht zu verschiedenen Modellen der zweidimensionalen nichteuklidischen Geometrie kommen kann. Außerdem wird sich im folgenden zeigen, wie nützlich die sich eigentlich ganz natürlich aufdrängenden Integrabilitätsbedingungen sind, so daß die vielen Zeichnungen und Kunstgriffe wie bei Stäckel überflüssig werden.

Die rechtwinkligen Koordinaten u, v eines Punktes P führt man folgendermaßen ein (Bild 19): Den Koordinatenursprung O und die u-Achse wähle man willkürlich. Der Fußpunkt des Lotes von P auf dieser Achse habe die Koordi-

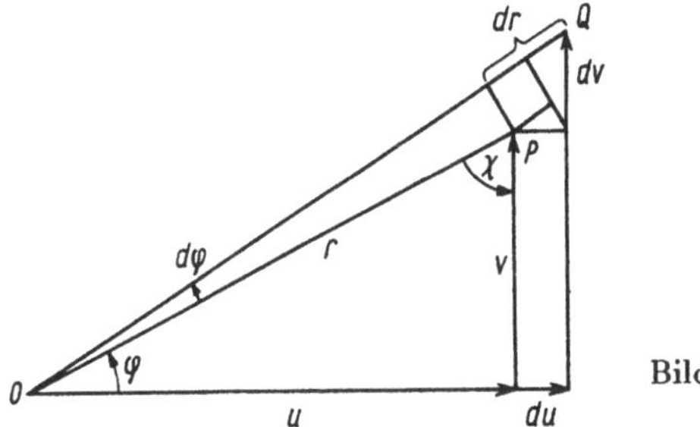

Bild 19

nate u, und v sei die orientierte Länge des Lotes. Dann entsprechen die Punkte P und die Zahlenpaare (u, v) einander umkehrbar eindeutig. Als Polarkoordinaten r, φ nimmt man den Abstand $r \geqq 0$ zwischen O und P und den orientierten Winkel φ von der positiven u-Halbachse zur Halbgeraden von O nach P. Schließlich sei χ noch der im positiven Sinn gemessene Winkel, der von dieser Halbgeraden im Punkt P zur positiven v-Richtung führt. [Vorsichtshalber sei bemerkt: 1. Die Abstandslinie $v = c$ der u-Achse braucht keine Gerade zu sein. 2. Geraden im Sinne unserer Geometrie werden meistens geradlinig gezeichnet. Eine gerade gezeichnete Strecke (z. B. eine solche Abstandslinie) braucht aber keine gerade Strecke zu sein, und eine gerade Strecke kann nicht immer als euklidische Gerade gezeichnet werden, weil im nicht-euklidischen Fall die Winkelsumme im Dreieck kleiner als 180° und im Viereck kleiner als 360° ist. Die Zeichnungen sind also mehr als Orientierungshilfen zu betrachten.]

Gehen wir jetzt zu dem Punkt Q über, der durch Abänderung von u, v um du, dv aus P entsteht. $r + dr, \varphi + d\varphi$ seien die Polarkoordinaten von Q. In dem „unendlich kleinen" Viereck $PAQB$ können wir nach Voraussetzung euklidisch messen, wobei nach der obigen Definition von f und g PA die Länge $g(v)\,du$ und PB die Länge $f(r)\,d\varphi$ haben. Außerdem kann der Winkel bei Q, der als $\chi + d\chi$ zu bezeichnen wäre, durch χ ersetzt werden, solange wir nur in diesem unendlich kleinen Viereck bleiben. Aus der Zeichnung liest man dann ab:

$$dr = g(v) \sin\chi \, du + \cos\chi \, dv,$$
$$f(r)\, d\varphi = -g(v) \cos\chi \, du + \sin\chi \, dv.$$

Betrachten wir u und v als die unabhängigen Variablen, so können wir diese Gleichungen schreiben als

$$\frac{\partial r}{\partial u} = g(v)\sin\chi, \qquad \frac{\partial r}{\partial v} = \cos\chi,$$

$$\frac{\partial \varphi}{\partial u} = -\frac{g(v)}{f(r)}\cos\chi, \quad \frac{\partial \varphi}{\partial v} = \frac{\sin\chi}{f(r)}.$$

Aus den hierzu gehörigen Integrabilitätsbedingungen

$$\frac{\partial}{\partial v}\frac{\partial r}{\partial u} = \frac{\partial}{\partial u}\frac{\partial r}{\partial v} \quad \text{und} \quad \frac{\partial}{\partial v}\frac{\partial \varphi}{\partial u} = \frac{\partial}{\partial u}\frac{\partial \varphi}{\partial v}$$

erhält man nun nach einfacher Rechnung, wobei man die dabei auftretenden partiellen Ableitungen von r aus den obigen Gleichungen entnimmt,

$$\frac{\partial \chi}{\partial u} = -g'(v) + \frac{f'(r)}{f(r)}g(v)\cos\chi,$$

$$\frac{\partial \chi}{\partial v} = -\frac{f'(r)}{f(r)}\sin\chi,$$

wobei $'$ die Ableitung nach dem jeweiligen Argument bedeutet.

Auch hier gehe man zu der Integrabilitätsbedingung $\frac{\partial}{\partial v}\frac{\partial \chi}{\partial u} = \frac{\partial}{\partial u}\frac{\partial \chi}{\partial v}$ über, wobei die neu auftretenden partiellen Ableitungen von r und χ wieder den vorangehenden Gleichungen zu entnehmen sind. Man erhält dann

$$\frac{g''(v)}{g(v)} = \frac{f''(r)}{f(r)}.$$

Da der Ausdruck auf der linken Seite nur von v, der auf der rechten aber nur von r abhängt, müssen beide gleich ein und derselben Konstante C sein. Es sind also die Differentialgleichungen

$$f''(r) = Cf(r),$$
$$g''(v) = Cg(v)$$

zu lösen, und zwar unter den folgenden Anfangsbedingungen: Für kleine Werte von r soll $f(r)\,d\varphi$ näherungsweise euklidisch gemessen werden können, d.h. es muß dort $f(r)$ näherungsweise gleich r oder, genauer gesagt, $f(0) = 0$, $f'(0) = 1$ sein. Weiter ist nach der Definition $g(0) = 1$, und wegen der Symmetrie der Definition von $g(v)$ ist $g'(0) = 0$. Die Lösungen der Differentialgleichungen für f und g haben nun wesentlich verschiedenen Charakter, je nachdem, ob $C > 0$, $C = 0$ oder $C < 0$ ist. Zunächst aber mögen die Betrachtungen ohne diese Fallunterscheidungen weitergeführt werden.

In den Differentialgleichungen für r und φ als Funktionen von u, v, die nun zu lösen wären, tritt aber noch die Funktion χ auf. Es liegt daher nahe, für χ

zunächst das differentielle Verhalten zu bestimmen, und zwar geschieht das genau so wie oben bei φ, nur hat man u und v miteinander zu vertauschen. So erhält man analog zu unseren Anfangsgleichungen

$$\frac{\partial r}{\partial u} = \cos\varphi, \quad \frac{\partial r}{\partial v} = g(u)\sin\varphi,$$

$$\frac{\partial\chi}{\partial u} = \frac{\sin\varphi}{f(r)}, \quad \frac{\partial\chi}{\partial v} = -\frac{g(u)}{f(r)}\cos\varphi.$$

Ein Vergleich mit den Ausdrücken für die partiellen Ableitungen von r und φ ergibt

$$\cos\chi = g(u)\sin\varphi,$$
$$g(v)\sin\chi = \cos\varphi.$$

Hieraus kann man χ eliminieren:

$$g^2(u)\sin^2\varphi + \frac{\cos^2\varphi}{g^2(v)} = 1,$$

also

$$\sin^2\varphi\,[g^2(u)\,g^2(v) - 1] = g^2(v) - 1.$$

Im Falle $C = 0$ liefert diese Gleichung nichts, weil dann $g(u) = g(v) = 1$ ist. Nehmen wir aber für den Fall $C > 0$, also $C = k^2$ mit beliebigem $k > 0$, so bekommt man $f(r) = \frac{\sinh(kr)}{k}$, $g(v) = \cosh(kr)$.

Die Formeln vereinfachen sich, wenn man die Längeneinheit so wählt, daß $k = 1$ wird, also die bisherigen ku, kv und kr durch u, v und r ersetzt, zu

$$f(r) = \sinh r,$$
$$g(v) = \cosh v.$$

Für $\sin\varphi$ bekommen wir nun

$$\sin\varphi = \frac{\pm\sinh v}{\sqrt{\cosh^2(u)\cosh^2 v - 1}},$$

also

$$\cos\chi = \frac{\pm\cosh u\sinh v}{\sqrt{\cosh^2 u\cosh^2 v - 1}}.$$

Weiter ist $\sin\varphi > 0$ für die Punkte oberhalb der u-Achse, also genau dort, wo $\sinh v > 0$, usw., also ist

$$\sin\varphi = \frac{\sinh v}{\sqrt{\cosh^2 u\cosh^2 v - 1}},$$

$$\cos\chi = \frac{\cosh u\sinh v}{\sqrt{\cosh^2 u\cosh^2 v - 1}}.$$

Hieraus folgt nun, wieder mit den entsprechenden Vorzeichenbetrachtungen,

$$\sin\chi = \frac{\sinh u}{\sqrt{\cosh^2 u \cosh^2 v - 1}},$$

$$\cos\varphi = \frac{\sinh u \cosh v}{\sqrt{\cosh^2 u \cosh^2 v - 1}}.$$

Nach (1) folgt nun

$$\mathrm{d}r = \frac{\cosh v \sinh u \, du + \cosh u \sinh v \, dv}{\sqrt{\cosh^2 u \cosh^2 v - 1}} = \frac{\mathrm{d}(\cosh u \cosh v)}{\sqrt{\cosh^2 u \cosh^2 v - 1}}.$$

Setzt man zur Abkürzung $\cosh u \cosh v = \cosh t$ mit $t > 0$, was nach den bekannten Eigenschaften des cosh möglich ist, so erhält man

$$\mathrm{d}r = \frac{\mathrm{d}\cosh t}{\sqrt{\cosh^2 t - 1}} = \frac{\sinh t \, \mathrm{d}t}{\sinh t} = \mathrm{d}t,$$

also $t = r + c$, $\cosh u \cosh v = \cosh(r + c)$. Geht nun r gegen 0, so nach der geometrischen Bedeutung von r, u, v auch u und v, also folgt $c = 0$ und damit

$$\cosh u \cosh v = \cosh r, \quad \sqrt{\cosh^2 u \cosh^2 v - 1} = \sinh r.$$

Die Beziehungen zwischen den rechtwinkligen Koordinaten u, v, den Polarkoordinaten r, φ und dem Winkel χ lassen sich also folgendermaßen zusammenfassen:

$$\begin{aligned} &\sinh r \cos\varphi = \sinh u \cosh v, && \sinh r \cos\chi = \cosh u \sinh v, \\ &\sinh r \sin\varphi = \sinh v, && \sinh r \sin\chi = \sinh u, \\ &\cosh r = \cosh u \cosh v. \end{aligned} \tag{*}$$

Die Formeln für das beliebige Dreieck ABC lassen sich nun ohne weiteres gewinnen, indem man die soeben hergeleiteten Beziehungen auf die Dreiecke ABF und ACF anwendet, wobei man als O einmal B und dann C (hier ist dann u durch $u - a$ zu ersetzen) nimmt:

$$\begin{aligned} &\sinh c \cos\beta = \sinh u \cosh v, && \sinh b \cos(\pi - \gamma) = \sinh(u - a) \cosh v, \\ &\sinh c \sin\beta = \sinh v, && \sinh b \sin(\pi - \gamma) = \sinh v, \\ &\cosh c = \cosh u \cosh v, && \cosh b = \cosh(u - a) \cosh v. \end{aligned}$$

Nach Anwendung der Additionstheoreme der hyperbolischen Funktionen lassen sich u, v ohne weiteres eliminieren, und es ergeben sich der Projektionssatz

$$\sinh a \cosh c = \cosh a \cos\beta \sinh c + \sinh b \cos\gamma,$$

der Sinussatz

$$\sinh b \sin\gamma = \sinh c \sin\beta$$

4*

und der Kosinussatz

$$\cosh b = \cosh a \cosh c - \sinh a \sinh c \cosh\beta .$$

Wendet man auch noch die χ enthaltenden Formeln (*) auf die beiden rechtwinkligen Dreiecke an, so gestaltet sich die Elimination von u, v und δ ein wenig umständlicher und gibt nichts wesentlich Neues. Es entstehen nur nochmals diese Sätze, jedoch mit anderen Seiten und Winkeln. Diese Formeln kann man aber auch erhalten, indem man die obige Methode auf die Dreiecksseiten und entsprechend auf die Winkel in irgendeiner Vertauschung anwendet. Formal in der analogen Weise, wie man den dualen oder polaren Kosinussatz aus den entsprechenden Formeln der sphärischen Trigonometrie herleitet, ergibt sich auch hier

$$\cos\alpha = -\cos\beta \cos\gamma + \cosh a \sin\beta \sin\gamma ;$$

Damit sind die sämtlichen Grundformeln der nicht-euklidischen Geometrie für das allgemeine Dreieck aufgestellt.

Wie schon gesagt, hat Gauß einerseits die nicht-euklidische Trigonometrie bereits 1816 gehabt (Gespräch mit Wachter), während die letzten Aufzeichnungen, die man auf die Zeit zwischen 1840 und 1846 datiert, sich direkt nur auf die sphärische Trigonometrie beziehen. Auch wenn man diese Aufzeichnungen nicht auf Zetteln in dem Büchlein von Lobatschewski gefunden hätte, wäre es klar, daß Gauß gewußt hat, daß man in dieser Weise, nämlich wie es hier soeben geschehen ist, auch die Formeln der nicht-euklidischen (und natürlich erst recht der ebenen) Trigonometrie gewinnen kann.

Damit sind alle eigenen Aufzeichnungen von Gauß zur Parallelentheorie und zur nicht-euklidischen Geometrie im wesentlichen erschöpft. Die weitere Kritik, die Gauß am euklidischen System geübt hat, bezieht sich nicht auf die Parallelentheorie. Da es sich aber um Bemerkungen handelt, die über Euklid hinausgehen und später in Hilberts Axiomensystem enthalten sind, seien sie doch hier wenigstens erwähnt. Einmal handelt es sich um die Definition eines Planums, der Ebene, die erst einwandfrei wird, wenn man vorher einen Satz beweist, der eine gewisse Invarianz der Definition gegenüber der speziellen Erzeugungsweise garantiert, und dann weist Gauß nebenbei einmal darauf hin, daß auch der Begriff „zwischen" für Punkte auf einer Geraden axiomatisch gefaßt werden muß. Andere Schlußweisen, die bei der Begründung der euklidischen Geometrie, bei den Vorläufern der nicht-euklidischen Geometrie und von ihm selbst ganz bedenkenlos angewendet werden, vor allem Stetigkeitsbetrachtungen und Differenzierbarkeitsvoraussetzungen, sind aber für Gauß so selbstverständlich, daß auch er sie nicht als der Axiomatisierung bedürftig erwähnt. Das spricht nicht gegen Gauß, sondern zeigt nur, welche Denkarbeit im Laufe von Jahrhunderten oder gar Jahrtausenden aufgebracht werden mußte, um den uns heute als befriedigend erscheinenden Stand der Axiomatisierung in der von Hilbert gegebenen Form zu erreichen.

2.4. Johann Bolyai

In seinem Brief an Bessel vom 27. 1. 1829 (s. S. 40) hatte Gauß von seinen „sehr ausgedehnten Untersuchungen“ zu den ersten Gründen der Geometrie gesprochen. Die Aufzeichnungen, die man in seinem Nachlaß gefunden hat, muß man dem gegenüber als sehr kurz bezeichnen, und vor allem geben sie nur wenig Aufschluß darüber, wie sich die Ideen bei ihm entwickelt haben, angefangen bei den Versuchen, das Parallelenaxiom direkt zu beweisen, weitergeführt in den Untersuchungen, wie eine Geometrie aussehen müßte, in der das Parallelenaxiom nicht gilt, zunächst immer noch in der Erwartung, dabei schließlich zu einem Widerspruch zu kommen, und gipfelnd schließlich in der Überzeugung, daß die nichteuklidische Geometrie, insbesondere die nicht-euklidische Trigonometrie, in sich widerspruchsfrei ist. Wenn man weitere Aufschlüsse über den Entwicklungsgang bei Gauß bekommen will, bleibt nichts anderes mehr übrig, als seine Reaktionen auf die Publikationen über nicht-euklidische Geometrie und deren Verallgemeinerungen durch andere Mathematiker zu beobachten. 1832 lernte Gauß die Theorie des Sohnes Johann von Wolfgang Bolyai kennen, 1843 die von Lobatschewski, und 1854 trug Riemann in seinem Habilitationsvortrag seine allgemeine, heute sogenannte Riemannsche Geometrie vor, wobei er besonders auf

Wolfgang Bolyai

die Einordnung der nicht-euklidischen Geometrie einging, und zwar in Gegenwart des inzwischen alt und krank gewordenen Gauß.

Johann Bolyai, geboren am 15. 12. 1802 als Sohn von Gauß' Jugendfreund Wolfgang Bolyai, wuchs in einer sehr anregenden Atmosphäre auf. Seine hohe und vielseitige Begabung ermöglichte es ihm, sich schon sehr früh mit den Wissenschaften, vor allem mit der Mathematik und mit fremden Sprachen zu befassen. Außerdem wurde er ein glänzender Geigenspieler, später ein ausgezeichneter Schachspieler und dazu von seiner Studienzeit an ein allseits gefürchteter und immer erfolgreicher Säbel-Duellant. Schon 1807 hatte Wolfgang Bolyai gegenüber Gauß die Hoffnung ausgedrückt, in 15 Jahren seinen Sohn nach Göttingen zu schicken, damit Johann Schüler von Gauß werden könne. Noch ehe diese Zeit verflossen war, schrieb Wolfgang Bolyai am 10. 4. 1816 an Gauß [5, 1. T., S. 55], ohne zu wissen, daß Gauß kein Interesse an Schülern hatte und daß er gerade um diese Zeit mit anderen Dingen den Kopf voll hatte, wie mit dem Neubau einer Sternwarte und der Einrichtung einer neuen Wohnung. Außerdem war Gauß' 5. Kind unterwegs, und so war es kein Wunder, daß Gauß den Brief überhaupt nicht beantwortete, zumal, da Wolfgangs Brief recht eigenartig war und befremdend wirken mußte. Es heißt darin:

„Ich wollte ihn 3 Jahre lang bei Dir halten und, wenn es möglich wäre, ... in Deinem Hause, denn allein kann man einen 15jährigen Jüngling nicht dalassen und einen Hofmeister mitzuschicken übersteigt meine durch viele Prozesse geschwächten Kräfte. ... Deiner Frau Gemahlin Unkosten würde ich, versteht sichs, schon entschädigen. – Wir würden alles anordnen, wenn ich mit ihm zu Dir hinaufginge. In Hinsicht auf diesen Plan berichte mich unverholen: 1° Hast Du nicht eine Tochter, welche damals gefährlich (reciproce) wäre; freilich muß die Jugend in die Schlacht, und es ist nur ein kleiner Teil der Vernunft, wenn man nicht von der blinden Kugel getroffen als Krüppel aus den elyseischen Träumen wach wird ... 2° Seid Ihr gesund, nicht arm, zufrieden, nicht mürrisch? besonders ist Deine Frau Gemahlin eine Ausnahme von ihrem Geschlechte? ist sie nicht veränderlicher als die Wetterhähne? und so wenig im Voraus zu berechnen wie die Barometerveränderungen ... 3° Alle Umstände zusammengenommen kannst Du mir leichter mit einem Worte sagen, daß es nicht sein kann; denn ich werde nie daran zweifeln, daß es nicht an Deinem Herzen fehlen wird."

Johann selbst berichtet später (1856) [5, 1. T., S. 56] darüber, als sich bei ihm die Bewunderung für Gauß und seine Verbitterung ihm gegenüber schon lange vermischt hatten:

„Zugleich bemerke ich eine Begebenheit, die sich noch in meiner Kindheit zutrug. Ich war von meinem Vater an GAUSS empfohlen, er möchte mich, da ich besondere Anlage zur Mathematik zeigte, etwa zu sich nehmen, damit sich meine Fähigkeiten in seiner Nähe und Umgebung um so mehr entwickeln könnten, bei welcher Gelegenheit ihm mein Vater zugleich einen großen, schönen meerschaumenen Pfeifenkopf zum Geschenk schickte. GAUSS jedoch, den Antrag wahrscheinlich weder annehmen noch ablehnen wollend, wobei Ersteres mich bei seiner Abneigung gegen Unterrichtserteilung gar nicht wundert, indem selbst meine Wenigkeit, besondere Fälle ausgenommen, ganz unendlichen Widerwillen dagegen hat, und Letzteres, nämlich die Nichtwillfahrung dem Ansuchen meines Vaters, ihr freundschaftliches Verhältnis schwer oder doch génant machte, – kurz GAUSS zog es vor, seit der Zeit die Antwort schuldig zu bleiben und fuhr so fort bis zum Frühjahr (6. März) 1832 zu schweigen, wo er dann ... und erst sodann ein abermaliger Briefwechsel oder -verkehr zwischen den beiden Kolossen sich entspann ... Wolfgang BOLYAI ist dem GAUSS vollkommen ebenbürtig. Alles in Allem kann kein Sterblicher vollkommen sein. Wolfgangs Arbeit ist nicht minder wichtig, und ich ziehe es vor, mehr unter der Leitung des Letzteren als unter GAUSS gestanden zu sein, weil mir GAUSS nie den reinen Geist für die Mathematik und noch weniger für Philosophie einzuflößen, überhaupt zum liebsten und besten Teil meiner Selbstausbildung beizutragen im Stande gewesen wäre, als dies bei Wolfgang BOLYAI der Fall war, teils durch einzelne, wenn auch bis zur Herausgabe selbst seiner Werke 1829 nur selten und spärlich zugeflossene eigene und mehr durch meine eigenen, dadurch rege gewordenen Ideen".

Johann Bolyai

Als klar war, daß Johann nicht zu Gauß kommen konnte, schickte ihn Wolfgang Bolyai 1818 nach Wien zum Studium an der k.k. Ingenieurschule, wo er sich auf eine militärische Laufbahn vorbereiten sollte. Johann hatte dort gute Möglichkeiten, sich mathematisch weiterzubilden.

Johann Bolyai hatte natürlich Kenntnis von den vergeblichen Bemühungen seines Vaters um das Parallelenaxiom. Sein Ehrgeiz, den Vater zu übertreffen und das V. Axiom zu beweisen, war groß und war auch nicht zu brechen, als sein Vater 1820 [5, 1. T., S. 76] auf Grund seiner Erfahrungen ihn von diesen Versuchen abzuhalten versuchte:

„Du darfst die Parallelen auf jenem Wege nicht versuchen; ich kenne diesen Weg bis an sein Ende – auch ich habe diese bodenlose Nacht durchmessen, jedes Licht, jede Freude meines Lebens sind in ihr ausgelöscht worden – ich beschwöre Dich bei Gott! laß die Lehre von den Parallelen in Frieden – Du sollst davor denselben Abscheu haben, wie vor einem liederlichen Umgang, sie kann Dich um all' Deine Muße, um die Gesundheit, um Deine Ruhe und um Dein ganzes Lebensglück bringen. – Diese grundlose Finsternis würde vielleicht tausend NEWTONsche Riesentürme verschlingen, es wird nie auf Erden hell werden, und das armselige Menschengeschlecht wird nie etwas vollkommen Reines haben, selbst die Geometrie nicht; es ist in meiner Seele eine tiefe und ewige Wunde; behüt' Dich Gott, daß diese sich (bei Dir) je so tief hineinnagen möchte. Diese raubt einem die Lust zur Geometrie, zum irdischen Leben; ich hatte mir vorgenommen, mich für die Wahrheit aufzuopfern; ich wäre bereit gewesen zum Märtyrer zu werden, damit ich nur die Geometrie von diesem Makel gereinigt dem menschlichen Geschlecht übergeben könnte. Schauderhafte riesige Arbeiten habe ich vollbracht, habe bei weitem Besseres geleistet als bisher (geleistet wurde), aber keine vollkommene Befriedigung habe ich je gefunden; hier aber gilt es: si paullum a summo discessit, vergit ad imum.[1]) – Ich bin zurückgekehrt, als ich durchschaut habe, daß man den Boden dieser Nacht von der Erde aus nicht erreichen kann, ohne Trost, mich selbst und das ganze menschliche Geschlecht bedauernd. Lerne an meinem Beispiel; indem ich die Parallelen kennen wollte, blieb ich unwissend, diese haben mir all' die Blumen meines Lebens und meiner Zeit weggenommen. Hier steckt sogar die Wurzel aller meiner späteren Fehler, und es hat darauf aus den häuslichen Gewölken geregnet. – Wenn ich die Parallelen hätte entdecken können, so wäre ich ein Engel geworden, wenn es auch niemand gewußt hätte, daß ich sie gefunden habe."

„Glaube mir! und lerne jetzt, schreite vorwärts, merke Dir an, was Du verstehst. wo Du Mängel findest und gehe dann weiter .... Ich werde Dir meine Versuche schicken; und dann wirst Du Dich noch jetzt näher davon überzeugen können, was ich euch mit Herrn VAJDA gelehrt habe, welches ich für Kinder am leichtesten gefunden habe; wenn ich Zeit habe, werde ich es vielleicht jetzt abschreiben. Ich kann es Wort für Wort aus meinem Werke abschreiben; wenn das Axiom besteht, so kommt das Übrige per se heraus, dieses und auch die anderen. Aber keines von meinen Axiomen ist, in keiner meiner Demonstrationen, so wie es sein sollte. – Es ist unbegreiflich, daß diese unabwendbare Dunkelheit, diese ewige Sonnenfinsternis, dieser Makel der Geometrie zugelassen wurde, diese ewige Wolke an der jungfräulichen Wahrheit."

Diese bewegten Worte, in denen sich die ganze Verzweiflung über die Vergeblichkeit seiner Bemühungen widerspiegelt, bewirkte beim Sohn genau das Gegenteil [5, 1. T., S. 79]:

„...indem dadurch, weit entfernt davon abgeschreckt zu werden, mein Interesse dafür nur umso lebhafter wurde, und meine Begierde und Energie, nach Möglichkeit um jeden Preis durchzudringen, auf das Heftigste wuchs."

Seine Versuche, das Parallelenaxiom zu beweisen, waren indirekt: Er trachtete danach, in einer Geometrie, in der das Parallelenaxiom nicht richtig war, einen Widerspruch zu finden. Die ersten Ergebnisse stützen sich auf die Betrachtung des Parallelwinkels, der auch bei Lobatschewski eine entscheidende Rolle spielte.

[1]) wenn man ein wenig vom Gipfel abweicht, gleitet man wieder in die Tiefe ab.

Die Hypothese des spitzen Winkels besagte ja, daß, wenn man auf einer Geraden ein Lot gegebener Länge errichtete und von dessen Endpunkt aus alle Verbindungsgeraden zu Punkten der gegebenen Geraden betrachtet, diese eine Grenzgerade besitzt, die Parallele, von Johann Bolyai oft auch Asymptote genannt, die mit dem Lot einen spitzen Winkel, eben den Parallelenwinkel, einschließt. Im Zusammenhang damit erkannte er, daß der Grenzkreis im Gegensatz zur euklidischen Geometrie keine Gerade sei, wobei er den Grenzkreis folgendermaßen definierte: Er ist das Grenzgebilde aller der Kreise durch einen festen Punkt, deren Mittelpunkte sich längs einer durch diesen Punkt gehenden Halbgeraden immer weiter bewegen.

Im Zusammenhang mit dem Parallelenwinkel, der ja von der Länge des Lotes abhängt, trat eine Erscheinung auf, die in dieser oder anderer Form nicht nur Johann Bolyai, sondern auch vielen anderen Geometern, die sich mit der 3. Hypothese beschäftigt hatten, Bedenken und Denkschwierigkeiten gemacht hatte, nämlich die Existenz einer absoluten Längeneinheit in einer solchen Geometrie. Zum Beispiel könnte man als eine solche Einheit die Strecke nehmen, deren Parallelenwinkel 45° beträgt.

Den Grenzkreis nannte er auch Kreis vom Radius unendlich, und mit diesem Gebilde war Vater Wolfgang durchaus nicht einverstanden, wie Johann 1856 [5, 1. T., S. 82] berichtete:

„Was die Kreislinie vom unendlichen Radius betrifft, die verwarf er gänzlich, indem er sagte, daß Euklid das Gesicht davon abwenden würde, und mir glauben machen wollte, daß jener einem Gauß und überhaupt jedem ganz gewiß anstößig vorkäme und entbehrlich sei."

Wolfgang Bolyai gab Johann nochmals seinen väterlichen und wieder vergeblichen Rat [5, 1. T., S. 82]:

„Es kommt mir vor, ich habe auch diese Gegenden betreten; ich bin bei allen Klippen dieses höllischen Toten Meeres vorbeigefahren und von überall kehrte ich mit zerschmettertem Mastbaum und zerfetzten Segeln zurück, und von da an datiere ich die Verderbnis meines Humors und meinen Fall. Unbesonnen setzte ich mein Leben und mein Glück hierauf – aut Caesar aut nihil. Wahrscheinlich hätte NEWTON selbst sein ganzes schätzbares Leben hiermit verschwendet. Ich betrachte dies als ein großes Unglück. Ich bedaure Dich. Ich sehe, mein unglückliches Leben wiederholt sich in Dir. Ich sehe Dich gleichsam zwischen gefahrvollen Klippen, wo noch ein Jeder Schiffbruch erlitt, im finstern Sturm hin und her geschleudert. Es ist ein unheimliches Schlachtfeld, worauf ich jeder Zeit geschlagen wurde; eine allem Streben des Forschergeistes trotzende, uneinnehmbare Felsenburg. In dieser Materie ist das ganze Leben nur eine brennende, ins Meer getauchte Fackel. Es ist eine wahre Krankheit, eine Art von Narrheit, eine tyrannische Idee. Es ist gleich wie des Zirkels Quadratur, das Suchen des Steins des Weisen, das Goldmachen, das Schatzgraben. Der Schatzgräber zerlumpt; je tiefer sein eigenes Grab wird, das er grub, um so mehr hofft er; es fehlt auch jederzeit nur mehr wenig, gleichwie bei einer unendlichen Reihe. Alles dieses – wie ich merke, auch die Parallelen bei besseren Köpfen – ist Krankheit. Bald zur Einsicht gelangend, daß Du hierin nichts getan habest, dürftest Du gleich mir für immer Deine Lust verlieren. Lerne an meinem

Beispiel hierin und in Betreff anderer Dinge. Hättest Du es wirklich herausgebracht, so würde ich mich freilich mehr darüber freuen, als über eine Herrschaft. Da ich dieses aber schlechterdings nicht glaube, so fürchte ich, Du verlierst Dein Alles auf eine Lotterie von einer Million gesetzt."

Trotz seiner Mißerfolge glaubte Wolfgang Bolyai fest daran, daß es keine andere als die euklidische Geometrie geben könne. Die genannten Entdeckungen, die sein Sohn gemacht hatte, verstand er um so weniger, je tiefer sie lagen. In Johann Bolyai aber, der ursprünglich das Parallelenaxiom beweisen wollte, festigte sich ganz allmählich immer mehr die Überzeugung, daß sich nicht nur auf Grund der ersten, sondern auch der 3. Hypothese eine in sich konsequente, d.h. widerspruchsfreie Geometrie aufbauen lasse; zu harmonisch waren seine Resultate, als daß sie hätten in sich widersprüchlich sein können. So wurde Johann seiner Sache immer sicherer und schrieb schließlich seinem Vater im Brief vom 3. 11. 1823 [5, 1. T., S. 85]:

„Mein Vorsatz steht schon fest, daß ich, sobald ich es geordnet, abgeschlossen habe und eine Gelegenheit kommt, ein Werk über die Parallelen herausgeben werde; in diesem Augenblick ist es (noch) nicht herausgefunden, aber der Weg, den ich gegangen bin, verspricht fast gewiß die Erreichung des Zieles, wenn diese überhaupt möglich ist; ich habe es noch nicht, aber ich habe so erhabene Dinge herausgebracht, daß ich selbst erstaunt war und es ewig schade wäre, wenn sie verloren gingen; wenn Sie, mein teurer Vater, es sehen werden, so werden Sie es erkennen; jetzt kann ich nichts weiter sagen, nur so viel: daß ich aus Nichts eine neue, andere Welt geschaffen habe. Alles, was ich bisher geschickt habe, ist ein Kartenhaus im Vergleich zu einem Turme. Ich bin überzeugt, daß es mir nicht minder zur Ehre gereichen wird, als ob ich es entdeckt hätte."

Nun zeigte sich Wolfgang Bolyai bereit, die Theorie seines Sohnes als Anhang („Appendix") in sein Lehrbuch der Geometrie („Tentamen") aufzunehmen, an dem er schon lange arbeitete und das bald erscheinen sollte. Jetzt mahnte er sogar aus Prioritätsgründen zur Eile, wie Johann später berichtete [5, 1. T., S. 86]:

„Er erteilte mir den Rat, daß, wenn es wirklich gelungen ist, sich mit der öffentlichen Bekanntmachung aus einem zweifachen Grunde zu beeilen sei, erstens weil die Idee leicht in einen anderen übergehen, der es sodann herausgibt, zweitens aber liegt auch darin einige Wahrheit, daß manche Dinge gleichsam eine Epoche haben, wo sie dann an mehreren Orten aufgefunden werden, gleichwie im Frühjahr die Veilchen mehrwärts ans Licht hervorkommen, und da alles wissenschaftliche Streben nur ein großer Krieg ist, worauf ich nicht weiß, wann der Frieden folgen wird, so muß man, wenn man es vermag siegen, indem hier dem ersten der Vorrang zukommt."

Doch dauerte es bis zur Veröffentlichung noch recht lange, und es gab viele Streitereien zwischen Vater und Sohn, die größtenteils den Bedenken entsprangen, die Wolfgang Bolyai immer wieder äußerte und mit väterlichen Ermahnungen begleitete, die in seinen eigenen jahrzehntelangen bitteren Erfahrungen ihren Ursprung hatten, z.B. [5, 1. T., S. 87]:

„Wäre es mir damals geglückt (die Parallelentheorie in Ordnung zu bringen), so wäre ich ein ganz anderer Mensch geworden, weder hätte ich zum zweiten Mal geheiratet noch mich auf die Gärtnerei, auf die Dichtkunst noch auf die Hafnerei verlegt, meine verlorene Lust anderswo suchend; ich wäre moralisch besser geworden und wäre meinem Amte und meinem Haushalt anders vorgestanden. Ist man glücklich, so macht man andere leichter glücklich; was soll aus einer Quelle herausfließen, die selbst trocken ist? Verliere keine Stunde damit. Keinen Lohn bringt es, und es vergiftet das ganze Leben. Selbst durch das Jahrhunderte dauernde Kopfzerbrechen von hundert großen Geometern ist es schlechterdings unmöglich, ohne ein neues Axiom (das elfte) zu erweisen. Ich glaube doch alle erdenklichen Ideen diesfalls erschöpft zu haben. Hätte GAUSS auch fernerhin seine Zeit mit Grübeleien über dem XI. Axiom zugebracht, so wären seine Lehren von den Vielecken, seine Theoria motus corporum coelestium[1]) und alle seine sonstigen Arbeiten nicht zum Vorschein gekommen, und er ganz zurückgeblieben. Ich kann es schriftlich nachweisen (durch den Brief vom 25. November 1804), daß er seinen Kopf über die Parallelen zerbrach. Er äußerte mündlich und schriftlich, daß er fruchtlos darüber nachgedacht habe. Meine Ideen gefielen ihm überhaupt gar sehr und ER machte mich darauf aufmerksam, welch' hochwichtige Sache die Materie der Parallelen sei, obschon er davon (von der Göttingischen Parallelentheorie) doch keinesweg befriedigt war. In den Elementen der Arithmetik und Geometrie war GAUSS (übrigens viele Turm-Etagen über mir erhaben) damals weniger fest als ich durch mich selbst, aber ihm waren die höheren Rechnungen bereits eine Spielerei, wo ich noch nicht einmal eine Idee davon hatte."

Schließlich war es soweit. 1832 erschien das Buch von Wolfgang Bolyai (Stücke daraus in [5, 2. T., S. 23–179]) mit dem Anhang von Johann Bolyai [5, 2. T., S. 183–219]. Schon 1831 hatte Wolfgang das Werk seines Sohnes seinem Jugendfreund Gauß angekündigt mit der Bitte um Beurteilung – „Mein Sohn hält mehr von Deinem Urteil als von ganz Europa" –, und als Gauß das Buch Anfang 1832 erhalten hatte, schrieb er zunächst in seinem Brief vom 14. 2. 1832 an Gerling [4, VIII, S. 220]:

„Noch bemerke ich, dass ich dieser Tage eine kleine Schrift aus Ungarn über die Nicht-Euklidische Geometrie erhalten habe, worin ich alle meine eigenen Ideen und Resultate wiederfinde, mit grosser Eleganz entwickelt, obwohl in einer für jemand, dem die Sache fremd ist, wegen der Concentrirung etwas schwer zu folgenden Form. Der Verfasser ist ein sehr junger österreichischer Officier, Sohn eines Jugendfreundes von mir, mit dem ich 1798 mich oft über die Sache unterhalten hatte, wiewohl damals meine Ideen noch viel weiter von der Ausbildung und Reife entfernt waren, die sie durch das eigene Nachdenken dieses jungen Mannes erhalten haben. Ich halte diesen jungen Geometer v. Bolyai für ein Genie erster Grösse."

In dem Brief vom 6. 3. 1832 an Wolfgang Bolyai [4, VIII, S. 221] aber heißt es, wobei Σ das geometrische System von Euklid und S das nicht-euklidische bezeichnet:

„Jetzt einiges über die Arbeit Deines Sohnes.
Wenn ich damit anfange, „dass ich solche nicht loben darf": so wirst Du wohl einen Augenblick stutzen: aber ich kann nicht anders; sie loben hiesse mich selbst loben:

[1]) Theorie der Bewegung der Himmelskörper.

denn der ganze Inhalt der Schrift, der Weg, den Dein Sohn eingeschlagen hat, und die Resultate, zu denen er geführt ist, kommen fast durchgehends mit meinen eigenen, zum Theile schon seit 30–35 Jahren angestellten Meditationen überein. In der That bin ich dadurch auf das Äusserste überrascht. Mein Vorsatz war, von meiner eigenen Arbeit, von der übrigens bis jetzt wenig zu Papier gebracht war, bei meinen Lebzeiten gar nichts bekannt werden zu lassen. Die meisten Menschen haben gar nicht den rechten Sinn für das, worauf es dabei ankommt, und ich habe nur wenige Menschen gefunden, die das, was ich ihnen mittheilte, mit besonderm Interesse aufnahmen. Um das zu können, muss man erst recht lebendig gefühlt haben, was eigentlich fehlt, und darüber sind die meisten Menschen ganz unklar. Dagegen war meine Absicht, mit der Zeit alles so zu Papier zu bringen, dass es wenigstens mit mir dereinst nicht unterginge.

Sehr bin ich also überrascht, dass diese Bemühung mir nun erspart werden kann und höchst erfreulich ist es mir, dass gerade der Sohn meines alten Freundes es ist, der mir auf eine so merkwürdige Art zuvorgekommen ist.

Sehr prägnant und abkürzend finde ich die Bezeichnungen: doch glaube ich, dass es gut sein wird, für manche Hauptbegriffe nicht bloss Zeichen oder Buchstaben, sondern bestimmte Namen festzusetzen, und ich habe bereits vor langer Zeit an Einige solcher Namen gedacht. So lange man die Sache nun in unmittelbarer Anschauung durchdenkt, braucht man keine Namen oder Zeichen; die werden erst nöthig, wenn man sich mit Andern verständigen will. So könnte z.B. die Fläche, die Dein Sohn F nennt, eine Parasphäre, die Linie L ein Paracykel genannt werden: es ist im Grunde Kugelfläche, oder Kreislinie von unendlichem Radius. Hypercykel könnte der Complexus aller Punkte heissen, die von einer Geraden, mit der sie in Einer Ebene liegen, gleiche Distanz haben; eben so Hypersphäre. Doch das sind alles nur unbedeutende Nebensachen: die Hauptsache ist der Stoff, nicht die Form.

In manchem Theile der Untersuchung habe ich etwas andere Wege eingeschlagen: als ein Specimen füge ich einen rein geometrischen Beweis (in den Hauptzügen) von dem Lehrsatz bei, dass die Differenz der Summe der Winkel eines Dreiecks von 180° dem Flächeninhalte des Dreiecks proportional ist.

I. Der Complexus dreier Geraden ab, cd, ef, die so beschaffen sind, dass $ab|||dc$, $cd|||fe$, $ef|||ba$, bildet eine Figur, die ich T nenne. Es lässt sich beweisen, dass solche immer in einem Planum liege.

II. Derjenige Theil des Planums, welcher zwischen*) den drei Geraden ab, cd, ef liegt, hat eine bestimmte endliche Area: sie heisse t.

III. Indem zwei Geraden ab, ac sich in a unter dem Winkel φ schneiden, möge eine dritte Gerade de so beschaffen sein, dass $ab|||ed$, $ac|||de$: es liegt dann auch de mit ab und ac in Einem Planum, und die Area der Fläche zwischen diesen Geraden ist endlich, und nur von dem Winkel φ abhängig; offenbar bilden in S de und bac nur Eine gerade Linie, wenn $\varphi = 180°$ ist, und folglich verschwindet der Werth jener Area mit $180° - \varphi$: man setze also allgemein die Area $= f(180° - \varphi)$, wo f ein Functionalzeichen bezeichnet.

IV. Lehrsatz. Es ist allgemein $f\varphi + f(180° - \varphi) = t$.

Den Beweis gibt die Figur, wo $bac = \varphi$, $bad = 180° - \varphi$, $ac|||fe$, $ef|||ab$, $ab|||hg$, $ad|||gh$, und wo der Flächeninhalt roth eingeschrieben ist.

*) Bei einer vollständigen Durchführung müssen solche Worte, wie „zwischen“, auch erst auf klare Begriffe gebracht werden, was sehr gut angeht, was ich aber nirgends geleistet finde.

V. Lehrsatz. Es ist allgemein $f\varphi + f\psi + f(180^\circ - \varphi - \psi) = t$.

Der Beweis erhellt leicht aus der Figur, wo die drei Flächentheile $\underline{1, 2, 3}$ die Werthe haben

$$\underline{1} = f(180^\circ - \varphi - \psi),$$
$$\underline{2} = f\varphi,$$
$$\underline{3} = f\psi$$

und ihre Summe $= t$ wird.

VI. Corollarium. Es ist also

$$f\varphi + f\psi = t - f(180^\circ - \varphi - \psi) = f(\varphi + \psi),$$

woraus leicht folgt, dass

$$\frac{f\varphi}{\varphi} = \text{Constans},$$

und zwar $= \dfrac{t}{180^\circ}$ ist.

VII. Lehrsatz. Der Flächeninhalt eines Dreiecks, dessen Winkel A, B, C sind, ist

$$= \frac{180^\circ - (A + B + C)}{180^\circ} \times t.$$

Den Beweis gibt die Figur. Es ist nemlich der Inhalt

$$\alpha = fA = \frac{A}{180^\circ} \cdot t,$$

$$\beta = fB = \frac{B}{180^\circ} \cdot t,$$

$$\gamma = fC = \frac{C}{180^\circ} \cdot t,$$

$$t = \alpha + \beta + \gamma + Z = \frac{A + B + C}{180^\circ} \cdot t + Z.$$

Ich habe hier bloss die Grundzüge des Beweises angeben wollen, ohne alle Feile oder Politur, die ich ihm zu geben jetzt keine Zeit habe. Es steht Dir frei, es Deinem Sohne mitzutheilen: jedenfalls bitte ich Dich, ihn herzlich von mir zu grüssen und ihm meine besondere Hochachtung zu versichern; fordere ihn aber doch zugleich auf, sich mit der Aufgabe zu beschäftigen:

„Den Kubikinhalt des Tetraeders (von vier Ebenen begrenzten Raumes) zu bestimmen".

Da der Flächeninhalt eines Dreiecks sich so einfach angeben lässt: so hätte man erwarten sollen, dass es auch für diesen Kubikinhalt einen eben so einfachen Ausdruck geben werden: aber diese Erwartung wird, wie es scheint, getäuscht.

Um die Geometrie vom Anfange an ordentlich zu behandeln, ist es unerlässlich, die Möglichkeit eines Planums zu beweisen; die gewöhnliche Definition enthält zu viel, und implicirt eigentlich subreptive schon ein Theorem. Man muss sich wundern, dass alle Schriftsteller von Euklid bis auf die neuesten Zeiten so nachlässig dabei zu Werk gegangen sind: allein diese Schwierigkeit ist von durchaus verschiedener Natur mit der Schwierigkeit zwischen Σ und S zu entscheiden, und jene ist nicht gar schwer zu heben. Wahrscheinlich finde ich mich auch schon durch Dein Buch hierüber befriedigt.

Gerade in der Unmöglichkeit, zwischen Σ und S a priori zu entscheiden, liegt der klarste Beweis, dass Kant Unrecht hatte zu behaupten, der Raum sei nur Form unserer Anschauung. Einen andern ebenso starken Grund habe ich in einem kleinen Aufsatze angedeutet, der in den Göttingischen Gelehrten Anzeigen 1831 steht Stück 64, pag. 625. Vielleicht wird es Dich nicht gereuen, wenn Du Dich bemühst Dir diesen Band der G.G.A. zu verschaffen (was jeder Buchhändler in Wien oder Ofen leicht bewirken kann), da darin unter andern auch die Quintessenz meiner Ansicht von den imaginären Grössen auf ein paar Seiten dargelegt ist."

Für uns ist es zunächst von besonderem Wert, aus diesem Brief zu erfahren, daß Inhalt, Methoden und Resultate von Johann Bolyai fast durchgehend mit Gauß' Meditationen übereinstimmten, so daß es zweckmäßig erscheint, den Inhalt der Arbeit von Johann Bolyai hier wiederzugeben. Für Johann Bolyai aber, dem sein Vater eine Abschrift dieses Briefes schickte, waren Gauß' Ausführungen vernichtend, zumal Johanns Seelenleben einerseits von einer manchmal fast krankhaften Überempfindlichkeit war und andererseits in wilden Jähzorn ausbrechen konnte; als Beispiel sei erwähnt, daß die wissenschaftlichen Differenzen, die Vater und Sohn immer wieder miteinander hatten, und die Streitigkeiten finanzieller Art und im Zusammenhang mit der Verwaltung des Bolyaischen Landgutes, einmal so kraß wurden, daß Johann seinen Vater zum Duell forderte.

Johann hatte von Gauß einen Ausbruch von begeisterter Zustimmung erwartet; Wolfgang Bolyai hatte früher geäußert, wer das Parallelenaxiom löse, verdiene einen Diamanten, so groß wie der Erdball, und nun ließ Gauß ihn herzlich grüßen und ihm seine besondere Hochachtung versichern, stellte ihm eine Aufgabe, nämlich das Volumen eines Tetraeders zu bestimmen, von dem Gauß schon wußte, daß diese Aufgabe unerwarteter Weise wesentlich komplizierter zu lösen sei als die Berechnung des Flächeninhaltes eines Dreiecks, und all das verbunden mit dem kühlen Hinweis, das habe er alles schon seit 30 bis 35 Jahren gewußt, und mit der abkühlenden Bemerkung, daß er sich freue, daß gerade der Sohn seines alten Freundes es sei, der ihm mit der Veröffentlichung (also nicht in der Sache!) zuvorgekommen sei. Alles wäre jedoch für Johann Bolyai nicht so schlimm gewesen, wenn Gauß seine Anerkennung wenigstens öffentlich ausgesprochen hätte, aber dazu konnte sich Gauß in seiner unerbittlichen Konsequenz nicht entschließen. So kann man Johann Bolyais Worte [5, 1. T., S. 96], die seine Verbitterung und Enttäuschung wiedergeben, voll verstehen:

„Nach meiner und, wie ich fest überzeugt bin, jedes Unbefangenen Ansicht, erscheinen alle von GAUSS angeführten Gründe, warum er von seinen eigenen diesfälligen Arbeiten bei seinen Lebzeiten gar nichts habe wollen bekannt machen, kraftlos und nichtig zu sein, indem es ja in der Wissenschaft, wie im wirklichen Leben selbst, sich stets gerade darum handelt, notwendige und gemeinnützige, aber noch unklare Dinge gehörig aufzuklären und den noch fehlenden oder vielmehr schlummernden Sinn für Wahrheit und Recht zu wecken, gehörig zu stählen und zu fördern. Der Sinn für Mathematik ist ja, zu sehr großem allgemeinen Schaden und Unheile, leider nur bei wenigen Menschen rege geworden; und aus einem solchen Grunde oder unter einem solchen Vorwande hätte GAUSS konsequenter Weise wohl noch einen bedeutenden Teil seiner vortrefflichen Arbeiten für sich behalten müssen. Und der Umstand, daß es leider selbst unter den Mathematikern, und noch dazu unter berühmten derlei, noch viele oberflächliche gibt, kann ja doch für keinen Vernünftigen einen Grund abgeben, demnach fortan nur Oberflächliches und Mittelmäßiges zu leisten und die Wissenschaft lethargisch in dem ererbten Zustande zu belassen. Ein derlei Ansinnen könnte nur geradewegs widernatürlich und ein reiner Unsinn genannt werden; und demnach kann es nur um so unangenehmer auffallen, wenn GAUSS auf den Appendix wie auch auf das ganze Tentamen statt seine gerade, biedere, freimütige Anerkennung des hohen Wertes und Äußerung seiner hohen Freude und Teilnahme darüber auszusprechen und statt nach der Kunst zu trachten, der guten Sache gebührenden Eingang zu verschaffen, dem vielmehr auszuweichen sich bemühet und sich beeilt, in fromme Wünsche und Leidwesens-Äußerungen über den Mangel an gehöriger Bildung sich zu ergießen. Darin besteht das Leben und Wirken und Verdienst wahrlich nicht!"

Vergleicht man die im Brief vom 6. 3. 1832 (s. S. 60) gemachten geometrischen Betrachtungen, die nach Gauß die Abweichungen von Johann Bolyais Vorgehen beschreiben, so kann man sich leicht ein Bild davon machen, wie Gauß selbst vorgegangen ist.

Zunächst aber noch einige Bemerkungen zum Appendix. Die Darstellung ist äußerst knapp gehalten und verwendet eine ganze Menge von Abkürzungen, die Johann Bolyai eingeführt hatte, um seine Ideen möglichst konzentriert darstellen zu können. Sie war daher für Leser, die die nicht-euklidische Geometrie nicht kannten und von deren Nicht-Existenz sie vor allem nach Legendres Resignation überzeugt waren, sehr schwer zu verstehen, und so ist es kein Wunder, daß der Appendix zunächst keinen Einfluß auf die Entwicklung der Mathematik hatte, zumal Johann Bolyai in der mathematischen Öffentlichkeit noch völlig unbekannt war und daher keinerlei mathematische Autorität besaß. So blieb der Appendix völlig wirkungslos bis zur Veröffentlichung der Briefe von Gauß nach dessen Tod, zu einer Zeit, als auch Johann Bolyai nicht mehr lebte. Erwähnt sei schließlich noch, daß Johann Bolyai immer wieder große Pläne schmiedete, mathematische Leistungen hervorzubringen, die sein mathematisches Genie der Öffentlichkeit bekanntmachen sollten, aber diese Pläne führten teils auf Irrwege, teils brachte es Johann Bolyai nicht mehr fertig, sie durchzuführen. Tragisches Schicksal.

Johanns Anhang zu dem „Tentamen" seines Vaters trägt den langen Titel: „APPENDIX. SCIENTIAM SPATII absolute veram exhibens: a veritate aut falsitate Axiomatis XI Euclidei (a priori haud unquam decidenda) independentem: adjecta ad casum falsitatis, quadratura circuli geometrica."

Die deutsche Bearbeitung stammt von Johann selbst und weist einige Änderungen gegenüber der ursprünglichen Fassung auf. Ihr Titel lautet: „Raumlehre, unabhängig von der (a priori nie entschieden werdenden) Wahr- oder Falschheit des berüchtigten XI. Euklid'schen Axioms: für den Fall einer Falschheit desselben geometrische Quadratur des Kreises. Von Johann Bolyai v. Bolya, Hauptmann e.s. im k.k. österreichschen Génie-Corps."

In den ersten §§ werden die Parallelen zu einer Geraden definiert, und zwar als Übergangsgeraden zwischen den in einer Ebene liegenden, durch einen festen Punkt gehenden, die gegebene Gerade schneidenden und die diese Gerade nicht treffenden Geraden, und es werden die einfachsten Eigenschaften wie z.B. Symmetrie und Transitivität bewiesen; bei der Transitivität brauchen die drei Geraden nicht in ein und derselben Ebene zu liegen, die Darstellung der ganzen Geometrie erfolgt im Raum. Dann werden die bei Gauß so genannten korrespondierenden Punkte auf der Gesamtheit aller Parallelen zu einer Geraden eingeführt; einen Namen erhalten sie hier nicht. Jede Gesamtheit einander korrespondierender Punkte bildet eine Fläche F; jeder Schnitt von F mit einer durch die Ausgangsgerade gehenden Ebene bildet eine Kurve L („Linie"). Jede solche Fläche F wird von den Parallelen der Schar senkrecht geschnitten, und die Parallelen heißen jetzt Achsen von F. Die Flächen F und die Kurven L heißen heute Horosphären und Horozyklen oder auch Grenzkugeln und Grenzkreise (Gauß hatte Parasphären und Parazyklen vorgeschlagen). Jetzt schon zeigt Johann Bolyai, daß die auf einer Grenzkugel liegenden Grenzkreise in jeder Beziehung die gleiche Rolle spielen wie die Geraden in der euklidischen Geometrie, d.h. sie genügen den euklidischen Axiomen einschließlich des Parallelenaxioms und bilden daher innerhalb der nicht-euklidischen Geometrie ein Modell für die euklidische Geometrie der Ebene, eine Tatsache, die bereits 1817 von Wachter an Gauß mitgeteilt worden war. Weiter aber läßt sich jetzt zeigen, daß zwei zur gleichen Schar von Parallelen gehörende Grenzkugeln auf den Achsen einander gleich lange Strecken ausschneiden. Außerdem sind die Stücke, die verschiedene Achsen auf einem Grenzkreis ausschneiden, proportional zu den Stücken, die sie auf einem anderen Grenzkreis ausschneiden, und darüber hinaus gilt: Ist X der Proportionalitätsfaktor der Stücke auf zwei Grenzkreisen, die den Abstand x voneinander haben, und hat Y die gleiche Bedeutung für y, so ist $Y = X^{x/y}$.

Aus der Gültigkeit der euklidischen Geometrie für die Grenzkreise anstelle der Geraden ergibt sich der Sinussatz der nicht-euklidischen Geometrie in einer Form, die in der euklidischen Ebene wie in der gewöhnlichen sphärischen Geometrie gültig bleibt. Ist in jeder dieser Geometrien $\circ r$ der Umfang des Kreises vom Radius r, so gilt, wenn a, b, c die Seiten eines Dreiecks und α, β, γ die gegenüberliegenden Winkel sind,

$$\circ a : \circ b : \circ c = \sin\alpha : \sin\beta : \sin\gamma .$$

(Bei diesem Aufbau der nicht-euklidischen Geometrie werden also räumliche Betrachtungen benutzt, um Ergebnisse zu erzielen, die sich auf die Verhältnisse nur in der nicht-euklidischen Ebene beziehen.)

Jetzt läßt sich das oben beschriebene Verhältnis Y auf den (von Lobatschewski so genannten) Parallelwinkel u zurückführen: errichtet man auf einer Geraden ein Lot der Länge y und schließt die Parallele durch das Ende des Lotes den Winkel u mit dem Lot ein, so ist $Y = \cot\frac{u}{2}$.

Hierbei war es noch nicht nötig, den Kreisumfang als Funktion von r zu kennen. Für Anwendungen des Sinussatzes wird das aber nötig sein, und so berechnet Johann Bolyai nun diese Funktion, und zwar durch eine sehr geschickte Anwendung des Sinussatzes selbst. Hierbei tritt jetzt das schon seit Lambert bekannte Phänomen einer ausgezeichneten Länge l zum ersten Mal im Appendix auf (Bolyai bezeichnet sie mit i), und man erhält die Formel

$$\circ\, y = \pi\, l\, (e^{y/l} - {}^{-}e^{y/l}),$$

die schon auf Bessel, als er sie von Schumacher als Gaußsches Resultat erfuhr, schockierend gewirkt hatte.

Schließlich wird aus dem Zusammenhang zwischen dem Verhältnis Y und dem Parallelwinkel u das rechtwinklige Dreieck mit den Katheten a, b und der Hypotenuse c noch das Gegenstück zum Satz des Pythagoras in der ebenen Trigonometrie hergeleitet, und zwar ergibt sich in unserer heutigen Schreibweise

$$\cosh c = \cosh a \cdot \cosh b .$$

Damit ist die vollständige Grundlage gegeben für die allgemeine nicht-euklidische Trigonometrie, die im Appendix jedoch nicht mehr behandelt wird.

Ob Johann Bolyai die Werke von Saccheri und Lambert gekannt hat, weiß man nicht; wahrscheinlich hat er nichts davon gewußt. Auf jeden Fall ist die Aufstellung der nicht-euklidischen Geometrie, gegründet allein auf das Axiomensystem und unter Benutzung von elementaren Hilfsmitteln aus der Analysis, eine Glanzleistung gewesen, voller interessanter Beweisideen und zweckmäßig im Aufbau. Ehe Johann Bolyai in der ursprünglichen Fassung zur Anwendung der Trigonometrie kommt, stellt er die Bedeutung seiner Untersuchungen sehr klar heraus [5, 2. T., S. 202]:

„So ist das Wesen des XI. Axioms vollendes ergründet und die intrikate Materie der Parallelen vollkommen durchdrungen, und die bis zur Stunde (für die nach Wahrheit dürstenden Geister) so unglückselig geherrscht habende, die Lust zur Wissenschaft benehmende und Zeit und Kraft so Vielen geraubt habende totale Sonnenfinsternis für immer verschwunden. Und es lebt in dem Verfasser die (vollkommen geläuterte) Überzeugung (desgleichen er auch von jedem einsichtsvollen Leser erwartet), daß durch Aufklärung des Gegenstandes Einer der allerwichtigsten und allerglänzendsten Beiträge zur wahren Bereicherung der Wissenschaft, zur Bildung des Verstandes und somit zur Hebung des menschlichen Schicksals gemacht wurde."

Sein Vater hatte sich inzwischen mit Johanns Gedanken vertraut gemacht und schreibt im Tentamen [5, 2. T., S. 96]:

„Alle Systeme allgemein umfassend, die uns, wenn außer den übrigen Axiomen kein weiteres gesetzt wird, subjektiv möglich sind, das heißt, von denen nur eines gilt, ohne daß wir jedoch entscheiden können, welches absolut wahr ist, hat der Verfasser des Appendix (JOHANN BOLYAI) den Gegenstand mit einzigartigem Scharfsinn angegriffen und eine für jeden Fall absolut wahre Geometrie aufgestellt; freilich hat er von der großen Masse nur das allernotwendigste in dem Appendix zu diesem Bande auseinandergesetzt und vieles der Kürze wegen weggelassen, wie die allgemeine Auflösung des Tetraeders und mehrere andere elegante Untersuchungen."

Die übrigen, zum Teil sehr kurzen oder nur in Andeutungen gehaltenen Ergebnisse sind zunächst differentialgeometrischer Natur: Bogenlänge einer Kurve, Flächeninhalt einer geschlossenen Kurve in der Ebene, Oberfläche eines Flächenstückes im Raum, Volumen eines Körpers werden allgemein und für spezielle Fälle behandelt. Der Begriff der Krümmung einer Kurve, ihrer Evolute und Evolvente wird erwähnt, wobei man gegenüber der euklidischen Geometrie nicht mit den Schmiegkreisen auskommt, sondern auch die Grenzkreise und die Hyperkreise (Hyperzyklen, Abstandslinie einer Geraden) als Schmiegkurven mit heranziehen muß. Erst diese speziellen Kurven machen alle „gleichförmige Linien", d.h. Kurven konstanter Krümmung aus.

Weiter weist Johann ausdrücklich darauf hin, daß für kleine Dreiecke oder, was auf dasselbe hinauskommt, für große Werte von l sich die Formeln der nicht-euklidischen Geometrie näherungsweise durch die euklidischen ersetzen lassen. Es folgen einige Konstruktionen aus der nicht-euklidischen Geometrie, und schließlich wird eine in den Rahmen des Appendix passende Herleitung für den Zusammenhang zwischen der Winkelsumme eines Dreiecks und des Flächeninhalts angegeben. In einem Zusatz zum Appendix weist schließlich Wolfgang Bolyai noch darauf hin, daß man die Formeln der nicht-euklidischen Geometrie aus denen der sphärischen bekommen kann, indem man den Radius der Kugel durch eine rein imaginäre Zahl ersetzt. Daß Johann Bolyai sich schon mit den schwierigen Bestimmungen des Volumens eines Tetraeders erfolgreich beschäftigt hatte, geht aus der oben wiedergegebenen Stelle aus dem Tentamen seines Vaters hervor. Die späteren, etwa aus dem Jahr 1856 stammenden Aufzeichnungen von Johann Bolyai zeigen jedoch, daß er sich zunächst 1830 mit den gleichen Spezialfällen (alle 4 Seitenflächen des Tetraeders sind rechtwinklige Dreiecke) wie auch Gauß und Lobatschewski beschäftigt hat, und auch die auf Anregung von Gauß 1832 ersonnenen weiteren Methoden zeigen nur andere Möglichkeiten der Behandlung dieser speziellen Tetraeder. Das Ziel war natürlich, das Volumen eines beliebigen Tetraeders auf die Volumina dieser speziellen Tetraeder zurückzuführen, doch ist Johann Bolyai anscheinend nicht mehr dazu gekommen. Von Gauß selbst hat man nur noch einige ganz spärliche Notizen zu diesem Thema gefunden [4, VIII, S. 228 und S. 232]. Die erste der beiden Notizen scheinen zu den Vorbereitungen auf den Brief vom 6. 3. 1832 (s. S. 59) an Wolfgang Bolyai gehört zu haben. Auf jeden Fall aber kann man annehmen, daß Gauß' nicht-euklidische Geometrie sich im Wesentlichen mit dem Inhalt von Johann Bolyais Appendix deckt, abgesehen von einigen Einzelheiten, die in diesem Brief dargestellt sind.

2.5. N. I. Lobatschewski

Da mehrere Äußerungen von Gauß zu den Aufsätzen von Lobatschewski vorliegen, in denen dieser die nicht-euklidische Geometrie der Ebene und des Raumes begründete, sollen dessen Arbeiten ähnlich wie die von Bolyai besprochen werden.

Nikolai Iwanowitsch Lobatschewski, geboren am 22. 10. 1793 in Nishni Nowgorod, verlor seinen Vater schon 1797. Seine Mutter zog dann mit ihm und seinen beiden Brüdern nach Kasan, wo er von 1802 bis 1807 das Gymnasium besuchte und dort besonders gute Erfolge in Mathematik und Latein aufzuweisen hatte. Anfang 1807 ließ er sich an der 1805 gegründeten Universität immatrikulieren. Die ersten ein oder zwei Jahre studierte er Medizin, wendete sich aber dann voll der Mathematik zu, und zwar geschah dies vor allem unter dem Einfluß des 1808 als Professor der Mathematik nach Kasan berufenen Bartels. Es ist ein merk-

N. I. Lobatschewski

würdiger Zufall, daß es gerade der Bartels war, der von 1783 bis 1788 Gehilfe des Lehrers in Braunschweig gewesen war, bei dem der junge Gauß zur Schule ging. Gauß und Bartels hatten sich bald angefreundet, und sie blieben bis 1806 in dauerndem Kontakt. Bartels hatte sich bei Pfaff und Kästner gründlich in Mathematik ausbilden können und erhielt wie Gauß vom Herzog von Braunschweig eine Unterstützung, die jedoch mit des Herzogs Tod 1806 wegfiel. So gingen Gauß nach Göttingen und Bartels nach Kasan; ihre Freundschaft setzte sich in einem unregelmäßigen Briefwechsel fort, der sich aber hauptsächlich auf persönliche und keine wissenschaftlichen Angelegenheiten bezog. Das und noch einiges andere spricht gegen eine sehr naheliegende Vermutung, daß nämlich

Lobatschewski von Bartels über Gauß' Untersuchungen einer Geometrie, die gelten müsse, wenn das Parallelenaxiom nicht wahr wäre, gehört habe und dadurch zu seinen nicht-euklidischen Untersuchungen angeregt worden sei. Er hat sich vielmehr, wie man weiß, mit den „Éléments" von Legendre beschäftigt und dann in seinen Vorlesungen zunächst noch vermeintliche Beweise des Parallelenaxioms vorgetragen.

Zunächst aber studierte Lobatschewski bei Bartels die Mécanique céleste von Laplace und die Disquisitiones arithmeticae von Gauß. Schon 1812 erhielt er einen Lehrauftrag über Arithmetik und Geometrie, wurde 1814 zum Adjunkt und 1816 zum außerordentlichen Professor ernannt. 1822 erfolgte die Ernennung zum ordentlichen Professor. Aus dem Manuskript eines Lehrbuches der Geometrie, das Lobatschewski 1823 bei der Fakultät einreichte, das aber zunächst abgelehnt wurde, ist zu ersehen, daß er zwar noch ganz auf dem Boden der euklidischen Geometrie stand, daß er aber die Problematik des Parallelenaxioms schon sehr gut kannte. Ein „Beweis" von Lobatschewski für das Parallelenaxiom aus diesen Jahren ist schon deswegen interessant genug, weil er wieder zeigt, wie schwierig es war, Schlußweisen zu vermeiden, an die man gewöhnt war, hinter denen aber das Parallelenaxiom steckt. Lobatschewski hatte folgendes als selbstverständlich angesehen: Errichtet man auf einer Geraden g in A ein Lot AB und steht die Strecke BC senkrecht auf AB, so schneidet das durch C gehende Lot auf BC die Gerade g. Unter der Hypothese des spitzen Winkels ist diese Behauptung jedoch nicht mehr allgemein richtig, wie wir später (s. S. 98) ganz einfach sehen werden.

In sehr kurzer Zeit hat nun Lobatschewski seinen Fehler nicht nur erkannt, sondern ihn wieder gutgemacht, indem er zu der Überzeugung kam, daß die Hypothese des spitzen Winkels auf eine in sich geschlossene und konsequente Geometrie führt. Natürlich hatte auch er zunächst versucht, diese Annahme zu einem Widerspruch zu führen, um damit das Parallelenaxiom zu beweisen, jedoch gelang ihm das nicht, vielmehr bemerkte er, daß alle Konsequenzen, die er aus der Hypothese des spitzen Winkels zog, zwar auf eine völlig ungewohnte Art von Geometrie führen, deren Sätze aber untereinander keine Widersprüche aufwiesen. Die Ergebnisse erschienen ihm so harmonisch, daß er es wagte, seine Geometrie im Februar 1826 der physikalisch-mathematischen Abteilung seiner Universität vorzulegen, und zwar unter dem Titel „Exposition succincte des principes de la géométrie avec une démonstration rigoureuse du théorème des paralleles". Veröffentlicht wurden diese Ergebnisse jedoch erst 1829 und 1830 im „Kasaner Boten" unter dem Titel „Über die Anfangsgründe der Geometrie" [9, S. 1–66] und [10, T. I, S. 187–261]. Trotz der darin enthaltenen Fülle von weitreichenden Resultaten fand diese Arbeit, die erste Publikation über die nicht-euklidische Geometrie, kein Verständnis. Man muß allerdings auch sagen, daß die einleitenden Motivierungen für die neue Geometrie nur sehr schwer verständlich waren und daß bei vielen Sätzen die Beweise sehr knapp waren oder dem Leser überlassen blieben, obwohl es doch von besonderer Wichtigkeit gewesen wäre, die typischen neuen Denkweisen in aller Ausführlichkeit darzustellen.

Für die russischen Geometer war also das Verständnis durch Lobatschewskis Darstellungsweise sehr erschwert, den anderen Geometern aber blieb die Arbeit unbekannt, da der Kasaner Bote außerhalb von Rußland nicht zu haben war.

Die geniale wissenschaftliche Leistung von Lobatschewski ist um so höher zu bewerten, als Lobatschewski seit Beginn seiner Tätigkeit als Universitätslehrer nicht nur sehr stark mit Vorlesungen belastet war, sondern daß er auch erheblichen und fruchtbaren Anteil an Verwaltungs- und Organisationsarbeiten für die gesamte Universität nahm. Auf Grund der ausgezeichneten Erfolge, die er dabei erzielen konnte, wurde er 1827 zum Rektor der Kasaner Universität gewählt und blieb in diesem Amte 19 Jahre, also bis zum Jahre 1846.

Unter Lobatschewskis Rektorat blühte die Kasaner Universität sichtlich auf. Eine der Früchte dieser Zeit ist eine rein wissenschaftliche Zeitschrift „Gelehrte Schriften der Kasaner Universität", die ab 1834 erschien (der „Kasaner Bote" war inzwischen 1832 eingegangen), und in ihren ersten Bänden enthielt sie eine ganze Reihe von Arbeiten Lobatschewskis. Darunter befand sich 1835 eine neue Darstellung der nicht-euklidischen Geometrie, die Lobatschewski jetzt „Imaginäre Geometrie" nannte und in der er seine früheren Resultate aus den „Anfangsgründen" diesmal rein analytisch, natürlich mit geometrischen Motivierungen, darstellte [10, T. III, S. 16–70]. Allerdings konnte auch diese Arbeit trotz ihrer vielen interessanten Resultate nicht vollständig befriedigen, weil den Ausgangspunkt die Grundformeln für das nicht-euklidische rechtwinklige Dreieck bildeten, die er aus einer früheren Arbeit übernahm. Eine französische Übersetzung dieser Arbeit erschien 1837 in Crelles Journal 17, S. 295 bis 320; doch fand dieser Artikel international keine Beachtung, weil eben für dessen Grundlagen auch wieder nur auf den „Kasaner Boten" verwiesen war, den sich niemand beschaffen konnte. Auf die Reaktion von Gauß und Gerling kommen wir natürlich noch zu sprechen (s. S. 76).

Alle Nachteile der bisherigen Art der Publikation seiner neuen Ideen machte Lobatschewski nun aber wett durch eine große Arbeit und ein kleines Buch: In mehreren Bänden der „Kasaner gelehrten Schriften" veröffentlichte er 1835 bis 1838 seine „Neuen Anfangsgründe der Geometrie mit einer vollständigen Theorie der Parallellinien" [9, S. 67–236] und [10, T. II, S. 147–454] in einzelnen Teilen. An Hand dieser Schrift konnte man sich nun ausführlich über den Aufbau der nicht-euklidischen Geometrie bis hin zu der nicht-euklidischen Trigonometrie informieren: hatte man das getan, so war man nachträglich gerüstet für das vollständige Verständnis der sehr weitgehenden „Anfangsgründe" von 1829/30 und der „Imaginären Geometrie" von 1835 in ihrer russischen Originalfassung. Aber das Echo auf diese Arbeiten blieb aus, sowohl international als auch unter den russischen Geometern, sei es, daß auch die „Gelehrten Schriften der Kasaner Universität" nicht weit genug verbreitet waren, sei es, daß Lobatschewski sich durch seine früheren kaum verständlichen Arbeiten auch bei seinen Landsleuten in Mißkredit gebracht hatte. An dieser Situation änderte sich auch im internationalen Maßstab nichts, als schließlich 1840 in Berlin bei der G. Fincke'schen Buchhandlung in deutscher Sprache das nur 61 Seiten lange kleine Buch „Geometrische Untersuchungen zur Theorie der Parallellinien" von Nicolaus Lobatschewsky. Kaiserl. russ. wirkl. Staatsrathe und ord. Prof. der Mathematik bei der Universität Kasan [7], erschien. Als Beispiel für die Reaktion der mathematischen Öffentlichkeit auf dieses Buch sei die folgende Besprechung angeführt, die in Gersdorfs „Repertorium der gesammten deutschen Literatur", das im Verlag Brockhaus erschien, zu lesen war, und zwar im Band 25 (1840):

„Nach des Vfs. Behauptung kann man, ohne auf Widersprüche zu gerathen, annehmen, daß sich durch einen gegebenen Punct zu einer gegebenen graden Linie zwei nicht zusammenfallende Parallelen ziehen lassen (vgl. S. 10) und zwischen diesen beiden Parallelen sollen grade Linien durch denselben Punct gehen können, die die gegebene Grade nicht schneiden und doch nicht parallel zu ihr sind, obgleich sie in derselben Ebene liegen. Auf eine solche Grundlage will der Vf. unter dem Namen der „Imaginären Geometrie" eine eigne Wissenschaft gründen. Die Grundzüge derselben liegen in diesem Schriftchen vor, jedoch wird dieses Princip und der dadurch erklärliche Satz S. 21: „Je weiter Parallellinien auf der Seite ihres Parallelismus verlängert werden, desto mehr nähern sie sich einander", wohl hinreichend das Schriftchen charakterisiren, um den Ref. jeder weiteren Beurtheilung zu überheben."

Übrigens war schon 1834 im „Сын Отечества" (Sohn des Vaterlandes) von 1834 eine ablehnende Kritik der ersten Arbeit von Lobatschewski „Über die Anfangsgründe der Geometrie" erschienen; Lobatschewskis Erwiderung darauf scheint nicht veröffentlicht worden zu sein. Das waren Stiche aus dem Wespennest, vor denen Gauß schon 1818 Gerling gewarnt hatte (s. S. 32).

Einige weitere nicht-euklidische Arbeiten Lobatschewskis dienen nicht der Begründung oder dem Ausbau seiner Geometrie, sondern beschäftigen sich mit der Berechnung von Integralen, wie sie in der nicht-euklidischen Geometrie in ganz natürlicher Weise auftreten und deren Behandlungsmethoden durch entsprechende geometrische Betrachtungen motiviert werden. Zu erwähnen ist auch noch die „Pangeometrie" [10, III, S. 435–524], in der Lobatschewski 1855 anläßlich der 50-Jahres-Feier der Kasaner Universität seine Theorien noch einmal ausführlich zusammenfaßte, ohne daß jedoch wesentlich neue Gesichtspunkte hinzugekommen wären. Gauß hat diese Arbeit nicht mehr zu Gesicht bekommen; er war ja im Februar 1855 gestorben.

Bei der nun folgenden Besprechung der Arbeiten von Lobatschewski über nicht-euklidische Geometrie möge der Kürze halber alles unberücksichtigt bleiben, was nicht direkt zu dieser speziellen Geometrie gehört.

In den „Anfangsgründen der Geometrie" wird die Parallele zu einer Geraden durch einen Punkt als Grenzlage der durch diesen Punkt gehenden, diese Gerade treffenden Geraden definiert. Die einfachsten Sätze über Parallelen, wie Invarianz gegenüber der Auswahl des Punktes auf der Parallelen, die Symmetrie und Transitivität der Parallelität werden genannt, aber nicht bewiesen. Bei der Transitivität können die drei dabei auftretenden Parallelen im Raume liegen. Eine besondere Zumutung für den Leser aber war es, daß ihm der folgende Satz ohne Beweis vorgesetzt wurde: Die Summe der Innenwinkel der drei Ebenen, die drei gegebene Parallelen des Raumes enthalten, ist gleich π. Die Grenzkreise und

Grenzkugeln werden als Grenzgebilde von Kreisen bzw. Kugeln definiert, deren Radien unbeschränkt wachsen, und es wird der Satz ohne Beweis ausgesprochen, daß die auf einer Grenzkugel liegenden Grenzkreise die gleichen geometrischen Eigenschaften wie die Geraden in der euklidischen Ebene haben.

Als Grundlage für die nicht-euklidische Geometrie werden die Eigenschaften des Parallelwinkels $F(a)$ untersucht, der wieder als Winkel zwischen einem Lot der Länge a auf einer Geraden g und der Parallelen zu g durch das Ende des Lotes definiert wird, und zwar werden auf Grund der bisherigen – nicht bewiesenen – Ergebnisse Funktionalgleichungen für $F(a)$ aufgestellt. Obwohl $F(a)$ eine Angelegenheit der nicht-euklidischen Ebene ist, spielt deren Einbettung in den nicht-euklidischen Raum bei Lobatschewskis Beweisen eine entscheidende Rolle, und man kommt schließlich zu der expliziten Darstellung des Parallelwinkels durch die Formel $\tan \frac{1}{2} F(a) = e^{-a}$, wobei e an und für sich jede Konstante >1 sein, aber durch geeignete Wahl der Längeneinheit als Basis der natürlichen Logarithmen genommen werden kann; es erweist sich das deswegen als zweckmäßig, weil dann die Formeln der nicht-euklidischen Trigonometrie eine besonders einfache Gestalt annehmen. Diese werden zunächst für das rechtwinklige Dreieck und daraus dann für beliebige Dreiecke hergeleitet. Lobatschewski schreibt alle trigonometrischen Formeln, also den Kosinussatz, den Sinussatz. den Projektionssatz und den dualen Kosinussatz, mit dem Parallelwinkel, d.h, anstelle eines jeden Winkels α wird die Strecke a genommen, für die α der Parallelwinkel ist: $F(a) = \alpha$. Daher erscheinen die Formeln der nicht-euklidischen Trigonometrie zunächst rein äußerlich nicht als Gegenstücke zur sphärischen Trigonometrie, wie das bei Taurinus der Fall gewesen war. Was aber schon jetzt den Lobatschewskischen Formeln ohne weiteres zu entnehmen war, war die Tatsache, daß sie für kleine Dreiecke näherungsweise mit den Formeln der euklidischen Trigonometrie übereinstimmen.

Damit war der rechnerische Apparat für die Behandlung einzelner Aufgaben bereitgestellt. Das einzige, was noch unbestimmt blieb, war die in dem analytischen Ausdruck für $\tan \frac{1}{2} F(a)$ steckende Konstante, deren Normierung auf e dadurch erzwungen werden konnte, daß man eine geeignete Länge als Einheit festlegte. Das bedeutete aber die Existenz einer ausgezeichneten Längeneinheit, die den Geometern schon seit Lambert Kopfschmerzen bereitet hatte; denn wie kann man eine Länge durch einen Winkel und umgekehrt festlegen? Das widersprach allen Erfahrungen, aus denen die euklidischen Axiome abstrahiert waren, und Lobatschewski sagte jetzt [9, S. 24]:

„Hiernach kann man ferner unmöglich behaupten, dass die Annahme, das Maß der Linien sei von den Winkeln unabhängig, eine Annahme, die viele Geometer als eine unbedingte Wahrheit haben annehmen wollen, die keines Beweises bedürfe, daß diese Annahme sich (nicht), möglicherweise noch bevor wir die Gränzen der uns sichtbaren Welt überschreiten, als merklich falsch herausstellen könnte.

Andrerseits sind wir außer Stande zu begreifen, was für eine Verbindung von Dingen in der Natur bestehen könne, die in dieser so verschiedenartige Größen wie Linien und Winkel verknüpfte.

Daher ist es sehr wahrscheinlich, daß die Euklidischen Sätze ganz allein wahr sind, obgleich sie für immer unbewiesen bleiben werden.

Wie das auch sein mag, die neue Geometrie, für die hier nunmehr der Grund gelegt ist, kann, wenn sie auch in der Natur nicht besteht, nichtsdestoweniger in unsrer Vorstellung bestehen, und wenn sie auch bei wirklichen Messungen außer Gebrauch bleibt, so eröffnet sie doch ein neues, weites Feld für die Anwendungen von Geometrie und Analysis auf einander."

Als Anwendung der nicht-euklidischen Trigonometrie entwickelte Lobatschewski nun eine nicht-euklidische analytische Geometrie. Als Koordinatensystem der Ebene wählte er genau wie Johann Bolyai ein rechtwinkliges und stellte die Gleichungen für die Geraden und für die Grenzkreise auf. Er beschrieb, wie man die Bogenlänge einer Kurve definieren könne, und wendete das entsprechende Rechenverfahren an, um die Bogenlänge auf einem Grenzkreis zu bestimmen. Aus den Formeln für den Abstand zweier Punkte, die durch ihre Koordinaten gegeben waren, erhielt er das Bogenelement einer beliebigen Kurve und berechnete als Beispiel den Umfang des Kreises von gegebenem Radius. In naheliegender Weise führte er auch Polarkoordinaten ein und berechnete das Bogenelement in Abhängigkeit von den Differentialen der Polarkoordinaten.

Der Flächeninhalt des Dreiecks wird elementargeometrisch, d.h. ohne Integration bestimmt, und zwar wird gezeigt, daß er proportional zu $\pi - (\alpha + \beta + \gamma)$ ist, wenn α, β, γ die Winkel des Dreiecks sind. Da für sehr kleine rechtwinklige Dreiecke mit den Katheten a und b dieser Ausdruck näherungsweise $= \frac{ab}{2}$ wird, so ist $\pi - (\alpha + \beta + \gamma)$ im allgemeinen Fall gleich dem Flächeninhalt. Daran schließt sich in naheliegender Weise durch Grenzübergang aus den regelmäßigen Vielecken die Bestimmung des Flächeninhaltes des Kreises an.

Ähnlich wie im euklidischen Fall werden hier die Flächenelemente für krumme Oberflächen (nebst Anwendung auf die Kugel) und das Volumenelement bestimmt. Als Beispiel wird das Volumen der Kugel und das des geraden Kreiskegels berechnet. Viel Mühe und Rechenaufwand macht jedoch die Berechnung des Volumens eines beliebigen Tetraeders, die auf den Fall von Tetraedern zurückgeführt wird, deren Seitenflächen rechtwinklige Dreiecke sind.

In der ausführlichen Darstellung „Neue Anfangsgründe der Geometrie mit einer vollständigen Theorie der Parallellinien" (s. S. 69) bezieht sich nur etwa die 2. Hälfte auf die spezifischen Probleme der nicht-euklidischen Geometrie. Vor allem werden die Lücken, die in den „Anfängen der Geometrie" geblieben waren, ausgefüllt. Zunächst werden die Anfangssätze der Parallelentheorie ausführlich bewiesen, und die Grenzkreise werden in ähnlicher, aber doch etwas anderer Weise als bei Johann Bolyai und Gauß definiert: Es sollen Kurven sein, bei denen die Mittellote der Sehnen alle zueinander parallel sind. Die offensichtliche Überbestimmung dieser Definition wird dadurch behoben, daß vorher gezeigt wird:

Sind in einem Dreieck zwei Mittellote zueinander parallel, so sind sie auch dem dritten parallel. Diese Parallelen sind die Achsen eines Grenzkreises, und die Grenzkugeln entstehen durch Rotation eines Grenzkreises um eine seiner Achsen.

Da in der russischen und französischen Fassung der „Imaginären Geometrie" (s. S. 69) nur in rechnerischer Weise Folgerungen aus den als bekannt vorausgesetzten Beziehungen zwischen den Seiten und Winkeln eines rechtwinkligen Dreiecks gezogen werden, ist es nicht nötig, sie hier näher zu besprechen. Jedoch sind die knappgefaßten, aber sehr klar und verständlich geschriebenen „Geometrischen Untersuchungen zur Theorie der Parallellinien" (s. S. 69) so bedeutungsvoll, daß ihr Inhalt hier angegeben werden möge, wobei einige Teilstücke daraus sehr deutlich die geometrischen Auffassungen von Lobatschewski wiedergeben. Das Buch beginnt folgendermaßen [7, S. 3]:

„In der Geometrie fand ich einige Unvollkommenheiten, welche ich für den Grund halte, warum diese Wissenschaft, so lange sie nicht in die Analysis übergeht, bis jetzt keinen Schritt vorwärts thun konnte aus demjenigen Zustande, in welchem sie uns von Euclid überkommen ist. Zu den Unvollkommenheiten rechne ich die Dunkelheit in den ersten Begriffen von den geometrischen Größen, in der Art und Weise wie man sich die Ausmessung dieser Größen vorstellt, und endlich die wichtige Lücke in der Theorie der Parallelen, welche auszufüllen, alle Anstrengungen der Mathematiker bis jetzt vergeblich waren. Die Bemühungen Legendre's haben zu dieser Theorie nichts hinzugefügt, indem er genötigt war, den einzigen strengen Gang zu verlassen, sich auf einen Seitenweg zu wenden, und zu Hülfssätzen seine Zuflucht zu nehmen, welche er sich unbegründeter Weise bemühet als nothwendige Axiome darzustellen.

Meinen ersten Versuch über die Anfangsgründe der Geometrie veröffentlichte ich im „Kasan'schen Boten" für das Jahr 1829. In der Hoffnung, allen Anforderungen genügt zu haben, beschäftigte ich mich hierauf mit einer Abfassung dieser Wissenschaft im Ganzen, und publicirte diese meine Arbeit in einzelnen Theilen in den „Gelehrten Schriften der Universität Kasan" für das Jahr 1836, 1837, 1838 unter dem Titel: „Neue Anfangsgründe der Geometrie, mit einer vollständigen Theorie der Parallelen." Der Umfang dieser Arbeit hindert vielleicht meine Landsleute einem solchen Gegenstande zu folgen, welcher nach Legendre sein Interesse verloren hat. Ich bin jedoch der Ansicht, daß die Theorie der Parallelen nicht ihre Ansprüche auf die Aufmerksamkeit der Geometer verlieren durfte, und deshalb beabsichtige ich hier das Wesentliche meiner Untersuchungen darzulegen, indem ich voraus bemerke, daß der Meinung Legendre's zuwider alle übrigen Unvollkommenheiten, z. B. die Definition der geraden Linie, sich hier fremdartig und ohne allen eigentlichen Einfluß auf die Theorie der Parallelen zeigen."

Nach einigen allgemein bekannten Sätzen, die schon bei Euklid vorkommen und ohne Voraussetzung des Parallelenaxiomes gelten, beginnt Lobatschewski mit seiner Definition der Parallelen und des Parallelwinkels $\Pi(p)$, den er auch manchmal Winkel des Parallelismus nennt. Die Unabhängigkeit der Definition der Parallele vom Anfangspunkt wird bewiesen, ebenso die Symmetrieeigenschaften. Im Dreieck ist die Winkelsumme $\leqq \pi$; ist sie auch nur in einem einzigen Dreieck $= \pi$, so auch in jedem anderen. Zwei Lote der gleichen Geraden können nur im Fall der euklidischen Geometrie einander parallel sein. Bei diesem Stand der Entwicklungen gibt Lobatschewski sein Programm bekannt [7, S. 18]:

„Demnach ist in allen geradlinigen Dreiecken die Summe der drei Winkel entweder π und zugleich auch der Parallel-Winkel $\Pi(p) - \frac{1}{2}\pi$ für jede Linie p, oder für alle Dreiecke ist diese Summe $<\pi$ und zugleich auch $\Pi(p) < \frac{1}{2}\pi$.

Die erste Voraussetzung dient als Grundlage der gewöhnlichen Geometrie und der ebenen Trigonometrie. Die zweite Voraussetzung kann ebenfalls zugelassen werden, ohne auf irgendeinen Widerspruch in den Resultaten zu führen, und begründet eine neue geometrische Lehre, welcher ich den Namen: Imaginäre Geometrie gegeben habe, und welche ich hier darzustellen beabsichtige, bis zur Entwicklung der Gleichungen zwischen den Seiten und Winkeln der geradlinigen und sphärischen Dreiecke."

Die Gleichung $\Pi(p) = \alpha$ läßt sich eindeutig umkehren. Zwei Parallelen kommen sich asymptotisch immer näher. Die Transitivität des Parallelismus in der Ebene und im Raum wird bewiesen, ebenso der Satz über die Summe der Innenwinkel dreier Ebenen, deren Schnittgeraden zueinander parallel sind. An Hand des Satzes über die Mittellote eines Dreiecks werden die Grenzkreise definiert, die Grenzkugeln als Rotationsflächen davon mit einer Achse als Rotationsachse. Auf den Grenzkugeln genügen die Grenzkreise den Gesetzen der euklidischen Geometrie. Es ist $\tan \frac{1}{2} (\Pi x) = e^{-x}$, woraus sich die nicht-euklidische Trigonometrie herleiten läßt. Für kleine Dreiecke gilt näherungsweise die euklidische Trigonometrie, und für rein imaginäre Seiten erhält man aus den Formeln der nicht-euklidischen Trigonometrie die der sphärischen und umgekehrt. Vor diesen Schlußbemerkungen spricht Lobatschewski seine Ansicht über die theoretische und die praktische Bedeutung seiner Geometrie aus [7, S. 60]:

„Die Gleichungen (8.) gewähren für sich selbst schon eine hinreichende Grundlage, um die Voraussetzung der imaginären Geometrie als möglich anzusehen. Demnach gibt es kein anderes Mittel als die astronomischen Beobachtungen zu Hülfe zu nehmen, um über die Genauigkeit zu urtheilen, welche den Berechnungen der gewöhnlichen Geometrie zukommen. Diese Genauigkeit erstreckt sich, wie ich in einer meiner Abhandlungen gezeigt habe, sehr weit, so daß z. B. in Dreiecken, deren Seiten für unsere Ausmessungen zugänglich sind, die Summe der drei Winkel noch nicht um den hundertsten Theil einer Secunde von zwei Rechten verschieden ist."

Ab 1840 hatten nun alle Mathematiker nochmals die Möglichkeit, sich mit der nicht-euklidischen Geometrie vertraut zu machen, auch wenn sie den Appendix von Johann Bolyai nicht kannten (Lobatschewski dürfte ihn nicht gekannt haben) oder wenn sie ihn nicht verstehen wollten oder konnten. Aber es geschah nichts; auf Grund jahrhundertelanger Erfahrungen, die man mit Scheinbeweisen des Parallelenaxioms machen mußte, wurde weiterhin jeder, der sich mit diesem Problem befaßte, als Scharlatan angesehen, und seine Veröffentlichungen – oft genug im Selbstverlag, wie bei Taurinus – wurden gar nicht erst gelesen. Immerhin wurde das Buch von Lobatschewski von der offiziellen Literaturkritik (vgl. die auf S. 70 wiedergegebene Besprechung in Gersdorfs Repertorium) beachtet, aber mit großer Selbstverständlichkeit abgelehnt. Der einzige, der den Wert von

Lobatschewskis Arbeiten beurteilen konnte, war Gauß (und später auch Johann Bolyai, wie wir aus dessen Nachlaß wissen). Gauß äußerte sich zwar darüber, aber wiederum nur privat oder halboffiziell, und noch dazu relativ spät. Die Arbeit über die „Géométrie imaginaire“, die 1837 in Crelles Journal erschienen war, kann ihm nicht entgangen sein, in der übrigens Lobatschewski die Gelehrten seiner Zeit ausdrücklich gebeten hatte, zu seiner Arbeit Stellung zu nehmen. Die erste Erwähnung Lobatschewskis durch Gauß finden wir in dem Brief vom 1. 2. 1841 an Encke [4, VIII, S. 232]:

„Ich fange an, das Russische mit einiger Fertigkeit zu lesen, und finde dabei viel Vergnügen. Hr. KNORRE hat mir eine kleine in russischer Sprache geschriebene Abhandlung von LOBATSCHEWSKY (in Kasan) geschickt und dadurch so wie durch eine kleine Schrift in deutscher Sprache über Parallellinien (wovon eine höchst alberne Anzeige in GERSDORFS Repertorium steht) bin ich recht begierig geworden, mehr von diesem scharfsinnigen Mathematiker zu lesen. Wie mir KNORRE sagte, enthalten die (in russischer Sprache geschriebenen) Abhandlungen der Universität Kasan eine Menge Aufsätze von ihm.“

War es ein Zufall, daß Gauß gerade jetzt begonnen hatte, sich mit der russischen Sprache zu beschäftigen? Jedenfalls hatte er es zunächst mit dem Sanskrit versucht, aber kein Vergnügen dabei gefunden, und hatte sich dann dem Russischen zugewandt. Oder war er durch die „Géométrie imaginaire“ dazu angeregt worden, in der auf die russischen Arbeiten von Lobatschewski hingewiesen war? Jedenfalls hat er gelegentlich geäußert, daß er seine russischen Studien als eine Kontrolle für die Elastizität seines Geistes ansehe, und an Schumacher hatte er am 17. 8. 1839 [21, Bd. III, S. 242] geschrieben, daß er am Anfang des vorigen Frühjahrs angefangen habe, sich mit der russischen Sprache zu beschäftigen.

Auch nach dem Erscheinen der Schriften von Lobatschewski in Französisch und Deutsch ging Gauß von seinem Prinzip nicht ab, in der Öffentlichkeit über die nicht-euklidische Geometrie nur zu schweigen. Er hat weder gegen die Besprechung in Gersdorfs Repertorium öffentlich protestiert noch über Lobatschewskis Buch seine hohe Einschätzung öffentlich dargelegt, wozu er doch in den Göttinger Gelehrten Anzeigen beste Gelegenheit gehabt hätte. Jedoch wurde Lobatschewski auf Veranlassung von Gauß Ende 1842 zum Korrespondenten der Göttinger Sozietät als einer der ausgezeichnetsten Mathematiker des russischen Reiches gewählt.

Erst im Februar 1844 kommt Gauß in zwei Briefen an Gerling wieder auf Lobatschewski zu sprechen, und zwar schreibt er am 4. 2. [4, VIII, S. 235]:

„Übrigens hat in den letzten Decennien ein Russe (Lobatschewsky, Staatsrath und Professor in Kasan) einen ähnlichen Weg eingeschlagen. Er nennt die Nicht-Euklidische die imaginäre Geometrie (Wie Ihr ehemaliger Kollege SCHWEIKART Astralgeometrie) und hat darüber in russischer Sprache viele sehr ausgedehnte Abhandlungen gegeben (meistens in den Записки Казанского Университета, Memoiren der Kasanschen Universität), zum Theil auch in besondern Broschuren, die ich, glaube ich, alle besitze, aber ihre genaue Lecture noch verschoben habe, bis ich mich einmal mit Musse wieder in dieses Fach werfen kann, und das Lesen russischer Bücher mir noch geläufiger ist als jetzt. Irre ich nicht, so ist auch ein Aufsatz des p. LOBATSCHEWSKY, vielleicht eine Übersetzung aus den Записки in CRELLES Journal, was ich aber in diesem Augenblick nicht nachsehen kann."

Die Bemerkung über Crelles Journal mag zunächst etwas befremden, aber gleich in den nächsten Tagen hat sich Gauß den Band 17 beschafft und schreibt nun am 8. 2. ganz ausführlich [4, VIII, S. 236]:

Es wird Ihnen, mein theuerster Freund, vielleicht nicht unlieb sein, wenn ich zu den literarischen Notizen, welche ich in meinem letzten Brief mittheilte, noch eine oder die andere hinzufüge: in die Sache selbst kann ich freilich jetzt nicht tiefer eingehen.

LOBATSCHEWSKYS Aufsatz in CRELLES Journal steht Band 17 pag. 295ff. Ich finde, dass derselbe nur eine freie Übersetzung des russischen Aufsatzes [Воображаемая геометрия] im Jahrgang 1835 der Gelehrten Schriften der Kasanschen Universität ist, wo man eben da auch anstossen wird, wo diess in dem deutschen Aufsatze der Fall ist. In diesem stossen Sie an S. 296 Zeile 10 bei den Worten J'ai démontré etc., womit dem Leser, der weiter nichts hat wie diesen Aufsatz, wenig gedient ist. Ebenso S. 303 oben J'ai prouvé ailleurs etc., wozu man dieselbe Bemerkung machen muss. Der frühere Aufsatz, worauf sich diess zu beziehen scheint, wird wohl derselbe sein, der in einer Note des erwähnten russischen Aufsatzes angeführt wird als unter dem Titel: Über die Anfänge oder Principe der Geometrie stehend in Казанский Вестник (Kasanschen Boten). für 1829 und 1830. Zugleich wird dabei bemerkt, dass eine sehr kränkende Kritik dieser Abhandlung in No. 41 eines anderen russischen, wie ich vermuthe in Petersburg erscheinenden, Journals „Sohn des Vaterlandes" Сын Отечества von 1834 stehe, wogegen LOBATSCHEWSKY eine Antikritik eingeschickt habe, die aber bis Anfang 1835 nicht aufgenommen sei.

Mit diesen literarischen Notizen ist uns nun freilich auch wenig geholfen, da in Deutschland schwerlich ein Exemplar des Kasanschen Boten von 1829–1830 zu finden sein möchte. Dagegen aber kann ich Ihnen den Titel einer andern Schrift nachweisen, die Sie ohne Zweifel sehr leicht durch den Buchhandel erhalten können, und die nur 4 Bogen stark ist:

„Geometrische Untersuchungen zur Theorie der Parallel-Linien von NICOLAUS LOBATSCHEWSKY Kais. Russischem Staatsrath etc.
Berlin 1840 in der G. Finckeschen Buchhandlung."

Ich erinnere mich, in GERSDORFS Repertorium damals eine sehr wegwerfende Recension dieses Buches gelesen zu haben, die (nemlich die Recension) übrigens für jeden etwas kundigen Leser das Gepräge hatte, von einem ganz unwissenden Menschen herzurühren. Seitdem ich Gelegenheit gehabt habe, diese kleine Schrift selbst einzusehen, muss ich ein sehr vortheilhaftes Urtheil darüber fällen. Namentlich hat sie viel mehr Concinnität und Präcision, als die grössern Aufsätze des LOBATSCHEWSKY, die mehr einem verworrenen Walde gleichen, durch den es, ohne alle Bäume erst einzeln kennen gelernt zu haben, schwer ist, einen Durchgang und Übersicht zu finden.

Über die CRELLE 17 p. 303 angeführte experimentelle Begrenzung habe ich aber nichts in der Schrift von 1840 gefunden und ich werde mich daher wohl entschliessen müssen, einmal deswegen an Hr. LOBATSCHEWSKY selbst zu schreiben, dessen Aufnahme als Correspondent unserer Societät ich vor einem Jahre veranlasst habe. Vielleicht schickt er mir dann den Kasanschen Boten. Doch wäre es möglich, dass sich in den folgenden Jahrgängen der Kasanschen gelehrten Schriften von 1836–1838, wo auch lange Aufsätze von Lobatschewsky stehen, etwas darüber findet. Ich besitze diese zwar, habe aber bisher, aus dem in meinem vorigen Briefe erwähnten Grunde, mich bisher nicht näher mit ihnen bekannt gemacht.

In seinem Danksagungsschreiben wegen Aufnahme in die Societät schrieb mir übrigens Lobatschewsky damals, dass seine vielen administrativen Geschäfte (er scheint Rector perpetuus der Universität zu sein) ihn jetzt aus den wissenschaftlichen Arbeiten ganz herausgebracht hätten.

Für heute schliesse ich mit der Bitte bald wieder mit einigen Zeilen zu erfreuen

Ihren treu ergebenen
C. F. GAUSS."

Es war klar, daß sich Gauß und Gerling mehr für die Herleitung der in der „Imaginären Geometrie" ohne Beweis angegebenen Ausgangsformeln als für die Konsequenzen interessierten, und ebenso wird es etwaigen anderen interessierten Geometern gegangen sein. Aber die ausführliche Herleitung dieser Formeln in Lobatschewskis Buch von 1840, das besonderes Wohlgefallen bei Gauß gefunden hatte, hat diesen Mangel wieder gutgemacht. Die von Gauß aufgeworfene Frage nach der von Lobatschewski in der „Imaginären Geometrie" angegebenen experimentellen Begrenzung ist jedoch so zu beantworten: In der Einleitung zu den „Neuen Anfangsgründen" [9, S. 78] erwähnt Lobatschewski, daß er die Nachprüfung der nicht-euklidischen Geometrie durch die astronomische Erfahrung bereits in den „Anfangsgründen" behandelt hat, und zwar sind die zugehörigen zahlenmäßigen Angaben im § 14 enthalten.

Im folgenden Auszug aus einem Brief vom 28. 11. 1846 [4, VIII, S. 238] an Schumacher kann man Andeutungen darüber entnehmen, wie Gauß selbst beim Aufbau seiner nicht-euklidischen Geometrie vorgegangen ist. Da wir wissen, daß der Gaußsche Aufbau weitgehend dem Inhalt und dem Umfang nach mit dem von Johann Bolyai übereinstimmt, dürfte der Ausdruck „Lobatschewskysches Werk" nicht nur auf dessen Buch von 1840, sondern auf das Gesamtwerk von Lobatschewski zu beziehen sein.

„Ich habe kürzlich Veranlassung gehabt, das Werkchen von LOBATSCHEWSKY (Geometrische Untersuchungen zur Theorie der Parallellinien. Berlin 1840, bei G. Fincke. 4 Bogen stark) wieder durchzusehen. Es enthält die Grundzüge derjenigen Geometrie, die Statt finden müsste und strenge consequent Statt finden könnte, wenn die Euklidische nicht die wahre ist. Ein gewisser SCHWEIKART nannte eine solche Geometrie Astralgeometrie, LOBATSCHEWSKY imaginäre Geometrie. Sie wissen, dass ich schon seit 54 Jahren (seit 1792) dieselbe Überzeugung habe (mit einer gewissen spätern Erweiterung, deren ich hier nicht erwähnen will); materiell für mich Neues habe ich also im Lobatschewskyschen Werke nicht gefunden, aber die Entwicklung ist auf anderm Wege gemacht, als ich selbst eingeschlagen habe, und zwar von Lobatscheswky auf eine meisterhafte Art in ächt geometrischem Geiste. Ich glaube, Sie auf das Buch aufmerksam machen zu müssen, welches Ihnen gewiss ganz exquisiten Genuss gewähren wird."

Man nimmt an, daß die „gewisse spätere Erweiterung", von der Gauß hier spricht, die sphärische Geometrie betrifft oder aber die dadurch aus der sphärischen hervorgehende (heute sogenannte elliptische Geometrie), daß man diametral entgegengesetzte Punkte miteinander identifiziert. Man kommt dann zu einer Geometrie, die zwar anschaulich etwas schwieriger ist, aber gewisse Unannehmlichkeiten ausschließt, die in der sphärischen Geometrie auftreten, wie z. B. die Tatsache, daß durch zwei diametral entgegengesetzte Punkte unendlich viele Großkreise gehen, die hier die Rolle der Geraden zu übernehmen haben. In dieser Geometrie, die man auch als euklidische Geometrie der uneigentlichen Punkte des Raumes oder als Geometrie eines Strahlenbüschels der räumlichen euklidischen Geometrie auffassen könnte, gelten die Gesetze der euklidischen Geometrie mit zwei Ausnahmen: 1. Das Parallelenaxiom wird durch die Hypothese des stumpfen Winkels ersetzt, 2. das Axiom von der unendlichen Länge der Geraden gilt nicht mehr.

Die Werke von Johann Bolyai und Lobatschewski unterscheiden sich natürlich voneinander, und zwar in bezug auf die Anordnung des Stoffes, auf die Gesamtheit der bewiesenen Sätze oder, was besonders bei Bolyai häufig vorkommt, in bezug auf die ohne Beweis angeführten Sätze (z. B. über Krümmung, Evolute und Evolvente einer Kurve), und schließlich auch in bezug auf die Methoden. Beide gehen stets geometrisch anschaulich vor, aber Bolyai verwendet im Interesse der Kürze der Darstellung wesentlich mehr Stetigkeitsschlüsse als Lobatschewski, und im Aufbau von Lobatschewski spielt der Parallelwinkel eine große Rolle. Auffallend ist eine Kleinigkeit, daß nämlich die Hyperzyklen, deren Namen Gauß vorgeschlagen hatte und die auch bei Johann Bolyai (z. B. als Krümmungskreise) vorkommen, bei Lobatschewski keine Rolle spielen (ein Hyperzyklus besteht aus den Punkten, die von einer Geraden den gleichen orientierten Abstand haben). So bleibt z. B. bei Lobatschewski die Formulierung des Satzes über die Mittellote eines Dreiecks unvollständig; in seinem Buch werden nur die beiden Fälle behandelt (und auch nur gebraucht), daß zwei der Mittellote sich schneiden (dann geht auch das dritte durch diesen Schnittpunkt), oder daß zwei der Mittellote einander parallel sind: dann sind sie auch dem dritten Mittellot parallel. Die dritte Möglichkeit, daß zwei der Mittellote sich nicht schneiden und auch nicht parallel zueinander sind (dann divergieren sie auch beide gegenüber dem dritten Mittellot), ist in den „Neuen Anfangsgründen der Geometrie", aber nicht im Buch erwähnt. Daß dann die Ecken des Dreieckes auf einem Hyperzyklus liegen und damit von einer gewissen Geraden den gleichen Abstand haben, bleibt bei Lobatschewski unerwähnt. Dagegen hat sich Lobatschewski wesentlich mehr als Bolyai der Volumenbestimmung eines Tetraeders zugewandt.

Wenn also die Unterschiede zwischen den beiden Darstellungen der nicht-euklidischen Geometrien nicht allzu groß erscheinen, so kann man auf Grund eines Briefes von Gauß an den Vater Bolyai vom 6. 3. 1832 und des Briefes an Schumacher vom 28. 11. 1846 sagen, daß der Weg von Gauß zur nicht-euklidischen Geometrie näher dem von Johann Bolyai als dem von Lobatschewski gewesen ist.

Das, was allen diesen drei Mathematikern gemeinsam ist, ist die mühsame, von einer neuen Art der geometrischen Anschauung geleitete Denkweise, die von den geometrischen Axiomen zur analytischen Formulierung der Trigonometrie und zu deren Anwendung in der analytischen Geometrie führte. Bei jedem Schritt mußte man darauf achten, nicht irgendwie in versteckter Weise das Parallelenaxiom zu verwenden, und man mußte sich allmählich daran gewöhnen, daß der Plan eines indirekten Beweises für das Parallelenaxiom scheiterte und zur Entdeckung einer neuen in sich konsequenten, aber zunächst mit vielen Denkschwierigkeiten behafteten Geometrie führte. So sind die Unsicherheiten, die die drei Geometer noch zeigten, durchaus zu verstehen; denn keiner von ihnen hatte einen echten Beweis für die Widerspruchsfreiheit seiner Geometrie, wenn sie ihm auch alle, wie Kagan in seinem Vorwort zur Pangeometrie von Lobatschewski [10, T. III, S. 434] schrieb, sehr nahe waren. Vielleicht war das der tiefste Grund für Gauß' Abneigung gegenüber einer Publikation? Johann Bolyai hat trotz seines Appendix in späteren Jahren doch wieder einige Versuche gemacht, das Parallelenaxiom noch zu beweisen, und Lobatscheski bat, wie schon gesagt, in seiner „Géométrie imaginaire" die Gelehrten seiner Zeit um ihr Urteil. Den § 15 seiner „Anfangsgründe" beschloß er mit den schon auf S. 71 wiedergegebenen Worten. Auch Lobatschewskis Ausführungen zum Schluß seiner „Anfangsgründe" [9, S. 65] kann man nur als Plausibilitätsbetrachtungen, nicht aber als Beweis für die Widerspruchslosigkeit ansehen:

„Nachdem wir die Gleichungen (17) gefunden hatten, die die Abhängigkeit zwischen den Winkeln und den Seiten eines Dreiecks darstellen, haben wir schließlich allgemeine Ausdrücke für die Elemente der Linien, der Flächen und der Körperräume gegeben, und nunmehr wird in der Geometrie alles Uebrige Analysis sein, wo die Rechnungen nothwendig unter einander übereinstimmen müssen und wo nichts im Stande ist, uns etwas Neues zu enthüllen, was nicht in diesen ersten Gleichungen enthalten wäre, aus denen alle Beziehungen der geometrischen Größen unter einander entnommen werden müssen. Will man daher jetzt durchaus annehmen, daß in der Folge irgend ein Widerspruch zur Verwerfung der Anfangsgründe nöthigen werde, die wir in dieser neuen Geometrie angenommen haben, so kann dieser Widerspruch nur in den Gleichungen (17) selbst stekken. Bemerken wir jedoch, daß sich diese Gleichungen in die Gleichungen (16) der sphärischen Trigonometrie verwandeln, sobald wir an die Stelle der Seiten: a, b, c setzen: $a\sqrt{-1}$, $b\sqrt{-1}$, $c\sqrt{-1}$; aber in der gewöhnlichen Geometrie und in der sphärischen Trigonometrie treten immer nur die Verhältnisse von Linien auf, folglich werden die gewöhnliche Geometrie, die (sphärische) Trigonometrie und diese neue Geometrie immer mit einander in Uebereinstimmung sein."

2.6. Bernhard Riemann

Starke und völlig neue Impulse erhielt die Geometrie 1854 durch Riemanns weltberühmt gewordenen Habilitationsvortrag, der sich auch für die weitere Entwicklung der nicht-euklidischen Geometrie ganz entscheidend auswirkte.

Bernhard Riemann, geboren am 17. 9. 1826 in einem Dorf des Königreiches Hannover, begann 1846 auf Wunsch seines Vaters das Studium der Theologie an der Universität Göttingen. Doch bald setzte sich seine hohe mathematische

Begabung durch, die sich schon sehr früh bei ihm gezeigt hatte, und er durfte Mathematik studieren. Wegen Gauß' Abneigung gegen mathematische Vorlesungen ging Riemann 1847 für einige Semester nach Berlin, wo die Mathematik an der Universität gerade einen großartigen Aufschwung nahm. 1849 kehrte er nach Göttingen zurück und promovierte dort auf Grund seiner Dissertation „Grundlagen für eine allgemeine Theorie der Funktionen einer veränderlichen komplexen Größe", womit das Fundament für die heute sogenannte Riemannsche Funktionentheorie gelegt war. 1852 begann er mit der Arbeit an seiner Habilitations-

Bernhard Riemann

schrift, die er Ende 1853 unter dem ebenfalls berühmt gewordenen Titel „Über die Darstellbarkeit einer Funktion durch eine trigonometrische Reihe" einreichte. An seinen Bruder Wilhelm schrieb er am 28. 12. 1853 [11, S. 515]:

„Mit meinen Arbeiten steht es jetzt so ziemlich; ich habe Anfangs December meine Habilitationsschrift abgeliefert und mußte dabei drei Themata zur Probevorlesung vorschlagen, von denen dann die Facultät eines wählt. Die beiden ersten hatte ich fertig und hoffte, daß man eines davon nehmen würde: Gauss aber hatte das dritte gewählt, und so bin ich nun wieder etwas in der Klemme, da ich dies noch ausarbeiten muß."

Um aus dieser Klemme herauszukommen, arbeitete er mit großer Intensität an seiner Probevorlesung mit dem Thema: „Über die Hypothesen, welche der

Geometrie zugrunde liegen". Pfingsten 1854 war er damit fertig, aber nun gab es eine neue Schwierigkeit, wie er am 26. 6. seinem Bruder schrieb [11, S. 516]:

„Gauß's Gesundheitszustand ist nemlich in der letzten Zeit so schlimm geworden, daß man noch in diesem Jahr seinen Tod fürchtet und er sich zu schwach fühlte, mich zu examiniren. Er wünschte nun, daß ich, weil ich doch erst im nächsten Semester lesen könnte, wenigstens noch bis zum August auf seine Besserung warten möchte. Ich hatte mich schon in das Unvermeidliche gefügt. Da entschloß er sich plötzlich auf mein wiederholtes Bitten, „um die Sache vom Halse loszuwerden" am Freitag nach Pfingsten Mittag das Colloquium auf den andern Tag um halb elf anzusetzen und so war ich am Sonnabend um eins glücklich damit fertig."

In dem von Dedekind verfaßten Lebenslauf von Riemann wird nun über dessen Habilitation berichtet [11, S. 517]:

„,...daß Riemann die Ausarbeitung seiner Probevorlesung über die Hypothesen der Geometrie sich durch sein Streben, allen, auch den nicht mathematisch gebildeten Mitgliedern der Facultät möglichst verständlich zu bleiben, wesentlich erschwert hat; die Abhandlung ist aber in der That zu einem bewunderungswürdigen Meisterstück auch in der Darstellung geworden, indem sie ohne Mittheilung der analytischen Untersuchung den Gang derselben so genau angiebt, daß sie nach diesen Vorschriften vollständig hergestellt werden kann. Gauss hatte gegen das übliche Herkommen von den drei vorgeschlagenen Thematen nicht das erste, sondern das dritte gewählt, weil er begierig war zu hören, wie ein so schwieriger Gegenstand von einem so jungen Manne behandelt werden würde; nun setzte ihn die Vorlesung, welche alle seine Erwartungen übertraf, in das größte Erstaunen, und auf dem Rückwege aus der Facultäts-Sitzung sprach er sich gegen Wilhelm Weber mit höchster Anerkennung und mit einer bei ihm seltenen Erregung über die Tiefe der von Riemann vorgetragenen Gedanken aus."

Worin bestand nun die Tiefe der von Riemann vorgetragenen Gedanken? Die Situation in der Geometrie, insbesondere in der Differentialgeometrie, war doch im wesentlichen die folgende: Die Grundbegriffe, mit denen man sich beschäftigte, waren die Kurven in der Ebene und im Raum sowie die Flächen im Raum, und zwar erhielt man die Hauptergebnisse dadurch, daß man versuchte, dem jeweiligen Objekt an jeder einzelnen seiner Stellen ein Koordinatensystem der Ebene oder des Raumes möglichst gut anzupassen und dessen Änderung beim Übergang zu den Nachbarpunkten zu studieren, um auf diese Art zu so vielen Invarianten des Gebildes zu kommen, daß man mit deren Hilfe dessen Charakterisierung möglichst vollständig durchführen konnte. Bei Gauß kam in seinen „Disquisitiones generales circa superficies curvas" [4, IV, S. 217–258] eine neue Problematik hinzu, die aus der Aufgabe der Geodäsie entstanden war, die Gestalt der Erde aus Vermessungen auf ihrer Oberfläche zu bestimmen. In seiner Flächentheorie hatte sich Gauß allgemein die Frage gestellt, wie man von 2 Flächen des Raumes feststellen kann, ob sie längentreu aufeinander abgebildet werden können. Sein wichtigstes Ergebnis bei diesen Forschungen war sein Theorema egregium, daß das heute sogenannte Gaußsche Krümmungsmaß eines Flächenpunktes, das gleich dem Produkt der beiden schon Euler bekannten Hauptkrümmungen dieses Punktes ist, biegungsinvariant ist. Der Beweis gelang ihm durch den

Nachweis, daß das Krümmungsmaß allein aus den Größen berechnet werden kann, die die auf der Fläche von der euklidischen Metrik des Raumes induzierte Längenmessung festlegen und die bei längentreuen Abbildungen ihrer Natur nach sich nicht ändern.

Riemann erweiterte und verallgemeinerte die damalige Differentialgeometrie dadurch, daß er sich nicht mehr auf die niedrigen Dimensionen 2 und 3 beschränkte, sondern zu n-dimensionalen Mannigfaltigkeiten überging, von diesen aber nicht mehr die Euklidizität forderte, sondern nur voraussetzte, daß in jedem einzelnen Punkt eine Metrik, und zwar in Gestalt einer positiv-definiten quadratischen Differentialform gegeben sei, wie das ja in allen vor ihm behandelten Fällen der natürliche Ausgangspunkt gewesen war. Der folgende „Plan der Untersuchung" [11, S. 254] bildet den Anfang seines Habilitationsvortrages.

„Bekanntlich setzt die Geometrie sowohl den Begriff des Raumes, als die ersten Grundbegriffe für die Constructionen im Raume als etwas Gegebenes voraus. Sie giebt von ihnen nur Nominaldefinitionen, während die wesentlichen Bestimmungen in Form von Axiomen auftreten. Das Verhältnis dieser Voraussetzungen bleibt dabei im Dunkeln; man sieht weder ein, ob und in wie weit ihre Verbindung nothwendig, noch a priori, ob sie möglich ist.

Diese Dunkelheit wurde auch von Euklid bis auf Legendre, um den berühmtesten neueren Bearbeiter der Geometrie zu nennen, weder von den Mathematikern, noch von den Philosophen, welche sich damit beschäftigten, gehoben. Es hatte dies seinen Grund wohl darin, daß der allgemeine Begriff mehrfach ausgedehnter Größen, unter welchem die Raumgrößen enthalten sind, ganz unbearbeitet blieb. Ich habe mir daher zunächst die Aufgabe gestellt, den Begriff einer mehrfach ausgedehnten Größe aus allgemeinen Größenbegriffen zu construiren. Es wird daraus hervorgehen, daß eine mehrfach ausgedehnte Größe verschiedener Maßverhältnisse fähig ist und der Raum also nur einen besonderen Fall einer dreifach ausgedehnten Größe bildet. Hiervon aber ist eine nothwendige Folge, daß die Sätze der Geometrie sich nicht aus allgemeinen Größenbegriffen ableiten lassen, sondern daß diejenigen Eigenschaften, durch welche sich der Raum von anderen denkbaren dreifach ausgedehnten Größen unterscheidet, nur aus der Erfahrung entnommen werden können. Hieraus entsteht die Aufgabe, die einfachsten Thatsachen aufzusuchen, aus denen sich die Maßverhältnisse des Raumes bestimmen lassen – eine Aufgabe, die der Natur der Sache nach nicht völlig bestimmt ist; denn es lassen sich mehrere Systeme einfacher Thatsachen angeben, welche zur Bestimmung der Maßverhältnisse des Raumes hinreichen; am wichtigsten ist für den gegenwärtigen Zweck das von Euklid zu Grunde gelegte. Diese Thatsachen sind wie alle Thatsachen nicht nothwendig, sondern nur von empirischer Gewißheit, sie sind Hypothesen; man kann also ihre Wahrscheinlichkeit, welche innerhalb der Grenzen der Beobachtung allerdings sehr groß ist, untersuchen und hienach über die Zulässigkeit ihrer Ausdehnung jenseits der Grenzen der Beobachtung, sowohl nach der Seite des Unmeßbargroßen, als nach der Seite des Unmeßbarkleinen urtheilen."

In unserem Rahmen ist es besonders bemerkenswert, daß für Riemann der letzte berühmte Mathematiker, der in die Dunkelheit der Anfänge der euklidischen Geometrie hineinzuleuchten versucht hatte, Legendre war. Weder von Gauß' Gedanken über die Parallelentheorie hat er etwas gewußt noch von den Bolyaischen oder Lobatschewskischen Forschungen.

Im Gegensatz zu den bisherigen Bearbeitern der Parallelentheorie, aber im Einklang mit den Differentialgeometern nützte Riemann den gesamten Apparat der Analysis voll aus. Mit den Mitteln der Variationsrechnung konstruierte er in jedem Punkt P_0 der Mannigfaltigkeiten in folgender Weise ein Koordinatensystem: Er verbindet jeden Punkt P einer geeigneten Umgebung des Punktes P_0 durch eine geodätische Linie, d.h. durch eine Linie kürzester Länge s. Die Tangenten der Mannigfaltigkeiten in P_0 bilden nun einen n-dimensionalen Vektorraum, den man ganz konkret konstruieren kann und der z.B. im Fall einer Fläche des dreidimensionalen Raumes aus den Vektoren besteht, die von P_0 aus zu den Punkten der Tangentialebene von P_0 führen. Die Länge s trägt man nun von P_0 aus auf der Tangente der Geodätischen ab. So entspricht der Punkt P umkehrbar eindeutig einem Vektor im Tangentialraum von P_0. Da nun in jedem Punkt nach Voraussetzung eine euklidische Metrik gegeben ist, kann man im „lokalen Vektorraum" von P_0 eine orthonormierte Basis wählen, und die Koordinaten $x_1, \ldots, x_n$ des obigen Tangentialvektors in bezug auf diese Basis können wir nun, da sie den Punkt P umkehrbar eindeutig festlegen, auch als Koordinaten von P auffassen. Man schreibe nun die Eulerschen Differentialgleichungen des Variationsproblems, die Verbindung zwischen P_0 und P möglichst kurz zu machen, auf und beachte dabei die Konstruktion der Koordinaten. Die metrische Differentialform für $\mathrm{d}s^2$, die wesentlich die Gültigkeit des Satzes von Pythagoras im Tangentialvektorraum zum Inhalt hat, besitzt dann die folgende Gestalt:

$$\mathrm{d}s^2 = \sum_{\nu=1}^{n} \mathrm{d}x_\nu^2 + \sum_{\varkappa,\lambda,\mu,\nu} c_{\varkappa\lambda\mu\nu} (x^\varkappa \mathrm{d}x^\lambda - x^\lambda \mathrm{d}x^\varkappa)(x^\mu \mathrm{d}x^\nu - x^\nu \mathrm{d}x^\mu) + \cdots,$$

wobei die $c_{\varkappa\lambda\mu\nu}$ gewisse konstante, d.h. nur von P_0, nicht aber von P abhängige Größen sind und noch gewisse Symmetrieeigenschaften haben, während der durch $+ \cdots$ angedeutete Rest nur Glieder höheren als 2. Grades in $x_1, \ldots, x_n$ enthält. Für den Fall der n-dimensionalen euklidischen Geometrie ist natürlich $\mathrm{d}s^2 = \sum_\nu (\mathrm{d}x_\nu)^2$, also $c_{\varkappa\lambda\mu\nu} = 0$. Im allgemeinen Fall beschreiben also die $c_{\varkappa\lambda\mu\nu}$ näherungsweise die Abweichung der Mannigfaltigkeit im Punkt P_0 gegenüber dem euklidischen Raum und heißen daher Koordinaten der Krümmung (genauer des Krümmungstensors). Riemann konnte nun in höchst geistreicher Weise die $c_{\varkappa\lambda\mu\nu}$, die aus einer rein geometrischen Fragestellung rein rechnerisch hergeleitet worden waren, geometrisch deuten. Man nehme einen zweidimensionalen Teilraum des lokalen Vektorraumes von P_0 und betrachte alle von P_0 ausgehenden Geodätischen, die diesen Teilraum in P_0 berühren. Sie bilden eine zweidimensionale Mannigfaltigkeit, der durch die Metrik des n-dimensionalen Raumes eine Metrik aufgeprägt ist. Diese Teilmannigfaltigkeit läßt sich nun, wenigstens innerhalb einer gewissen Umgebung von P_0 durch eine Fläche des dreidimensionalen euklidischen Raumes längentreu darstellen, doch ist diese Darstellung nur bis auf längentreue Abbildungen eindeutig bestimmt. Invariant gegenüber solchen Abbildungen ist aber nach dem Theorema egregium das Gaußsche Krümmungsmaß. Der Wert des Gaußschen Krümmungsmaßes der darstellenden Fläche in

6*

dem dem Punkt P_0 entsprechenden Punkt ist also dem Punkt P_0 und der durch ihn gehenden zweidimensionalen Richtung, von der wir ausgegangen sind, eindeutig zugeordnet. Zur Beschreibung einer zweidimensionalen Richtung kann man nun deren Plückerschen Einheitskoordinaten $p_{\varkappa\lambda}$ benützen, die man folgendermaßen definieren kann: $a_1, \ldots, a_n$ und $b_1, \ldots, b_n$ seien die Koordinaten von zwei aufeinander senkrechten Einheitsvektoren, die den zweidimensionalen Teilraum aufspannen. Dann ist $p_{\varkappa\lambda} = a_\varkappa b_\lambda - a_\lambda b_\varkappa$. Das wichtigste Ergebnis von Riemann war nun die Erkenntnis, daß sich das Gaußsche Krümmungsmaß durch die Koordinaten des Krümmungstensors und durch die Plückerschen Koordinaten als $\sum\limits_{\varkappa,\lambda,\mu,\nu} c_{\varkappa\lambda\mu\nu} p_{\varkappa\lambda} p_{\mu\nu}$ darstellen läßt, abgesehen von einem wohlbekannten konstanten Zahlenfaktor.

Schon diese Anwendung seines Theorema egregium muß Gauß auf das höchste interessiert haben. Nun aber versuchte Riemann gemäß seinem „Plan der Untersuchung" unter allen möglichen Metriken solche herauszupräparieren, die durch besondere Eigenschaften charakterisiert werden konnten, und zwar forderte er die freie Beweglichkeit der in der Mannigfaltigkeit liegenden Figuren, und das bedeutete für ihn zunächst, daß es Drehungen um den Punkt P_0 geben sollte, also längentreue Abbildungen der ganzen Mannigfaltigkeit auf sich, bei denen der Punkt P_0 festbleibt, und dann, daß es längentreue Abbildungen geben sollte, die den Punkt P_0 in einen beliebigen Punkt P_1 der Mannigfaltigkeit überführen. Das bedeutete aber, daß die von Riemann im Punkt P_0 definierten Krümmungen konstant sein mußten und daß sie auch im Punkt P_1 die gleichen wie im Punkt P_0 sein mußten. Räume, in denen die Figuren frei beweglich sind, sind also „Räume konstanter Krümmung". Beispiele dafür sind die euklidischen Räume für beliebige Dimension n und die Oberfläche der Kugel für $n = 2$ mit der Krümmung $\frac{1}{r^2}$, wobei r deren Radius ist. Weitere Beispiele sind die Kegel und Zylinder. Sie haben, da sie in die Ebene abgewickelt werden können, das konstante Krümmungsmaß 0. Trotzdem ist auf ihnen die Beweglichkeit nicht mehr so uneingeschränkt wie in der Ebene möglich: Zwar läßt sich ein kleines Dreieck längs des Zylinders und um den Zylinder herum verschieben und um einen seiner Punkte drehen, und diese Bewegungen lassen sich auch noch miteinander kombinieren, so daß die Bewegungen eine 3parametrige Schar bilden. Aber der Schnitt des Zylinders mit einer zu dessen Achse senkrechten Ebene läßt sich nur so bewegen, daß im ganzen eine Verschiebung parallel zu den Erzeugenden, kombiniert mit einer Drehung des Schnittes in sich herauskommt, so daß also nur eine 2parametrige Schar von Bewegungen dieses Schnittes möglich ist. Eine andere Art von Störungen der freien Beweglichkeit kommt auf dem Kegel hinzu, weil dieser im Scheitel eine Singularität hat, über die hinaus keine Bewegung möglich ist.

Da in der nicht-euklidischen Ebene und im nicht-euklidischen Raum die freie Beweglichkeit vorausgesetzt wird, fallen diese Räume also auch unter die von Riemann untersuchten Räume konstanter und zwar negativer Krümmung. Bereits um 1840 hatte F. Minding in Berlin (1813–1885, seit 1843 Professor in Dorpat, Ehrenmitglied der Petersburger Akademie der Wissenschaften) unter Benutzung der Disquisitiones generales circa superficies curvas von Gauß in mehreren Bänden des Crelleschen Journales Flächen konstanten Gaußschen Krümmungsmaßes untersucht und z. B. gefunden, daß für die auf ihnen liegenden geodätischen Dreiecke im Falle eines negativen Krümmungsmaßes die Sätze der nicht-euklidischen Trigonometrie gelten [12]. Trotzdem war damit die Existenz und Widerspruchsfreiheit der nicht-euklidischen Geometrie noch nicht bewiesen;

David Hilbert

denn alle Flächen konstanter negativer Krümmung, die Minding konstruierte, wiesen Singularitäten auf, an deren Existenz die völlig freie Beweglichkeit der Figuren scheiterte. Zu diesen Flächen gehörte z. B. die „Pseudosphäre", die bei der Rotation der Traktrix um ihre Asymptote entsteht; die bekannte Singularität der Traktrix liefert dann einen ganzen Kreis von Singularitäten, der die beiden Hälften der Pseudosphäre voneinander trennt, so daß es keinen regulären Übergang von der einen Hälfte zur anderen gibt. Man wird zunächst natürlich noch gehofft haben, es würde schließlich doch gelingen, singularitätenfreie Flächen konstanter negativer Krümmung zu konstruieren. Schließlich aber wurde diese Hoffnung zerstört, als Hilbert 1901 [13] bewies, daß es eine singularitätenfreie Realisierung der nicht-euklidischen Geometrie durch eine Fläche im dreidimensionalen Raum nicht geben könne.

Es sei noch darauf hingewiesen, daß Minding die Bezeichnung „nicht-euklidisch" nicht verwendete und auch keine Hinweise auf Beziehungen zwischen seinem Kosinussatz und denen bei Johann Bolyai und Lobatschewski gab; mindestens die „Géométrie imaginaire" von Lobatschewski, die 1837 in Crelles Journal erschienen war, hätte er ja kennen können.

In seinem Vortrag gab Riemann nun noch das Bogenelement für Räume konstanter Krümmung α an, allerdings ohne Beweis, wie es dem Wesen dieses Vortrages entsprach. Die Koordinaten, die er dabei verwendete, waren jedoch andere, als die von ihm eingeführten geodätischen heute sogenannten Riemannschen Normalkoordinaten, und zwar erhielt er mit diesen „konformen Koordinaten"

$$ds^2 = \frac{\sum\limits_\nu dx_\nu^2}{\left(1 + \frac{\alpha}{4}\sum\limits_\nu x_\nu^2\right)^2}.$$

Über die nun daraus zu ziehenden Konsequenzen hat Riemann nichts mitgeteilt. Vor allem sind die Differentialgleichungen für die zu dieser Metrik gehörenden geodätischen Linien, die als Ersatz für die Geraden anzusehen sind, zu lösen, und es ist die Bewegungsgruppe aufzustellen. Es tat sich damit ein Arbeitsgebiet auf, das noch viele Generationen von Geometern zu durchforschen hatten.

Bemerkt sei noch, daß die soeben angegebenen Formeln für ds^2 eine konforme Abbildung zwischen der Mannigfaltigkeit der konstanten Krümmung α und dem euklidischen Raum (oder einem Stück davon) darstellt. Da dieser Ausdruck für ds^2 dem euklidischen Ausdruck $\sum\limits_\nu (dx_\nu)^2$ proportional ist (allerdings mit einem von Ort zu Ort wechselnden Proportionalitätsfaktor), schneiden sich zwei Kurven in dem Raum konstanter Krümmung unter dem gleichen Winkel wie die entsprechenden Kurven in dem euklidischen Raum der Koordinaten, und sehr kleine Figuren in diesem Riemannschen Raum sind ihren Bildern im euklidischen Raum näherungsweise ähnlich; nur ändert sich dabei der Ähnlichkeitsfaktor von Punkt zu Punkt. – Ist die Krümmung $\alpha \geqq 0$, so ist der obige Ausdruck für ds^2 bei beliebiger Wahl der Koordinaten $x_1, \ldots, x_n$ verwendbar; ist jedoch $\alpha < 0$, so muß man die Koordinaten x_ν durch $\sum\limits_\nu (x_\nu)^2 < -\frac{4}{\alpha}$ einschränken.

Es ist klar, daß diese neuen Ideen von Riemann bei Gauß das höchste Interesse erweckt haben: Die Idee eines n-dimensionalen Kontinuums, das nicht in einen höherdimensionalen euklidischen Raum eingebettet zu sein brauchte, dem aber in jedem Punkte eine variable Metrik aufgeprägt war, mit der Folge, daß man die lokalen Abweichungen von einem euklidischen Raum durch den Krümmungstensor beschreiben konnte, wobei Gauß' Theorema egregium eine unerwartete Anwendung fand, und schließlich mit der Aussicht auf eine konkrete Konstruktion nicht-euklidischer Räume beliebiger Dimension, die hier nicht aus dem Ringen um das Parallelenaxiom entstanden war, sondern aus der Forderung, die Metrik möge mit der freien Beweglichkeit der Figuren verträglich sein; die Grundlage für die explizite Darstellung von Räumen mit konstanter Krümmung durch ein konformes Modell war die zuletzt angegebene Formel für ds^2.

Für Gauß, dessen Gesundheitszustand schon sehr schlecht war, wird Riemanns Vortrag die letzte Berührung mit der Geometrie gewesen sein. Bemerkenswert war, daß dabei die beiden geometrischen Arbeitsrichtungen von Gauß, die Flächentheorie und die Grundlagen der Geometrie, in einer übergeordneten Theorie vereinigt wurden. Sich noch für Riemanns Idee einzusetzen, z.B. für die Publikation von Riemanns Vortrag zu sorgen, war ihm nicht mehr möglich, und so dauerte es noch sehr lange, bis dieser Vortrag in der mathematischen Öffentlichkeit wirksam wurde. Riemann selbst hat seine Ergebnisse noch zur Beantwortung einer Preisaufgabe der Pariser Akademie verwendet. Doch erhielt die Arbeit keinen Preis, weil die Durchführung nicht ausführlich genug war, was den Bedingungen der Pariser Akademie widersprach. Zu einer Darstellung seiner Arbeit einschließlich aller Methoden ist Riemann nicht mehr gekommen. Noch nicht 40 Jahre alt, starb er am 20. 7. 1866. Erst 1868 erschien sein Habilitationsvortrag im Band 13 der Abhandlungen der Königlichen Gesellschaft der Wissenschaften zu Göttingen. In Riemanns gesammelten Werken wurde sein Habilitationsvortrag natürlich wieder abgedruckt; ergänzt wurde er durch eine vollständige Durchführung der Riemannschen Ideen durch Dedekind, und zwar in Gestalt von Anmerkungen zu der in den gesammelten Werken ebenfalls abgedruckten Beantwortung der Pariser Preisaufgabe.

3. Die Wirkung des Nachlasses von Gauß

3.1. Die wachsende Anerkennung der nicht-euklidischen Geometrie

1855 war Gauß gestorben, 1856 Wolfgang Bolyai und Lobatschewski, 1860 Johann Bolyai und 1866 Riemann. Gauß hatte seine Ergebnisse zur nicht-euklidischen Geometrie vor der Öffentlichkeit systematisch geheimgehalten, und die wenigen Bekannten, mit denen er darüber korrespondierte, respektierten seine Haltung und beteiligten sich an der Geheimhaltung. Taurinus, der sich öffentlich auf Gauß' Verständnis für seine Untersuchungen berufen hatte, wurde nicht ernstgenommen, und Johann Bolyai sowie Lobatschewski waren nicht zur Kenntnis genommen worden oder unverstanden geblieben und ganz vergessen. Der erste öffentliche und sicherlich schon einigermaßen ernstgenommene Hinweis auf Gauß' Beschäftigung mit der nicht-euklidischen Geometrie stammt von Gauß' Freund Sartorius v. Waltershausen in Göttingen. Er befand sich in dessen Buch „Gauß zum Gedächtnis", Leipzig 1856, wo es hieß:

„Die Geometrie betrachtete Gauß nur als ein consequentes Gebäude, nachdem die Parallelentheorie als Axiom an der Spitze zugegeben sei; er sei indess zur Überzeugung gelangt, daß dieser Satz nicht bewiesen werden könne, doch wisse man aus der Erfahrung, z.B. aus den Winkeln des Dreiecks Brocken, Hohehagen, Inselsberg, daß er näherungsweise richtig sei. Wolle man dagegen das genannte Axiom nicht zugeben, so folge daraus eine andere ganz selbständige Geometrie, die er gelegentlich einmal verfolgt und mit dem Namen antieuklidische Geometrie bezeichnet habe."

Einen durchschlagenden Effekt hatte aber erst die Herausgabe des Briefwechsels von Gauß und Schumacher in mehreren Bänden. In den 1860–63 herausgegebenen Briefen an Schumacher [21], soweit sie sich auf die nicht-euklidische Geometrie bezogen, steckte soviel Überzeugungskraft, die durch Gauß', des Princeps Mathematicorum, Autorität noch gewaltig gesteigert wurde, daß man den Appendix von Johann Bolyai und von Lobatschewski vor allem das Buch und die Géométrie imaginaire wieder studierte, die Werke in andere Sprachen, vor allem in Französisch und Italienisch übersetzte, und die Überzeugung von der Berechtigung der nicht-euklidischen Geometrie wurde immer stärker.

Es ist zu beachten, daß Gauß und Bolyai immer nur von ihrer Überzeugung, nie aber von einem Beweis der inneren Konsequenz oder, wie wir es heute nennen, der Widerspruchslosigkeit der nicht-euklidischen Geometrie sprachen. Ähnlich war wohl auch die Auffassung von Lobatschewski, der seine Überzeugung dadurch zu unterstützen versuchte, daß er auf den Übergang von der sphärischen zur nicht-euklidischen Trigonometrie nach dem Lambertschen Vorschlag hinwies, nämlich die reellen Seiten eines sphärischen Dreiecks durch rein imaginäre zu ersetzen. Zur Widerspruchslosigkeit der nicht-euklidischen Trigonometrie aber ist folgendes zu sagen: Geht man von 3 reellen Zahlen a, b, c aus, die den Dreiecksungleichungen $a < b + c$ usw. genügen, so kann man die Winkel α, β, γ, die zwischen 0 und π liegen, durch den Kosinussatz

$$\cosh a = \cosh b \cosh c - \sinh b \sinh c \cos\alpha$$

usw., also durch die Gleichung

$$\cos\alpha = \frac{\cosh b \cosh c - \cosh a}{\sinh b \sinh c}$$

definieren, da man auf Grund der Dreiecksungleichungen zeigen kann, daß dieser Ausdruck für $\cos\alpha$ zwischen -1 und $+1$ liegt. Außerdem kann man aus den entsprechenden Ausdrücken für β und γ beweisen, daß $\alpha + \beta + \gamma < \pi$ ist, etwa indem man den Ausdruck für $\cos\frac{\alpha + \beta + \gamma}{2}$ auf Grund der bekannten Additions- und Halbierungstheoreme für die hyperbolischen Funktionen in eine geeignete Form als Funktion von a, b, c bringt. Den Sinussatz, den Projektions- und den dualen Kosinussatz kann man ebenfalls durch Rechnung aus dem Kosinussatz herleiten, so daß sich die ganze nicht-euklidische Trigonometrie als eine Reihe von Beziehungen zwischen den Größen a, b, c, die den Dreiecksungleichungen genügen, und den 3 Winkeln α, β, γ, die zwischen 0 und π liegen und deren Summe $<\pi$ ist, herausstellt, die natürlich widerspruchsfrei ist.

Nun muß man bedenken, wie der ganze Aufbau der nicht-euklidischen Geometrie erfolgt ist, gleichgültig, ob man die Hypothese vom spitzen Winkel widerlegen oder als möglich nachweisen will. Man geht von den Axiomen aus, **nimmt an,** daß sie erfüllbar sind, und zieht daraus Konsequenzen. Kommt man bei einem solchen Aufbau zu einem Widerspruch, so hat man gezeigt, daß das Axiomensystem widerspruchsvoll, in sich nicht konsequent ist, und hat damit die Unmöglichkeit dieser Theorie gezeigt. Kommt man aber, nachdem man sehr viele Folgerungen aus den Axiomen hergeleitet hat, zu keinem Widerspruch, so wächst zwar die Überzeugung von der Existenzberechtigung des vorgelegten Axiomensystems, aber man muß immer noch darauf gefaßt sein, daß sich bei weiteren Überlegungen doch noch ein Widerspruch einstellen kann, durch den das Axiomensystem dann als unbrauchbar nachgewiesen ist.

Wo in den Konsequenzen aus der Hypothese des spitzen Winkels hätte sich nun ein Widerspruch einstellen können, wenn nicht in der Trigonometrie? Zum Beispiel bei den Kongruenzsätzen, die mit der freien Beweglichkeit zusammenhängen. Allgemein heißen zwei Figuren kongruent, wenn sie miteinander zur Deckung gebracht werden können, d.h., wenn es eine Bewegung gibt, die etwa die erste Figur in die zweite überführt. Handelt es sich z.B. um Dreiecke, so haben einander kongruente Dreiecke die gleichen Seiten. Haben umgekehrt zwei Dreiecke die gleichen Seiten, so sind sie in der euklidischen Geometrie einander kongruent. Das gilt aber nicht mehr auf dem Zylinder, obwohl dieser die konstante Krümmung 0 hat. Nimmt man etwa die Seiten eines Dreiecks so klein, daß man es auch bei beliebiger Lage ohne Überlappung auf den Zylinder kleben kann, aber andererseits groß genug, daß man es um den Zylinder herumlegen kann, so haben die beiden so entstehenden Dreiecke zwar die gleichen Seiten, können aber nicht durch eine Bewegung miteinander zur Deckung gebracht werden.

Solche globalen Komplikationen waren es auch, die Beltramis vollen Erfolg bei der Realisierung der nicht-euklidischen Geometrie vereitelten. 1868 hatte er gezeigt, daß auf Flächen konstanter negativer Krümmung die Gesetze der nicht-euklidischen Geometrie gelten, und war dabei in zweierlei Beziehung weiter gegangen als Minding 1840 (s. S. 85): Erstens hatte er geometrisch weitergehende Resultate als Minding erzielt, zweitens aber, und das war noch wichtiger, faßte er seine Untersuchungen bewußt als Verwirklichung der nicht-euklidischen Geometrie auf. In Wahrheit aber war wegen der von Hilbert 1901 (s. S. 85) nachgewiesenen Existenz von Singularitäten auf jeder solchen Fläche des dreidimensionalen Raumes die vollständige Realisierung der nicht-euklidischen Geometrie der Ebene durch eine Fläche des euklidischen Raumes als unmöglich nachgewiesen.

Man muß sich also um die topologischen Verhältnisse kümmern, die aufs engste mit der Bewegungsgruppe zusammenhängen. Aber wenn man das getan hat, und es geht in widerspruchsfreier Weise, genügt das? Wie solche Fragen im Fall der euklidischen Geometrie geklärt werden konnten, haben wir im Abschnitt über die Widerspruchslosigkeit der euklidischen Geometrie besprochen. Entsprechende Betrachtungen werden wir nun für die nicht-euklidische Geometrie im folgenden Abschnitt anstellen.

3.2. Modelle für die nicht-euklidische Geometrie in der Ebene

Die Widerspruchsfreiheit der euklidischen Geometrie konnte man beweisen, d.h. auf die Widerspruchslosigkeit der natürlichen Zahlen zurückführen, indem man die Geometrie mittels der analytischen Geometrie algebraisierte. Entsprechend wollen wir nun in der nicht-euklidischen Geometrie vorgehen.

In 2.3. haben wir jedem Punkt der nicht-euklidischen Ebene rechtwinklige Koordinaten u, v und Polarkoordinaten r, φ zugeordnet, die in der folgenden Weise miteinander zusammenhingen (s. S. 51):

$$\begin{aligned} \sinh u \cosh v &= \sinh r \cos\varphi, \\ \sinh v &= \sinh r \sin\varphi, \\ \cosh u \cosh v &= \cosh r, \end{aligned} \tag{1}$$

und das bedeutet bei unserem augenblicklichen Ziel: Aus der Hypothese des spitzen Winkels folgt die Möglichkeit der Einführung von rechtwinkligen und von Polarkoordinaten in der früher geschilderten Weise, und der Zusammenhang zwischen beiden Arten von Koordinaten ist dann der soeben angegebene.

Wichtig ist nun eine analytische Erfassung der Bewegungen. Man verlangt, ohne daß das bei Euklid direkt ausgesprochen ist, folgende Bewegungsmöglichkeiten: Es soll eine Bewegung geben, die einen gegebenen Punkt mit einer durch ihn hindurchgehenden orientierten Geraden in einen gegebenen Punkt mit einer durch ihn hindurchgehenden Geraden überführt. Bei einer Bewegung geht nun die u-Achse mit dem Anfangspunkt O in eine u'-Achse mit einem Anfangspunkt O' über. Dadurch wird die ganze Bewegung festgelegt. Man kann sie nun in die folgenden einzelnen Schritte zerlegen (Bild 20): Man drehe die ganze Ebene um

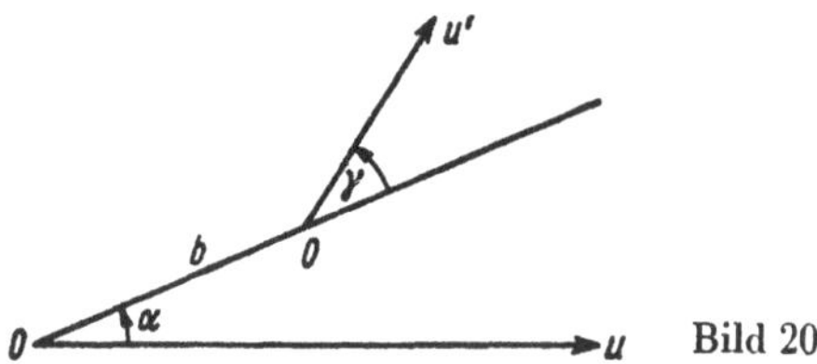

Bild 20

den Winkel γ mit dem Drehzentrum O. Dann verschiebe man die Ebene um b längs der u-Achse, wobei $b \geqq 0$ genommen werden kann (sonst ersetze man α durch $\alpha + \pi$), nach rechts und drehe schließlich die Ebene um den Winkel α mit dem Drehzentrum O. Analytisch beschreibt man nun eine Drehung um O am einfachsten in Polarkoordinaten: Der Punkt, der vor der Drehung die Polarkoordinaten r, φ hatte, hat nach der Drehung um den Winkel γ die Polarkoordinaten r, $\varphi + \gamma$, und die Verschiebung längs der u-Achse um die Strecke b beschreibt man am einfachsten in rechtwinkligen Koordinaten. Der Punkt, der die rechtwinkligen Koordinaten u, v vor der Verschiebung hatte, hat danach die Koordinaten $u + b$, v. Beide Bewegungen kann man nun einheitlich im Matrizenkalkül darstellen, wenn man auf die Auswirkungen auf die Größen achtet, die in (1) vorkommen. Die drei mit r, $\varphi + \gamma$ gebildeten Größen hängen mit den für r, φ gebildeten folgendermaßen zusammen:

$$\begin{pmatrix} \sinh r \cos(\varphi + \gamma) \\ \sinh r \sin(\varphi + \gamma) \\ \cosh r \end{pmatrix} = \begin{pmatrix} \sinh r \cos\varphi \cos\gamma - \sinh r \sin\varphi \sin\gamma \\ \sinh r \cos\varphi \sin\gamma + \sinh r \sin\varphi \cos\gamma \\ \cosh r \end{pmatrix}$$

$$= \begin{pmatrix} \cos\gamma & -\sin\gamma & 0 \\ \sin\gamma & \cos\gamma & 0 \\ 0 & 0 & 1 \end{pmatrix} \begin{pmatrix} \sinh r \cos\varphi \\ \sinh r \sin\varphi \\ \cosh r \end{pmatrix}. \tag{2}$$

Die mit $u + b$, v gebildeten Größen aus (1) hängen mit denen für u, v dagegen so zusammen:

$$\begin{pmatrix} \sinh(u + b) \cosh v \\ \sinh v \\ \cosh(u + b) \cosh v \end{pmatrix} = \begin{pmatrix} \sinh b \cosh u \cosh v + \cosh b \sinh u \cosh v \\ \sinh v \\ \cosh b \cosh u \cosh v + \sinh b \sinh u \cosh v \end{pmatrix}$$

$$= \begin{pmatrix} \cosh b & 0 & \sinh b \\ 0 & 1 & 0 \\ \sinh b & 0 & \cosh b \end{pmatrix} \begin{pmatrix} \sinh u \cosh v \\ \sinh v \\ \cosh u \cosh v \end{pmatrix}. \tag{3}$$

Die Gestalt dieser Matrixformeln legt es nahe, sie mit den linearen homogenen Abbildungen eines dreidimensionalen affinen Raumes in Verbindung zu bringen. Setzen wir also

$$\begin{aligned} \sinh u \cosh v &= x, \\ \sinh v &= y, \\ \cosh u \cosh v &= z, \end{aligned} \tag{4}$$

so ordnen wir dem Punkt P der nicht-euklidischen Ebene mit den rechtwinkligen Koordinaten u, v den Punkt mit den Koordinaten x, y, z des dreidimensionalen affinen Raumes oder auch dessen Ortsvektor $\mathfrak{r}$ in bezug auf den Nullpunkt des x, y, z-Systems zu. Diese Punkte erfüllen die „positive" Schale eines zweischaligen Hyperboloids; denn für sie gilt: es ist $x^2 + y^2 - z^2 = -1$ und $z \geqq 1$, und sind diese Bedingungen erfüllt, so lassen sich u, v eindeutig so bestimmen, daß die obigen Beziehungen zwischen x, y, z und u, v bestehen. Jede Bewegung in der u,v-Ebene entspricht daher einer Transformation der Schale des Hyperboloids in sich. Sind X, Y, Z die Koordinaten des Punktes, in die x, y, z bei der in Bild 20 dargestellten Bewegung übergehen, so erhalten wir auf Grund der obigen Matrizengleichungen die Beziehung

$$\begin{pmatrix} X \\ Y \\ Z \end{pmatrix} = \begin{pmatrix} \cos\alpha & -\sin\alpha & 0 \\ \sin\alpha & \cos\alpha & 0 \\ 0 & 0 & 1 \end{pmatrix} \begin{pmatrix} \cosh b & 0 & \sinh b \\ 0 & 1 & 0 \\ \sinh b & 0 & \cosh b \end{pmatrix} \begin{pmatrix} \cos\gamma & -\sin\gamma & 0 \\ \sin\gamma & \cos\gamma & 0 \\ 0 & 0 & 1 \end{pmatrix} \begin{pmatrix} x \\ y \\ z \end{pmatrix}. \tag{5}$$

Das Produkt dieser drei quadratischen Matrizen ist

$$\begin{pmatrix} a_1 & a_2 & a_3 \\ b_1 & b_2 & b_3 \\ c_1 & c_2 & c_3 \end{pmatrix}$$

$$= \begin{pmatrix} \cos\alpha \cosh b \cos\gamma - \sin\alpha \sin\gamma & -\cos\alpha \cosh b \sin\gamma - \sin\alpha \cos\gamma & \cos\alpha \sinh b \\ \sin\alpha \cosh b \cos\gamma + \cos\alpha \sin\gamma & -\sin\alpha \cosh b \sin\gamma + \cos\alpha \cos\gamma & \sin\alpha \sinh b \\ \sinh b \cos\gamma & -\sinh b \sin\gamma & \cosh b \end{pmatrix}. \tag{6}$$

Ihrer Entstehung nach führen diese linearen homogenen Abbildungen nicht nur das zweischalige Hyperboloid in sich über, sondern sogar jede Schale einzeln, und zwar unter Erhaltung der Orientierung. Für die Koeffizienten der Matrix ergeben sich daraus die Relationen

$$\begin{aligned} a_1^2 + b_1^2 - c_1^2 &= 1, & a_1a_2 + b_1b_2 - c_1c_2 &= 0 \\ a_2^2 + b_2^2 - c_2^2 &= 1, & a_1a_3 + b_1b_3 - c_1c_3 &= 0 \\ a_3^2 + b_3^2 - c_3^2 &= -1, & a_2a_3 + b_2b_3 - c_2c_3 &= 0, \end{aligned} \tag{7}$$

sowie

$$c_3 \geqq 1, \tag{7a}$$

und schließlich ist die Determinante der Matrix wegen der Erhaltung der Orientierung positiv, und zwar gleich 1.

Genügen umgekehrt die Koeffizienten einer Matrix diesen Bedingungen, so lassen sie sich in der Form (6) schreiben. Ist $c_3 = 1$, so ist $b = 0$, und es kommt nur auf den Wert von $\alpha + \gamma \bmod 2\pi$ an. Ist dagegen $c_3 > 1$, so ist b durch die Nebenbedingung $b > 0$ eindeutig festgelegt, und α und γ sind mod 2π einzeln eindeutig bestimmt.

Ist I die Koeffizientenmatrix der quadratischen Form $x^2 + y^2 - z^2$ und A die Matrix der $a_1, \ldots, c_3$, so lassen sich die Bedingungen auch folgendermaßen ausdrücken: Es ist $A^T I A = I$, und A läßt sich stetig aus der Einheitsmatrix herleiten. Die Gesamtheit dieser Matrizen bilden nun, wie aus dieser Charakterisierung leicht folgt, eine Gruppe, und man nennt sie die pseudo-euklidische Gruppe (eigentlich pseudo-euklidische Drehgruppe), weil sie zu der Form $x^2 + y^2 - z^2$ in der gleichen Beziehung steht wie die euklidische Trigonometrie zu der Form $x^2 + y^2 + z^2$. Die Matrizen A nennt man pseudo-orthonormiert.

Es liegt nun nahe, jetzt alles vom Standpunkt der pseudo-euklidischen Geometrie aus zu interpretieren. Wie man in der euklidischen Geometrie $\mathbf{r}^2 = x^2 + y^2 + z^2$ definiert, wenn x, y, z die Koordinaten des Vektors $\mathbf{r}$ sind, so definiert man in der pseudo-euklidischen $\mathbf{r}^2 = x^2 + y^2 - z^2$. Dieser Ausdruck ist dann invariant gegenüber pseudo-euklidischen Bewegungen, ebenso $(\mathbf{r}_2 - \mathbf{r}_1)^2 = (x_2 - x_1)^2 + (y_2 - y_1)^2 - (z_2 - z_1)^2$, und hieraus folgen die invariante und die koordinatenmäßige Definition des inneren oder skalaren Produktes

$$\langle \mathbf{r}_1, \mathbf{r}_2 \rangle = \frac{1}{2} [\mathbf{r}_1^2 + \mathbf{r}_2^2 - (\mathbf{r}_2 - \mathbf{r}_1)^2] = x_1 x_2 + y_1 y_2 - z_1 z_2, \tag{8}$$

wenn x_k, y_k, z_k die Koordinaten von $\mathbf{r}_k$ $(k = 1, 2)$ sind.

Zu jeder Linearform $L(\mathbf{r}) = \lambda x + \mu y + \nu z$ gibt es genau einen Vektor $\mathbf{a}$, nämlich den mit den Koordinaten $\lambda, \mu, -\nu$, so daß

$$L(\mathbf{r}) = \langle \mathbf{r}, \mathbf{a} \rangle \tag{9}$$

ist. Speziell ist das orientierte Volumen des von $\mathbf{a}, \mathbf{b}, \mathbf{c}$ aufgespannten Parallelepipedes $V(\mathbf{a}, \mathbf{b}, \mathbf{c})$ linear z. B. in $\mathbf{c}$; daher gibt es genau einen Vektor – wir nennen ihn das vektorielle Produkt $\mathbf{a} \times \mathbf{b}$ –, so daß

$$V(\mathbf{a}, \mathbf{b}, \mathbf{c}) = \langle \mathbf{a} \times \mathbf{b}, \mathbf{c} \rangle \tag{10}$$

ist. Sind a_k, b_k $(k = 1, 2, 3)$ die Koordinaten von $\mathbf{a}, \mathbf{b}$, so hat $\mathbf{a} \times \mathbf{b}$ die Koordinaten $a_2 b_3 - a_3 b_2$, $a_3 b_1 - a_1 b_3$, $-a_1 b_2 + a_2 b_1$. Gegenüber den euklidischen unterscheiden sich die pseudo-euklidischen Produktregeln nur um einige Vorzeichen, und zwar gilt

$$\mathbf{b} \times \mathbf{a} = -\mathbf{a} \times \mathbf{b}, \tag{11}$$

$$\langle \mathbf{a}, \mathbf{b} \times \mathbf{c} \rangle = \langle \mathbf{a} \times \mathbf{b}, \mathbf{c} \rangle, \tag{12}$$

$$(\mathbf{a} \times \mathbf{b}) \times \mathbf{c} = \mathbf{a} \langle \mathbf{b}, \mathbf{c} \rangle - \mathbf{b} \langle \mathbf{a}, \mathbf{c} \rangle. \tag{13}$$

Die Jacobische Identität (als Ersatz für die Assoziativität):

$$(\mathbf{a} \times \mathbf{b}) \times \mathbf{c} + (\mathbf{b} \times \mathbf{c}) \times \mathbf{a} + (\mathbf{c} \times \mathbf{a}) \times \mathbf{b} = \mathbf{0}, \tag{14}$$

und weiter

$$\langle \mathbf{a}\times\mathbf{b}, \mathbf{c}\times\mathbf{d}\rangle = \langle \mathbf{a}, \mathbf{d}\rangle \langle \mathbf{b}, \mathbf{c}\rangle - \langle \mathbf{a}, \mathbf{c}\rangle \langle \mathbf{b}, \mathbf{d}\rangle, \tag{15}$$

$$\begin{aligned}(\mathbf{a}\times\mathbf{b})\times(\mathbf{c}\times\mathbf{d}) &= \mathbf{a}V(\mathbf{b}, \mathbf{c}, \mathbf{d}) - \mathbf{b}V(\mathbf{a}, \mathbf{c}, \mathbf{d})\\ &= -\mathbf{c}V(\mathbf{a}, \mathbf{b}, \mathbf{d}) + \mathbf{d}V(\mathbf{a}, \mathbf{b}, \mathbf{c}),\end{aligned} \tag{16}$$

$$(\mathbf{a}\times\mathbf{b})^2 = \langle \mathbf{a}, \mathbf{b}\rangle^2 - \mathbf{a}^2\mathbf{b}^2. \tag{17}$$

Haben in der nicht-euklidischen Ebene die Punkte P_1 und P_2 den Abstand d, so kann man das u,v-Koordinatensystem so wählen oder das Punktepaar so bewegen, daß $u_1 = v_1 = 0$ und $u_2 = d$, $v_2 = 0$ wird. Die zugehörigen Vektoren $\mathbf{r}_1$ und $\mathbf{r}_2$ haben dann die Koordinaten 0, 0, 1 und $\sinh d$, 0, $\cosh d$, und es gilt

$$\langle \mathbf{r}_1, \mathbf{r}_2\rangle = -\cosh d. \tag{18}$$

Damit haben wir den nicht-euklidischen Abstand zweier Punkte $\mathbf{r}_1$ und $\mathbf{r}_2$ (genauer gesagt, der die Punkte P_1 und P_2 darstellenden Vektoren $\mathbf{r}_1$ und $\mathbf{r}_2$ auf der einen Schale des Hyperboloids, für die $\mathbf{r}_1^2 = \mathbf{r}_2^2 = -1$ ist) bewegungsinvariant und koordinatenfrei dargestellt. Als Anwendungsbeispiel die Herleitung der Dreiecksungleichungen: Sind $\mathbf{r}_1, \mathbf{r}_2, \mathbf{r}_3$ die drei Ecken und a, b, c die Seitenlängen, so ist etwa $\langle \mathbf{r}_2, \mathbf{r}_3\rangle = -\cosh a$, $\langle \mathbf{r}_3, \mathbf{r}_1\rangle = -\cosh b$ und $\langle \mathbf{r}_1, \mathbf{r}_2\rangle = -\cosh c$. Das Gegenstück zur Gramschen Determinante ist dann, wenn x_k, y_k, z_k die Koordinaten von $\mathbf{r}_1$ sind, gegeben durch

$$\begin{aligned}V^2(\mathbf{r}_1, \mathbf{r}_2, \mathbf{r}_3) &= \begin{vmatrix} x_1 & x_2 & x_3\\ y_1 & y_2 & y_3\\ z_1 & z_2 & z_3\end{vmatrix}^2\\
&= -\begin{vmatrix} x_1 & y_1 & z_1\\ x_2 & y_2 & z_2\\ x_3 & y_3 & z_3\end{vmatrix}\begin{vmatrix} x_1 & x_2 & x_3\\ y_1 & y_2 & y_3\\ -z_1 & -z_2 & -z_3\end{vmatrix}\\
&= -\begin{vmatrix} \mathbf{r}_1^2 & \langle \mathbf{r}_1, \mathbf{r}_2\rangle & \langle \mathbf{r}_1, \mathbf{r}_3\rangle\\ \langle \mathbf{r}_2, \mathbf{r}_1\rangle & \mathbf{r}_2^2 & \langle \mathbf{r}_2, \mathbf{r}_3\rangle\\ \langle \mathbf{r}_3, \mathbf{r}_1\rangle & \langle \mathbf{r}_3, \mathbf{r}_2\rangle & \mathbf{r}_3\end{vmatrix}\\
&= \begin{vmatrix} 1 & \cosh c & \cosh b\\ \cosh c & 1 & \cosh a\\ \cosh b & \cosh a & 1\end{vmatrix}\\
&= 1 + 2\cosh a \cosh b \cosh c - \cosh^2 a - \cosh^2 b - \cosh^2 c\\
&= \sinh^2 b \sinh^2 c - (\cosh a - \cosh b \cosh c)^2.\end{aligned}$$

Nun ist $V^2(\mathbf{r}_1, \mathbf{r}_2, \mathbf{r}_3) \geqq 0$, und das Gleichheitszeichen gilt nur im Fall der linearen Abhängigkeit von $\mathbf{r}_1, \mathbf{r}_2, \mathbf{r}_3$. Also gilt

$$-\sinh b \sinh c \leqq \cosh b \cosh c - \cosh a \leqq \sinh b \sinh c$$

und damit

$$\cosh(c - b) \leqq \cosh a \leqq \cosh(b + c),$$

und hieraus ergeben sich die Dreiecksungleichungen wegen des monotonen Wachsens des $\cosh x$ für $x \geqq 0$ in der Form

$$|c - b| \leqq a \leqq b + c.$$

Der Sinn dieser Betrachtung ist nun weniger der, die Dreiecksungleichungen auf einem neuen Weg herzuleiten, als vielmehr der, einen ersten Schritt bei der Umkehrung der Algebraisierung der nicht-euklidischen Geometrie der Ebene zu tun. Alle bisherigen Betrachtungen gingen ja davon aus, daß wir Folgerungen aus dem euklidischen Axiomensystem gezogen haben mit Ausnahme des Parallelenaxioms, das durch die Hypothese vom spitzen Winkel ersetzt wurde. Das Ergebnis war folgendes: Die Punkte der nicht-euklidischen Ebene wurden dargestellt durch die Vektoren $\mathfrak{r}$ des dreidimensionalen pseudo-euklidischen Raumes mit $\mathfrak{r}^2 = -1$, und die Bewegungen, d.h. die längentreuen Abbildungen (ohne Spiegelung) der nicht-euklidischen Ebene auf sich selbst wurden dargestellt durch die pseudo-euklidischen Drehungen, d.h. durch die affinen Abbildungen des Raumes auf sich, die den Nullpunkt und die positive Schale des zweischaligen Hyperboloids in sich überführen. Der Abstand d der zwei Punkte P_1 und P_2 konnte aus dem inneren Produkt der entsprechenden Vektoren $\mathfrak{r}_1$ und $\mathfrak{r}_2$ aus der Gleichung $\cosh d = -\langle \mathfrak{r}_1, \mathfrak{r}_2 \rangle$ bestimmt werden.

Jetzt können wir ähnlich wie bei den euklidischen Räumen in 1.4. die Algebraisierung, die hier allerdings die Form einer geometrischen Darstellung im pseudoeuklidischen Raum angenommen hat und daher besser geometrische Modellierung zu nennen wäre, umkehren. Ausgangspunkt ist die Hyperboloidschale $x^2 + y^2 - z^2 = -1$ mit $z \geqq 1$ sowie die Drehgruppe, die den Nullpunkt und diese Schale in sich überführt und in der alle Bewegungen stetig aus der Identität hergeleitet werden können. Dergestellt werden diese Drehungen durch die Matrizen A mit den obigen Eigenschaften, die wie in den Gleichungen (6) parametrisiert werden können. Sind dann $\mathfrak{r}_1$, $\mathfrak{r}_2$ zwei Ortsvektoren von Punkten auf unserer Schale, so ist $\mathfrak{r}_1^2 = \mathfrak{r}_2^2 = -1$. Die Vektoren $\mathfrak{r}_1$ und $\mathfrak{r}_1 \times \mathfrak{r}_2$ stehen aufeinander senkrecht (sind eigentlich „pseudo-orthogonal"), d.h. es ist $\langle \mathfrak{r}_1, \mathfrak{r}_1 \times \mathfrak{r}_2 \rangle = 0$, also kann nach dem Trägheitsgesetz der quadratischen Formen nicht gleichzeitig $\mathfrak{r}_1^2 < 0$ und $(\mathfrak{r}_1 \times \mathfrak{r}_2)^2 < 0$ sein, also muß $(\mathfrak{r}_1 \times \mathfrak{r}_2)^2 \geqq 0$ sein. Nun ist $(\mathfrak{r}_1 \times \mathfrak{r}_2)^2 = \langle \mathfrak{r}_1, \mathfrak{r}_2 \rangle^2 - \mathfrak{r}_1^2 \mathfrak{r}_2^2 = \langle \mathfrak{r}_1, \mathfrak{r}_2 \rangle^2 - 1$, also $\langle \mathfrak{r}_1, \mathfrak{r}_2 \rangle^2 \geqq 1$. Da nun $\mathfrak{r}_1^2 = -1$ ist und $\mathfrak{r}_1$ stetig in $\mathfrak{r}_2$ übergeführt werden kann, wie aus der Parametrisierbarkeit der Bewegungen folgt, geht auch $\mathfrak{r}_1^2$ stetig in $\langle \mathfrak{r}_1, \mathfrak{r}_2 \rangle$ über, wobei $|\langle \mathfrak{r}_1, \mathfrak{r}_2 \rangle| \geqq 1$ bleibt. Das geht aber nur so, daß immer $\langle \mathfrak{r}_1, \mathfrak{r}_2 \rangle \leqq -1$ ist, und daher gibt es eine Zahl $\mathrm{d} \geqq 0$, so daß $\cosh d = -\langle \mathfrak{r}_1, \mathfrak{r}_2 \rangle$ ist. Dieses d **definieren** wir jetzt als Abstand zwischen den beiden „Punkten" $\mathfrak{r}_1$ und $\mathfrak{r}_2$ und bekommen aus der Betrachtung der Gramschen Determinante die Dreiecksungleichungen, wenn die drei Punkte $\mathfrak{r}_1$, $\mathfrak{r}_2$, $\mathfrak{r}_3$ nicht in einer Ebene liegen. Im anderen Falle steht in einer der Dreiecksungleichungen das Gleichheitszeichen; es sei etwa $a = b + c$. Wegen dieser Additivität wird man d als den (nicht-euklidischen) Abstand zwischen den Punkten $\mathfrak{r}_1$ und $\mathfrak{r}_2$ bezeichnen. Es liegt nun nahe, als „Geraden" die Schnitte unserer Schale mit Ebenen, die O enthalten, zu nehmen. Dann können wir a, b, c als Längen der

Dreiecksseiten nehmen und bekommen durch mehrmalige Anwendung der Dreiecksungleichungen das Ergebnis: Verbindet man die Punkte $\mathfrak{r}_1$ und $\mathfrak{r}_2$ durch einen Polygonzug, so ist dessen Länge größer als die gradlinige Verbindung von $\mathfrak{r}_1$ und $\mathfrak{r}_2$. Verbindet man nun die Punkte $\mathfrak{r}_1$ und $\mathfrak{r}_2$ durch eine rektifizierbare Kurve, deren Bogenlänge als Grenze der Längen der approximierenden Polygonzüge definiert werden kann, so ergibt sich bei genauer Durchführung, daß die geradlinige Verbindung zweier Punkte die kürzeste ist. – Die drei Winkel α, β, γ im Dreieck kann man jetzt durch

$$\cos\alpha = \frac{\cosh b \cosh c - \cosh a}{\sinh b \sinh c} \tag{19}$$

usw. definieren; denn nach den Dreiecksungleichungen ist, wenn die drei Ecken nicht auf einer Geraden liegen, der Betrag des rechtsstehenden Ausdrucks <1. Hieraus folgt dann, wie schon früher erwähnt, der Sinussatz, der Projektionssatz und der duale Kosinussatz sowie $\alpha + \beta + \gamma < \pi$. Man kann nun in diesem Stil weiter fortfahren und mit den Punkten, d.h. den Ortsvektoren der Punkte unserer Schale, mit den Geraden, also den Schnitten unserer Schale mit den durch O gehenden Ebenen, und mit dem Kongruenzbegriff, der Deckungsgleichheit vermittels pseudo-euklidischer Bewegungen bedeutet, beweisen, daß die sämtlichen euklidischen Axiome mit der Hypothese vom spitzen Winkel als Ersatz für das Parallelenaxiom, auch in der präzisierten Hilbertschen Fassung, erfüllt sind. Damit ist die Widerspruchsfreiheit der nicht-euklidischen Geometrie in dem gleichen Sinn wie die der euklidischen bewiesen, sie ist nämlich auf die Widerspruchslosigkeit der pseudo-euklidischen Geometrie des dreidimensionalen Raumes zurückgeführt, und diese läßt sich ganz entsprechend zur euklidischen Geometrie auf die Widerspruchslosigkeit der natürlichen Zahlen zurückführen, und damit sind wir ja zufrieden. Da die Verneinung des Parallelenaxioms nicht auf einen Widerspruch führt, ist nachgewiesen, daß es sich nicht aus den übrigen Axiomen herleiten läßt. Alle Versuche, das Parallelenaxiom zu beweisen, mußten also scheitern, und Euklid hatte vollkommen recht, wenn er das Parallelenaxiom, das man ja üblicherweise in der Geometrie dauernd benützt, in sein Axiomensystem mit aufnahm.

Dieses pseudo-euklidische Modell der nicht-euklidischen Geometrie scheint merkwürdigerweise recht wenig bekannt zu sein, obwohl es bereits von Killing 1893 [14] ohne Quellenangabe erwähnt, aber nicht weiter ausgebaut worden ist. Sehr populär sind dagegen das projektive Modell von Cayley-Klein und das konforme Modell von Poincaré. Beide Modelle gehen aus dem pseudo-euklidischen in der einfachsten Weise folgendermaßen hervor:

Das projektive Modell wird nach Cayley und nach Klein benannt, weil die Cayleysche Konfiguration [15] aus der projektiven Geometrie stammt, von der Klein bemerkt hat, daß man sie als Modell für die nicht-euklidische Geometrie interpretieren kann. Cayley hatte in der projektiven Geometrie der Ebene solche projektiven Abbildungen, die einen gegebenen Kegelschnitt, z.B. einen Kreis, fest lassen, betrachtet. Diese bilden, wie man leicht zeigt, eine dreiparametrige

Gruppe, und man kann hier je zwei Punkten folgendermaßen eine Invariante zuordnen: Man verbinde beide Punkte durch eine Gerade, schneide sie mit dem Kreis und bilde das Doppelverhältnis der beiden Punkte und der beiden Schnittpunkte mit dem Kreis. Dieses Doppelverhältnis ist projektiv, also erst recht im Sinn der Cayleyschen Abbildungen, invariant. Liegen die beiden Punkte im Innern des Kreises, so ist dieses Doppelverhältnis positiv. Sind P_1 und P_2 die

Felix Klein

beiden Punkte, U_1, U_2 die beiden Schnittpunkte mit dem Kreis, so ist zunächst einmal das Doppelverhältnis $D(P_1, P_2; U_1, U_2)$ positiv. Ist P_3 ein dritter Punkt auf der Verbindungsgeraden von P_1 und P_2, so ist

$$D(P_1, P_3; U_1, U_2) = D(P_1, P_2; U_1, U_2) \cdot D(P_2, P_3; U_1, U_2),$$

wie man ohne weiteres auf Grund der Definition des Doppelverhältnisses nachweist. Wegen der Positivität dieser Zahlen kann man zu den Logarithmen übergehen:

$$\delta(P_1, P_2) = c \ln D(P_1, P_2; U_1, U_2), \tag{20}$$

wobei c irgendein Normierungsfaktor ist, und bekommt dann

$$\delta(P_1, P_3) = \delta(P_1, P_2) + \delta(P_2, P_3),$$

also die charakteristische Gleichung für einen orientierten Abstand auf einer Geraden. Klein machte nun 1871 [16] darauf aufmerksam, daß damit ein Modell für die nicht-euklidische Geometrie gegeben war. Im Sinn der durch δ gegebenen Metrik bilden die Sehnen des Kreises die nicht-euklidischen Geraden, die im Sinn dieser Metrik nach beiden Seiten bis ins Unendliche reichen.

Das Kleinsche Modell hat den Vorteil, daß bei ihm die nicht-euklidischen Geraden als gewöhnliche Strecken erscheinen. Dafür muß man in Kauf nehmen, daß die Längenverhältnisse völlig verändert erscheinen und die Winkel nur in Ausnahmefällen in ihrer natürlichen Größe auftreten. Das ist z.B. im Mittelpunkt des Kreises der Fall; da die gewöhnlichen Drehungen um diesen Punkt ja projektive Abbildungen der Ebene auf sich sind, die den Kreis in sich überführen. Es ist daher oft zweckmäßig, eine Figur, bei der ein Punkt eine ausgezeichnete Rolle spielt, so zu verschieben, daß dieser Punkt in den Mittelpunkt des Kreises kommt (Methode der speziellen Lage). Auch überlegt man sich leicht, daß die gewöhnlichen Lote, die man in beliebigen Punkten eines Durchmessers des Kreises errichten kann, auch im nicht-euklidischen Sinn senkrecht auf dem Durchmesser stehen. So kann man ganz einfach ein Beispiel dafür bilden, daß ein Zug aus vier Strecken mit drei rechten Winkeln sich nicht zu schließen braucht (vgl. Bild 21), womit man ein Gegenbeispiel gegen eine Konstruktion von Lobatschewski aus dessen „Euklidischer Zeit“ (s. S. 68) hat.

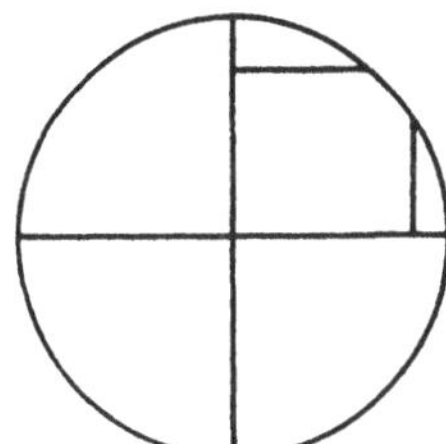

Bild 21

Man erhält das Cayley-Kleinsche Modell aus dem pseudo-euklidischen durch Projektion der Schale von O aus auf die Ebene $z = 1$. Der Punkt x, y, z geht dann über in den Punkt mit den Koordinaten $\xi = \frac{x}{z}$, $\eta = \frac{y}{z}$. Für diese Bildpunkte ist dann $\xi^2 + \eta^2 - 1 = \frac{x^2 + y^2 - z^2}{z^2} = \frac{-1}{z^2} < 0$; es werden also alle Punkte mit $\xi^2 + \eta^2 < 1$, also die Punkte im Einheitskreis, als Bildpunkte auftreten. Die Geodätischen auf der Schale werden durch Ebenen, die durch O gehen, aus der Schale herausgeschnitten, werden daher durch die Schnitte dieser Ebenen auf die Ebene $z = 1$ projiziert, und zwar auf Strecken. Will man die Beziehung zwischen der nicht-euklidischen und der Cayley-Kleinschen Metrik herstellen, geht man am einfachsten von der Geraden $u = s$, $v = 0$ der u,v-Ebene aus, auf der s die Bogenlänge oder den orientierten Abstand von O bedeutet. Auf der

Schale wird dann $x = \sinh s$, $y = 0$, $z = \cosh s$ und im Cayley-Kleinschen Modell $\xi = \tanh s, \eta = 0$. Nimmt man nun zwei Punkte auf der Geraden, etwa s_1 und s_2, so hat man folgendes Doppelverhältnis zu bilden:

$$\begin{aligned} D(\xi_1, \xi_2; 1, -1) &= D(\tanh s_1, \tanh s_2; 1, -1) \\ &= \frac{\tanh s_1 - 1}{\tanh s_1 + 1} : \frac{\tanh s_2 - 1}{\tanh s_2 + 1} = e^{2(s_2 - s_1)}, \\ \delta(P_1, P_2) &= c \ln e^{2(s_2 - s_1)} = 2c(s_2 - s_1). \end{aligned}$$

Wählt man den Normierungsfaktor $c = \frac{1}{2}$, so bekommt man

$$\delta(P_1, P_2) = s_2 - s_1, \tag{21}$$

d.h., der Cayley-Kleinsche orientierte Abstand stimmt in der Tat mit dem nicht-euklidischen überein.

Das nicht-euklidische Bogenelement kann man aus der Formel für den Abstand folgendermaßen finden: Wir schreiben $\mathbf{r}_1 = \mathbf{r}$, $\mathbf{r}_2 = \mathbf{r} + \mathbf{d}$. Es ist dann $\mathbf{r}^2 = -1$, $(\mathbf{r} + \mathbf{d})^2 = -1$, also $2\langle \mathbf{r}, \mathbf{d}\rangle + \mathbf{d}^2 = 0$. Nun ist $\sinh^2 d = \cosh^2 d - 1$ $= \langle \mathbf{r}_1, \mathbf{r}_2\rangle^2 - \mathbf{r}_1^2\mathbf{r}_2^2 = (\mathbf{r}_1 \times \mathbf{r}_2)^2 = (\mathbf{r} \times \mathbf{d})^2 = \langle \mathbf{r}, \mathbf{d}\rangle^2 + \mathbf{d}^2 = \left(\frac{\mathbf{d}^2}{2}\right)^2 + \mathbf{d}^2$, und daraus folgt $ds^2 = (d\mathbf{r})^2$. Das bedeutet aber, daß die nicht-euklidische Metrik auf unserer Schale die gleiche ist wie die, die durch die pseudo-euklidische Metrik des Raumes auf der Schale induziert wird. Man könnte also die Metrik auf der Schale durch diese Gleichung definieren, mit ihrer Hilfe die Geodätischen berechnen und den Abstand zweier Punkte bestimmen. Man kommt so zu den gleichen Resultaten wie oben bei der expliziten Definition des Abstandes $\cosh d = -\langle \mathbf{r}_1, \mathbf{r}_2\rangle$. Drückt man $\mathbf{r}$ in der Formel für ds durch u, v und durch r, φ aus, so erhält man für das nicht-euklidische Bogenelement

$$ds^2 = \cosh^2 v \, du^2 + dv^2 = dr^2 + \sinh^2 r \, d\varphi^2. \tag{22}$$

Das Poincarésche Modell der nicht-euklidischen Geometrie bekommt man aus dem pseudo-euklidischen durch stereographische (eigentlich „pseudo-stereographische") Projektion der Schale von $0, 0, -1$ aus auf die Ebene $z = 0$. Der Vektor $\mathbf{R}$, der von $0, 0, -1$ zum Punkt x, y, z führt, hat die Koordinaten $x, y, z + 1$. Der Vektor von $0, 0, -1$ zum stereographischen Bild, also zum Schnitt mit der x,y-Ebene, ist daher $\frac{\mathbf{R}}{z+1}$. Nun ist $\mathbf{R}^2 = x^2 + y^2 - (z+1)^2 = x^2 + y^2 - z^2 - 2z - 1 = -2 - 2z$, also ist der Vektor von $0, 0, -1$ aus dem stereographischen Bild gleich $\frac{2\mathbf{R}}{\mathbf{R}^2}$ und d.h., der Übergang vom Ortsvektor $\mathbf{R}$ bezüglich $0, 0, -1$ zu dem des stereographischen Bildes geschieht im wesentlichen mit Hilfe der Transformation durch reziproke Radien mit $0, 0, -1$ als Zentrum. Diese Abbildung ist aber, wovon man sich genau so wie im euklidischen Fall überzeugen kann (vgl. etwa [17, S. 118]), winkeltreu, so daß das stereographische Bild der rechten Schale, auf der die vom dreidimensionalen pseudo-euklidischen Raum induzierte Metrik besteht, also die der nicht-euklidischen Geometrie, ein winkeltreues (konformes) Modell dieser Geometrie liefert. Sind p, q die Koordinaten des Bildes von x, y, z in der x,y-Ebene, so gilt

$$p = \frac{x}{z+1}, \quad q = \frac{y}{z+1} \tag{23}$$

mit der Umkehrung

$$x = \frac{2p}{1-p^2-q^2}, \quad y = \frac{2q}{1-p^2-q^2}, \quad z = \frac{1+p^2+q^2}{1-p^2-q^2}. \tag{24}$$

Das Bild erfüllt daher das Innere des Kreises $p^2 + q^2 < 1$. Das Bogenelement ds bekommt man, indem man dx, dy, dz aus den Umkehrungsformeln (24) berechnet und in $ds^2 = dx^2 + dy^2 - dz^2$ einsetzt, und zwar ergibt sich

$$ds^2 = 4 \cdot \frac{dp^2 + dq^2}{(1-p^2-q^2)^2}, \tag{25}$$

in Übereinstimmung (abgesehen von einigen Normierungsfaktoren) mit dem von Riemann für beliebige Dimensionszahlen angegebenen Ergebnis (s. S. 86).

Wird eine Geodätische auf der Schale durch die Ebene $Ax + By - Cz = 0$ ausgeschnitten, so lautet die Gleichung des stereographischen Bildes der Geodätischen

$$2Ap + 2Bq = C(1 + p^2 + q^2),$$

wobei nur die Punkte im Inneren des Einheitskreises zu nehmen sind. So bekommt man aber bekanntlich diejenigen Kreisbögen im Inneren des Kreises, die den Einheitskreis senkrecht schneiden, und die Durchmesser. Das Poincarésche Modell erhält man nun durch eine bekanntlich mögliche konforme Abbildung des Einheitskreises der $(p + iq)$-Ebene auf die obere Halbebene, etwa durch die gebrochene lineare Abbildung

$$p + iq = \frac{U + iV + i}{U + iV - i},$$

wobei Kreise und Geraden in Kreise und Geraden übergehen. Im Poincaréschen Modell erscheinen daher die Geraden der nicht-euklidischen Geometrie als Halbkreise und Halbgeraden, die die reelle Achse senkrecht schneiden, und das Bogenelement berechnet sich zu

$$ds^2 = \frac{dU^2 + dV^2}{V^2}. \tag{26}$$

Man erhält so die Möglichkeit für interessante Beziehungen zwischen der nicht-euklidischen Geometrie der Ebene und der Funktionentheorie.

3.3. Die einfachsten Gebilde und Konstruktionen im pseudo-euklidischen Modell

Je nachdem, welche geometrischen Gebilde man definieren, welche Konstruktionen man durchführen und welche Aufgaben man lösen will, wird man, wenn man nicht „ganz einfach" nicht-euklidisch vorgehen kann, d.h. ohne ein Modell zu benützen, sich das Modell der nicht-euklidischen Ebene auswählen, das einem für den Augenblick als am nützlichsten erscheint. Da das pseudo-euklidische Modell bisher noch wenig beachtet worden ist, mögen im folgenden Beispiele für den Umgang mit diesem Modell vorgeführt werden.

Ein Punkt der Ebene erscheint hier im dreidimensionalen affinen Raum als Ortsvektor $\mathbf{r}$ eines Punktes mit $\mathbf{r}^2 = x^2 + y^2 - z^2 = -1$ und $z \geqq 1$. Den Abstand d zweier Punkte $\mathbf{r}_1$ und $\mathbf{r}_2$ erhält man dann aus $\cosh d = -\langle \mathbf{r}_1, \mathbf{r}_2 \rangle$. Hieraus bekommt man sofort die Gleichung des Kreises mit dem Mittelpunkt $\mathbf{m}$ ($\mathbf{m}^2 = -1$) und dem Radius R in der Gestalt

$$\langle \mathbf{r}, \mathbf{m} \rangle = -\cosh R. \tag{27}$$

Eine Parameterdarstellung einer Geraden erhält man aus der der u-Achse ($u = s$, $v = 0$) durch Anwendung der allgemeinen Bewegung (6) auf $x = \sinh s$, $y = 0$, $z = \cosh s$ in der Gestalt

$$\begin{pmatrix} X \\ Y \\ Z \end{pmatrix} = \begin{pmatrix} (\cos\alpha \cosh b \cos\gamma - \sin\alpha \sin\gamma) \sinh s + \cos\alpha \sinh b \cosh s \\ (\sin\alpha \cosh b \cos\gamma + \cos\alpha \sin\gamma) \sinh s + \sin\alpha \sinh b \cosh s \\ \sinh b \cos\gamma \sinh s + \cosh b \cosh s \end{pmatrix} \tag{28}$$

oder auch in Vektordarstellung

$$\mathbf{r} = \mathbf{a} \cosh s + \mathbf{b} \sinh s \tag{29}$$

mit $\mathbf{a}^2 = -1$, $\langle \mathbf{a}, \mathbf{b} \rangle = 0$, $\mathbf{b}^2 = 1$. Für den Richtungsvektor $\mathbf{r}$ erhält man hieraus durch Differenzieren

$$\mathbf{r}' = \mathbf{a} \sinh s + \mathbf{b} \cosh s.$$

Hieraus folgt $\mathbf{r}'^2 = 1$ in Übereinstimmung damit, daß s im Sinn der Differentialgeometrie die Bogenlänge auf der Geraden ist. Die Geraden genügen der Differentialgleichung $\mathbf{r}'' = \mathbf{r}$, und deren Lösung mit den Anfangsbedingungen $\mathbf{r}^2(0) = -1$, $\langle \mathbf{r}(0), \mathbf{r}'(0) \rangle = 0$ und $\mathbf{r}'^2(0) = 1$ hat die Gestalt

$$\mathbf{r}(s) = \mathbf{r}(0) \cosh s + \mathbf{r}'(0) \sinh s \tag{30}$$

und liefert eine Gerade. Die Lösung der Randwertaufgaben $\mathbf{r}(s_1) = \mathbf{r}_1$ und $\mathbf{r}(s_2) = \mathbf{r}_2$, wobei man s_1 und s_2 so zu wählen hat, daß $s_2 - s_1$ gleich dem Abstand der beiden Punkte, also $\cosh(s_2 - s_1) = -\langle \mathbf{r}_1, \mathbf{r}_2 \rangle$ ist, erhält man durch Elimination von $\mathbf{a}$ und $\mathbf{b}$ in folgender Gestalt:

$$\mathbf{r}(s) = \frac{\mathbf{r}_1 \sinh(s_2 - s) + \mathbf{r}_2 \sinh(s - s_1)}{\sinh(s_2 - s_1)}. \tag{31}$$

Der Richtungsvektor hat zwar wegen $\mathfrak{r}'^2 = 1$ eine konstante Länge, aber keine konstante Richtung; denn die Gerade erscheint im Modell als Hyperbel im dreidimensionalen Raum. Invariant ist also die Ebene, in der diese Kurve liegt, und daher auch ihr Lot, und zwar ist sogar $\mathfrak{r}\times\mathfrak{r}' = \mathfrak{a}\times\mathfrak{b} = \mathfrak{g}$ selbst konstant. Dabei ist $\mathfrak{g}^2 = \langle\mathfrak{a}, \mathfrak{b}\rangle^2 - \mathfrak{a}^2\mathfrak{b}^2 = 1$. Wechselt man den Durchlaufungssinn der Geraden, so wird $\mathfrak{r}'$ durch $-\mathfrak{r}'$, also $\mathfrak{g}$ durch $-\mathfrak{g}$ ersetzt. Umgekehrt ist $\langle\mathfrak{r}, \mathfrak{g}\rangle = 0$ und $\langle\mathfrak{r}', \mathfrak{g}\rangle = 0$, d.h. durch $\mathfrak{g}$ mit $\mathfrak{g}^2 = 1$ ist die orientierte nicht-euklidische Gerade umkehrbar eindeutig bestimmt. Man hat daher das folgende Dualitätsprinzip: Jedem Punkt entspricht ein Punkt der positiven Hälfte des zweischaligen Hyperboloids, und jeder orientierten Geraden ein Punkt auf dem einschaligen Hyperboloid $\mathfrak{g}^2 = 1$.

Beim Übergang zum projektiven Modell verwandelt sich $\mathfrak{g}$ in den Pol der Geraden bezüglich des Kreises $\xi^2 + \eta^2 = 1$. Die Außenpunkte dieses Kreises sind die sogenannten idealen Punkte der nicht-euklidischen Geometrie, die im allgemeinen zu wenig beachtet werden.

Will man den Abstand d eines Punktes $\mathfrak{c}$ von der Geraden $\mathfrak{a}\cosh s + \mathfrak{b}\sinh s$ konstruieren, so hat man s so zu bestimmen, daß die vom zugehörigen Punkt in der senkrechten Richtung $\mathfrak{a}\times\mathfrak{b} = \mathfrak{g}$ ausgehende Gerade durch $\mathfrak{c}$ geht, d.h. es muß

$$(\mathfrak{a}\cosh s + \mathfrak{b}\sinh s)\cosh d + \mathfrak{a}\times\mathfrak{b}\sinh d = \mathfrak{c}$$

werden; d ist dann der orientierte Abstand, und zwar erhält man ihn durch skalare Multiplikation mit $\mathfrak{g}$:

$$\sinh d = \langle\mathfrak{c}, \mathfrak{g}\rangle, \quad \mathfrak{g}^2 = 1. \tag{32}$$

Aus dieser Gleichung für den Abstand Punkt – Gerade erhält man für den allgemeinen Punkt $\mathfrak{r}$ eines Hyperzyklus, also für die Gesamtheit der Punkte, die von der Geraden $\mathfrak{g}$ den festen Abstand d haben, die Gleichung

$$\langle\mathfrak{r}, \mathfrak{g}\rangle = \sinh d \quad \text{mit} \quad \mathfrak{g}^2 = 1. \tag{33}$$

Ist $d \neq 0$, so ergibt sich der Schnitt unserer Schale mit einer Ebene, die nicht durch O geht, und zwar entsteht, wie leicht zu sehen, ein Hyperbelast. Im projektiven Modell erhält man daraus einen Ellipsenbogen, der den Kreis $\xi^2 + \eta^2 = 1$ an zwei Stellen berührt und dort endet.

Läßt man den Mittelpunkt eines durch den Punkt $\mathfrak{a}$ gehenden Kreises längs einer von $\mathfrak{a}$ ausgehenden Geraden $\mathfrak{a}\cosh s + \mathfrak{b}\sinh s$ wandern, so erhält man als Gleichung des Kreises

$$\langle\mathfrak{r}, \mathfrak{a}\cosh s + \mathfrak{b}\sinh s\rangle = \langle\mathfrak{a}, \mathfrak{a}\cosh s + \mathfrak{b}\sinh s\rangle = -\cosh s,$$

also $\langle\mathfrak{r}, \mathfrak{a} + \mathfrak{b}\tanh s\rangle = -1$, und hieraus bekommt man durch den Grenzübergang $s \to +\infty$ die Gleichung eines Grenzkreises

$$\langle\mathfrak{r}, \mathfrak{a} + \mathfrak{b}\rangle = -1.$$

Nun ist wegen (29) $(\mathbf{a} + \mathbf{b})^2 = 0$, also kann man die Gleichung der Grenzkreise schreiben als

$$\langle \mathbf{r}, \mathbf{c} \rangle = 1 \quad \text{mit} \quad \mathbf{c}^2 = 0. \tag{34}$$

Diese Vektoren $\mathbf{c}$ heißen isotrop; sie repräsentieren die Asymptotenrichtungen des Hyperboloids und sind Ortsvektoren der Punkte des Asymptotenkegels. Wie leicht zu sehen, erhält man Parabeln des dreidimensionalen Raumes; im projektiven Bild gehen sie in Ellipsen über, die den Kreis $\xi^2 + \eta^2 = 1$ vierpunktig berühren.

Das Grundproblem der euklidischen Axiomatik war die Frage nach der gegenseitigen Lage zweier Geraden. Welche Lage haben die durch $\mathbf{g}$ und $\mathbf{h}$ mit $\mathbf{g}^2 = \mathbf{h}^2 = 1$ repräsentierten Geraden zueinander? Haben sie einen Schnittpunkt $\mathbf{a}$, so ist $\langle \mathbf{a}, \mathbf{g} \rangle = 0$, $\langle \mathbf{a}, \mathbf{h} \rangle = 0$, also $\mathbf{a} \| \mathbf{g} \times \mathbf{h}$. Das ist aber wegen $\mathbf{a}^2 = -1$ nur möglich, wenn $(\mathbf{g} \times \mathbf{h})^2 < 0$. Dann liefert aber in der Tat

$$\mathbf{a} = \frac{\pm\, \mathbf{g} \times \mathbf{h}}{\sqrt{-(\mathbf{g} \times \mathbf{h})^2}} \tag{35}$$

den Schnittpunkt, wobei das Vorzeichen so zu wählen ist, daß der Ortsvektor zur positiven Schale zeigt. Den Winkel zwischen den beiden Geraden kann man dann folgendermaßen bestimmen: Die Geraden $\mathbf{g}$ und $\mathbf{h}$ mögen im Schnittpunkt $\mathbf{a}$ die Richtungen $\mathbf{b}$ und $\mathbf{c}$ haben (also $\mathbf{b}^2 = \mathbf{c}^2 = 1$, $\langle \mathbf{a}, \mathbf{b} \rangle = \langle \mathbf{a}, \mathbf{c} \rangle = 0$, $\mathbf{g} = \mathbf{a} \times \mathbf{b}$ und $\mathbf{h} = \mathbf{a} \times \mathbf{c}$), dann ist der Winkel α zwischen den beiden Geraden zunächst durch $\cos\alpha = \langle \mathbf{b}, \mathbf{c} \rangle$ gegeben. Nun ist aber

$$\langle \mathbf{g}, \mathbf{h} \rangle = \langle \mathbf{a} \times \mathbf{b}, \mathbf{a} \times \mathbf{c} \rangle = \langle \mathbf{a}, \mathbf{c} \rangle \langle \mathbf{a}, \mathbf{b} \rangle - \mathbf{a}^2 \langle \mathbf{b}, \mathbf{c} \rangle = \cos\alpha,$$

also bekommen wir

$$\cos\alpha = \langle \mathbf{g}, \mathbf{h} \rangle. \tag{36}$$

Ist dagegen $(\mathbf{g} \times \mathbf{h})^2 > 0$, so ist $\mathbf{g} \times \mathbf{h} = \mathbf{k} \cdot f$ mit $\mathbf{k}^2 = 1$. Zu $\mathbf{k}$ gehört nun eine Gerade, und zwar steht sie wegen

$$\langle \mathbf{g}, \mathbf{k} \rangle = \langle \mathbf{h}, \mathbf{k} \rangle = 0$$

senkrecht auf den beiden gegebenen Geraden; die Schnittpunkte von $\mathbf{g}$ und $\mathbf{h}$ mit $\mathbf{k}$ sind, weil $(\mathbf{g} \times \mathbf{k})^2 = (\mathbf{h} \times \mathbf{k})^2 = -1$, $\pm \mathbf{g} \times \mathbf{k}$ und $\pm \mathbf{h} \times \mathbf{k}$, und der Abstand, die Länge d des gemeinsamen Lotes, berechnet sich aus

$$\cosh d = |\langle \mathbf{g} \times \mathbf{k}, \mathbf{h} \times \mathbf{k} \rangle| = |\langle \mathbf{g}, \mathbf{h} \rangle|. \tag{37}$$

Der Übergangsfall $(\mathbf{g} \times \mathbf{h})^2 = 0$ bedeutet natürlich, wovon man sich leicht auch direkt überzeugen kann, die Parallelität der beiden Geraden $\mathbf{g}$ und $\mathbf{h}$.

Die Kurventheorie in der nicht-euklidischen Ebene beruht wie in der euklidischen auf den Begriffen der Bogenlänge und der Krümmung. Stellt $\mathbf{r}(t)$ eine Kurve dar, so besteht wegen $\mathbf{r}^2 = -1$ die Orthogonalität $\left\langle \mathbf{r}, \frac{d\mathbf{r}}{dt} \right\rangle = 0$; für den

8*

Tangentenvektor ist daher nach dem Trägheitsgesetz der quadratischen Formen $\left(\frac{d\mathfrak{r}}{dt}\right)^2 > 0$. Definiert man das Differential der Bogenlänge durch

$$ds = \sqrt{\left(\frac{d\mathfrak{r}}{dt}\right)^2}\, dt,$$

so gilt $\mathfrak{r}'^2 = 1$ mit $' = \frac{d}{ds}$. Wir haben dann die Gleichungen

$$\langle\mathfrak{r}, \mathfrak{r}'\rangle = 0, \quad \langle\mathfrak{r}', \mathfrak{r}''\rangle = 0, \quad \langle\mathfrak{r}, \mathfrak{r}''\rangle = -1.$$

Hieraus folgt nun

$$\mathfrak{r}'' = \mathfrak{r} + \mathfrak{r}\times\mathfrak{r}'\gamma, \tag{38}$$

wobei

$$V(\mathfrak{r}, \mathfrak{r}', \mathfrak{r}'') = \gamma \tag{39}$$

gesetzt ist. Für die Geraden gilt $\mathfrak{r}'' = \mathfrak{r}$, also $\gamma = 0$, und umgekehrt. Daher ist γ im allgemeinen Fall ein Maß für die Abweichung der Kurve von einer Geraden und heißt Krümmung der Kurve.

Da Kreise und Überkreise Gruppen von Bewegungen in sich gestatten, nämlich die Drehung um den Mittelpunkt bzw. die Verschiebungen längs der Geraden, von der die Punkte des Überkreises konstanten Abstand haben, haben sie konstante Krümmung; denn die Krümmung ist bewegungsinvariant definiert. Ebenso haben die Grenzkreise konstante Krümmung. Fragen wir nun umgekehrt nach allen Kurven konstanter Krümmung. Ist $\gamma' = 0$, so folgt aus (38)

$$\mathfrak{r}''' = \mathfrak{r}' + \mathfrak{r}\times\mathfrak{r}''\gamma = \mathfrak{r}' + \mathfrak{r}\times(\mathfrak{r}\times\mathfrak{r}'\gamma)\,\gamma = \mathfrak{r}'(1 - \gamma^2).$$

Diese Gleichung können wir einmal integrieren:

$$\mathfrak{r}'' = \mathfrak{r}(1 - \gamma^2) + \mathfrak{c}.$$

Vergleich mit (38) ergibt

$$\mathfrak{c} - \mathfrak{r}\gamma^2 = \mathfrak{r}\times\mathfrak{r}'\gamma,$$

und hieraus folgt durch skalare Multiplikation mit $\mathfrak{r}$

$$\langle\mathfrak{c}, \mathfrak{r}\rangle = \gamma^2.$$

Das ist aber, wenn wir $\gamma \neq 0$ voraussetzen, die Gleichung eines Kreises, eines Grenzkreises oder eines Überkreises, so daß damit alle Kurven konstanter Krümmung $\neq 0$ bestimmt sind.

Im Gegensatz zur euklidischen Geometrie gibt es hier die oben schon erwähnte natürliche Dualität, die jeder orientierten Geraden einen Punkt auf dem einschaligen Hyperboloid $x^2 + y^2 - z^2 = 1$ zuordnet. So entspricht der Tangente an $\mathfrak{r}$ mit dem Richtungsvektor $\mathfrak{r}'$ der Vektor

$$\mathfrak{r}^* = \mathfrak{r}\times\mathfrak{r}' \quad \text{mit} \quad \mathfrak{r}^{*2} = 1. \tag{40}$$

Lassen wir s variieren, so durchläuft $\mathbf{r}^*(s)$ die zu $\mathbf{r}(s)$ duale Kurve auf dem einschaligen Hyperboloid. Es ist

$$\frac{d\mathbf{r}^*}{ds} = \mathbf{r}\times\mathbf{r}'' = \mathbf{r}\times(\mathbf{r}\times\mathbf{r}'\gamma) = -\mathbf{r}'\gamma. \tag{41}$$

Wir können daher die Bogenlänge s^* auf $\mathbf{r}^+(s)$ durch

$$ds^* = -\gamma\, ds \tag{42}$$

definieren und erhalten dann

$$\frac{d\mathbf{r}^*}{ds^*} = \frac{d\mathbf{r}}{ds}. \tag{43}$$

Analog zu $\mathbf{r}\times\mathbf{r}'$ bilden wir

$$\mathbf{r}^*\times\frac{d\mathbf{r}^*}{ds^*} = (\mathbf{r}\times\mathbf{r}')\times\mathbf{r}' = \mathbf{r}, \tag{44}$$

d.h. durch nochmaliges Dualisieren kommen wir zu der ursprünglichen Kurve zurück, und wenn wir die Krümmung von $\mathbf{r}^*$ analog zu γ durch

$$V\left(\mathbf{r}^*, \frac{d\mathbf{r}^*}{ds^*}, \frac{d^2\mathbf{r}^*}{ds^{*2}}\right) = \gamma^* \tag{45}$$

definieren, so ergibt sich nach kurzer Rechnung

$$\gamma^* = \frac{1}{\gamma}. \tag{46}$$

Selbst bei der Bestimmung des Flächeninhaltes in der nicht-euklidischen Ebene spielt die Dualität eine Rolle. Zunächst bekommt man das Flächenelement etwa in rechtwinkligen Koordinaten u, v in folgender Weise: Allgemein ist, wenn $ds^2 = E\, dp^2 + 2F\, dp\, dq + E\, dq^2$, das Flächenelement $= \sqrt{EG - F^2}\, dp\, dq$. In unseren rechtwinkligen Koordinaten ist $E = \cosh^2 v$, $F = 0$, $G = 1$, das Flächenelement also $\cosh v\, du\, dv$. Nach dem Greenschen Satz kann man den Flächeninhalt des Stückes **F** mit dem Rand **R** in ein Randintegral verwandeln:

$$\iint_{\mathbf{F}} \cosh v\, du\, dv = -\int_{\mathbf{R}} \sinh v\, du,$$

wobei der Rand mit der dem Koordinatensystem entsprechenden Orientierung zu versehen ist. Um nun den Integrand auf invariante Gestalt zu bringen, gehen wir folgendermaßen vor: Der Ortsvektor $\mathbf{r}$ hat die Koordinaten

$$x = \sinh u \cosh v, \quad y = \sinh v, \quad z = \cosh u \cosh v.$$

Die partiellen Ableitungen $\frac{\partial \mathbf{r}}{\partial u}$ und $\frac{\partial \mathbf{r}}{\partial v}$, die ja wegen $\langle \mathbf{r}, d\mathbf{r}\rangle = 0$ Tangentialvektoren sind, lassen sich nun durch die orthonormierten Basisvektoren $\mathbf{i}$ mit den Koordinaten $\cosh u$, 0, $\sinh u$ und $\mathfrak{j}$ mit den Koordinaten $\sinh u \sinh v$. $\cosh v$, $\cosh u \sinh v$ (die Relationen

$$\mathfrak{i}^2 = \mathfrak{j}^2 = 1, \quad \langle \mathfrak{i}, \mathfrak{j} \rangle = 0, \quad \langle \mathfrak{i}, \mathfrak{r} \rangle = \langle \mathfrak{j}, \mathfrak{r} \rangle = 0 \tag{47}$$

sind sofort zu verifizieren) folgendermaßen ausdrücken:

$$\frac{\partial \mathfrak{r}}{\partial u} = \mathfrak{i} \cosh v,$$

$$\frac{\partial \mathfrak{r}}{\partial v} = \mathfrak{j},$$

und ebenso berechnet man die Ableitungen von $\mathfrak{i}$ und $\mathfrak{j}$ mit dem Ergebnis:

$$\begin{aligned} d\mathfrak{r} &= && \mathfrak{i} \cosh v \, du + \mathfrak{j} \, dv, \\ d\mathfrak{i} &= \mathfrak{r} \cosh v \, du && - \mathfrak{j} \sinh v \, du, \\ d\mathfrak{j} &= \mathfrak{r} \, dv && + \mathfrak{i} \sinh v \, du. \end{aligned} \tag{48}$$

Wegen $\mathfrak{r}'^2 = 1$ gilt für den Winkel τ, der von $\mathfrak{i}$ zu $\mathfrak{r}'$ führt,

$$\mathfrak{r}' = \mathfrak{i} \cos\tau + \mathfrak{j} \sin\tau, \tag{49}$$

also

$$\cos\tau = u' \cosh v, \quad \sin\tau = v'. \tag{50}$$

Differenziert man (49) und (50), so erhält man

$$\mathfrak{r}'' = \mathfrak{r} + (-\mathfrak{i} \sin\tau + \mathfrak{j} \cos\tau)(\tau' - \cos\tau \tanh v).$$

Aus den Definitionen von $\mathfrak{i}$ und $\mathfrak{j}$ folgt sofort

$$\begin{aligned} \mathfrak{i} \times \mathfrak{j} &= -\mathfrak{r}, \\ \mathfrak{j} \times \mathfrak{r} &= \mathfrak{i}, \\ \mathfrak{r} \times \mathfrak{i} &= \mathfrak{j}, \end{aligned} \tag{51}$$

und so läßt sich die Gleichung für $\mathfrak{r}''$ auch schreiben als

$$\mathfrak{r}'' = \mathfrak{r} + \mathfrak{r} \times \mathfrak{r}'(\tau' - \cos\tau \tanh v),$$

und hieraus folgt durch Vergleich mit (38)

$$\gamma = \tau' - \cos\tau \tanh v.$$

Für den obigen Integrand des Kurvenintegrals erhält man nun

$$\sinh v \, du = u' \sinh v \, ds = \cos\tau \tanh v \, ds = (\tau' - \gamma) \, ds = d\tau - \gamma \, ds,$$

und so ergibt sich für den Flächeninhalt von F, den wir mit $|F|$ bezeichnen,

$$|F| = \int_R \gamma \, ds - \int_R d\tau. \tag{52}$$

Ist nun **F** einfach zusammenhängend und besteht der Rand aus endlich vielen Bögen von genügend hoher Differenzierbarkeit, wobei an den Ecken der Tangentenwinkel um $\alpha_1, \ldots, \alpha_m$ springt, so ist $\int_{\mathbf{R}} d\tau + \sum_{\mu=1}^{m} \alpha_\mu = 2\pi$; denn hat **R** keine Ecken und ist $\tau' > 0$ auf **R**, so dreht sich die Tangente bezüglich des u,v-Systems beim Umlaufen von **R** um 2π. Bei stetiger Änderung der Kurve ändert sich auch $\int_{\mathbf{R}} d\tau$ stetig, kann aber seiner geometrischen Bedeutung nach nur ein ganzzahliges Vielfaches von 2π sein und muß daher konstant gleich 2π bleiben. Weiter war $\gamma\, ds$ das Bogenelement auf der dualen Kurve und daher $\int_{\mathbf{R}} \gamma\, ds = |\mathbf{R}^*|$, wobei $|\mathbf{R}^*|$ die Länge der dualen Kurve von **R** bedeutet. So bekommen wir schließlich den auch in der nicht-euklidischen Ebene gültigen Integralsatz von Gauß-Bonnet

$$|\mathbf{F}| = |\mathbf{R}^*| + \sum_{\mu=1}^{m} \alpha_\mu - 2\pi, \tag{53}$$

bei dem allerdings sonst statt $|\mathbf{R}^*|$ das ursprüngliche $\int_{\mathbf{R}} \gamma\, ds$ steht.

Wenden wir diese Formel speziell auf ein geodätisches Dreieck mit den Winkeln α, β, γ an, so ist längs des Randes $\gamma = 0$, und es ist $\alpha_1 = \pi - \alpha$, $\alpha_2 = \pi - \beta$ und $\alpha_3 = \pi - \gamma$. Wir bekommen somit auf eine ganz neue, von Gauß aber bereits in seiner Flächentheorie eingeführte Art und Weise den Flächeninhalt des geodätischen Dreiecks in der nicht-euklidischen Geometrie zu

$$\pi - (\alpha + \beta + \gamma).$$

3.4. Schlußbemerkungen

Johann Bolyai, Gauß und Lobatschewski wollten ursprünglich das euklidische Parallelenaxiom beweisen, indem sie die Hypothese vom spitzen Winkel dadurch zu widerlegen versuchten, daß sie in den Folgerungen daraus, wenn sie sie nur weit genug getrieben hätten, einen Widerspruch finden würden. Das gelang ihnen aber nicht, vielmehr wuchs bei ihnen der Verdacht und ging schließlich in die feste Überzeugung über, daß die Hypothese vom spitzen Winkel zu einer in sich konsequenten Geometrie führe. Wenn man aber nach vielen vergeblichen Versuchen, einen indirekten Beweis zu führen, zu keinem Widerspruch kommt, kann man noch nicht sicher sein, daß man auch bei weiteren Konsequenzen zu keinem Widerspruch kommt. Doch die Ergebnisse, die die drei Mathematiker erhielten, erschienen ihnen so harmonisch, Beziehung zur sphärischen Trigonometrie waren vorhanden, und die nicht-euklidische analytische Geometrie machte auf sie einen so soliden Eindruck, daß daraus nichts Falsches folgen könne. Trotzdem blieben die Publikationen von Bolyai und Lobatscheski, zumal sie schwer zu lesen waren, unbekannt oder wurden bald wieder vergessen, und Gauß benützte seine Autorität nicht für die Verbreitung seiner Überzeugungen bezüglich der nicht-euklidischen Geometrie, sondern zu deren Geheimhaltung vor der Öffentlichkeit. Dirichlet, dem Gauß 1827 gelegentlich im Gespräch einiges darüber mitteilte, arbeitete eine nicht-euklidische Potentialtheorie aus, ohne sie jedoch zu publizieren, womit er Gauß' Haltung respektierte.

Bolyai, Gauß und Lobatschewski waren also, wie Kagan in seinem Vorwort zur Pangeometrie von Lobatschewski [10, T. 1, III, S. 434] sagte, dem Beweis der Widerspruchsfreiheit sehr nahe; denn sie hätten nur ihren Gedankengang umzukehren brauchen, indem sie die Punkte, Geraden, Ebenen, Kreise, Kugeln usw. analytisch definierten, wie das aus ihrer analytischen Geometrie zu motivieren gewesen wäre, und von diesen analytischen Gebilden zu zeigen, daß diese die Axiome der nicht-euklidischen Geometrie einschließlich der Hypothese vom spitzen Winkel erfüllten. Aber auf diese Idee ist keiner dieser drei Mathematiker gekommen, und heute erscheint sie uns so selbstverständlich. Auch Klein hat sein Modell nicht auf diese Weise gewonnen, sondern hat bemerkt, daß das allgemeine Prinzip, das hinter den Bestrebungen Cayleys steckte, die euklidische in die projektive Geometrie einzubauen, verwendet werden könne, um ein Modell für die nicht-euklidische Geometrie anzugeben. Zu der Autorität von Gauß, dessen Überzeugung von der Existenzberechtigung der nicht-euklidischen Geometrie nach der Veröffentlichung seines Briefwechsels mit Schumacher bereits bewirkte, daß die Geometer sich daraufhin mit einer ganz anderen Einstellung wieder den alten Arbeiten von Johann Bolyai und Lobatschewski zuwandten, kam nun die Gewißheit, daß sowohl die euklidische als auch die nicht-euklidische Geometrie in sich widerspruchsfrei seien, wenn nur die natürlichen Zahlen zu keinem Widerspruch führen.

An diese Erkenntnis schlossen sich nun gewaltige Entwicklungen in verschiedene Richtungen an. Einen besonderen Einfluß gewann das „Erlanger Programm" von Felix Klein [18], der schon damals eng mit Sophus Lie zusammen arbeitete. Aus den damals bekannten Geometrien, wie wir es heute nennen, abstrahierte er folgendes: Gemeinsam der euklidischen, der projektiven, der sphärischen und nun auch der nicht-euklidischen Geometrie war es, daß sie sich auf bis dahin meist zwei- oder dreidimensionale Mannigfaltigkeiten bezogen, in denen man einen Bewegungs- oder Kongruenzbegriff hatte. Fruchtbare Ergebnisse hatte man weniger erzielt, wenn man darauf achtete, was sich an den geometrischen Gebilden änderte, wenn man sie bewegte oder wenn man zu kongruenten Figuren überging (z.B. änderten sich die Koordinaten), wenn man also eine *Transformationstheorie* betrieb, sondern vielmehr dann, wenn man nach Dingen suchte, die sich bei Bewegungen nicht änderten oder kongruenten Figuren gemeinsam waren, wenn man also *Invariantentheorie* trieb. Das Gegenstück dazu beispielsweise in der Physik ist der Übergang von der Beschreibung etwa von Bewegungsvorgängen zur Aufstellung von Erhaltungssätzen. Klein formulierte sein Erlanger Programm in wenigen Zeilen: „Es ist eine Mannigfaltigkeit und in ihr eine Transformationsgruppe gegeben. Man entwickele die auf die Gruppe bezügliche Invariantentheorie." Besondere Verdienste bei der Erforschung der kontinuierlichen Transformationsgruppen, die als wahre Pionierarbeit anzusehen war, erwarb sich Sophus Lie. Eine hohe Anerkennung wurde ihm zuteil, als er den anläßlich der 100-Jahr-Feier der Universität Kasan gestifteten Lobatschewski-Preis als erster erhielt.* Dieser posthumen Würdigung von Lobatschewskis Arbeiten auf dem Gebiet der nicht-euklidischen Geometrie ging die von dessen Tätigkeit als Rektor parallel: An beherrschender Stelle in Kasan wurde ein Lobatschewski-Denkmal errichtet [34, S. 99].

Sophus Lie

Eine weitere Entwicklungsrichtung bezog sich auf die Riemannsche Geometrie. Hier ist als besondere Fortsetzung der sogenannte absolute Differentialkalkül von Levi-Cività zu nennen, der eine Differentiationstheorie in Vektorfeldern auf Riemannschen Räumen zum Inhalt hatte und der es ermöglichte, Vektoren längs einer Kurve „parallel zu verschieben“. Allerdings ist diese Verschiebung vom Weg abhängig; in erster Näherung wird sie aber durch den Riemannschen Krümmungstensor beschrieben (vgl. etwa [17], Kap. XI und XII). Erst diese Erweiterung der Riemannschen Geometrie ermöglichte es Einstein, den Übergang von der speziellen zur allgemeinen Relativitätstheorie mathematisch zu vollziehen.

Welch großen Wert Riemann auf die inner-mathematische Problematik seiner Untersuchungen legte, ging aus seinem „Plan der Untersuchung“ (s. S. 82) hervor; den Schlußworten aber kann man entnehmen, daß er sie gleichzeitig als „Vorlauf für interdisziplinäre Zusammenarbeit“, wie wir es heute nennen würden, ansah:

„Es muß also entweder das dem Raume zu Grunde liegende Wirkliche eine discrete Mannigfaltigkeit bilden, oder der Grund der Maßverhältnisse außerhalb, in darauf wirkenden bindenden Kräften, gesucht werden.

Die Entscheidung dieser Fragen kann nur gefunden werden, indem man von der bisherigen durch die Erfahrung bewährten Auffassung der Erscheinungen, wozu Newton den Grund gelegt, ausgeht und diese durch Thatsachen, die sich aus ihr nicht erklären lassen, getrieben allmählich umarbeitet; solche Untersuchungen, welche, wie die hier geführte, von allgemeinen Begriffen ausgehen, können nur dazu dienen, daß diese Arbeit nicht durch die Beschränktheit der Begriffe gehindert und der Fortschritt im Erkennen des Zusammenhangs der Dinge nicht durch überlieferte Vorurtheile gehemmt wird.

Es führt dies hinüber in das Gebiet einer anderen Wissenschaft, in das Gebiet der Physik, welches wohl die Natur der heutigen Veranlassung nicht zu betreten erlaubt.“

Trotz allen Vorlaufdenkens von Riemann geschah das aber in einer von ihm nicht vorgesehenen Weise. Während die Metrik bei Riemann ganz selbstverständlich stets als positiv-definit vorausgesetzt wurde, brauchte Einstein die ganze Theorie, was erst auf Grund des absoluten Differentialkalküls möglich war, für die lokal durch $dx^2 + dy^2 + dz^2 - c^2\,dt^2$ (c die Lichtgeschwindigkeit, t die Zeit) festgelegte indefinite, aber jedenfalls reguläre metrische Fundamentalform.

Das Erlanger Programm bewirkte nicht nur das Entstehen sehr allgemeiner Theorien wie bei Sophus Lie, sondern auch das Auftauchen völlig neuer spezieller Geometrien, wie z.B. die äqui-affine für $n = 2$ (affine Geometrie bei Erhaltung des Flächeninhaltes), zentroaffine Geometrie (affine Geometrie bei Festhaltung eines Punktes), und viele andere, die vom Standpunkt der Elementar- und der Differentialgeometrie untersucht wurden.

Besondere Anstöße für weitere Untersuchungen rührten von den axiomatischen Problemen her, die mit der Existenz der nicht-euklidischen und der euklidischen Geometrien zusammenhingen. Forderungen, die zum Teil schon von Gauß ausgingen, betrafen eine Vervollständigung und Präzisierung der euklidischen Axiome. Die erste nach unseren heutigen Begriffen vollständige Axiomatik dieser Geometrien gab Hilbert in seinen „Grundlagen der Geometrie“ [1]; die daran anschließende gewaltige Tätigkeit auf geometrisch-axiomatischem Gebiet ist sehr eindringlich in Klingenbergs Aufsatz im Gauß-Gedenkband dargestellt, der anläßlich von Gauß' 100. Todestag (23. 2. 1955) erschien [19].

Die Entwicklung der nicht-euklidischen Geometrie und ihre Herkunft aus der Parallelentheorie waren schon merkwürdig genug; besonders merkwürdig aber war die Rolle, die Gauß dabei spielte. Sein Leitspruch: „Pauca, sed matura“ (Weniges, aber Reifes) hat er hier getreulich befolgt. Veröffentlicht hat er über die nicht-euklidische Geometrie gar nichts, und auch auf die Arbeiten von Johann Bolyai und Lobatschewski ist er öffentlich nicht eingegangen. Es ist anzunehmen, daß ihm diese Geometrie, von deren Wahrheit er überzeugt war, noch nicht genügend ausgereift erschien, weil er keinen endgültigen Beweis für deren Widerspruchsfreiheit hatte. Immerhin hat er die Hoffnung geäußert, daß diese Dinge nicht einst mit ihm untergehen mögen, und dieser Wunsch ist in Erfüllung gegangen. Gauß besaß als princeps mathematicorum eine so hohe Autorität, daß bereits die Veröffentlichung seines Briefwechsels mit Schumacher genügte, die bis dahin verfehmte nicht-euklidische Geometrie gesellschaftsfähig zu machen, so daß Beltrami es wagen konnte, seine Untersuchungen über Flächen konstanter negativer Krümmung mit der nicht-euklidischen Geometrie in Verbindung zu bringen, und daß andere Mathematiker die Arbeiten von Johann Bolyai und Lobatschewski neu veröffentlichten, in mehrere Sprachen übersetzten und kommentierten, noch ehe Felix Klein das projektive Modell der nicht-euklidischen Geometrie angab und damit deren Widerspruchsfreiheit auf die der projektiven Geometrie zurückführen konnte, womit die nicht-euklidische Geometrie 16 Jahre nach Gauß' Tode, also 6 Jahre vor seinem 100. Geburtstag, ihre volle Existenzberechtigung erhalten hatte.

Brief J. Bolyais an seinen Vater. Unterstrichen ist der oft zitierte Satz „semmiből egy ujj más világot teremtettem“ („aus dem Nichts habe ich eine neue, andere Welt geschaffen“).

URKUNDEN

ZUR GESCHICHTE DER

NICHTEUKLIDISCHEN GEOMETRIE

HERAUSGEGEBEN VON

FRIEDRICH ENGEL UND **PAUL STÄCKEL**

II

WOLFGANG UND JOHANN BOLYAI

LEIPZIG UND BERLIN
DRUCK UND VERLAG VON B. G. TEUBNER
1913

WOLFGANG UND JOHANN
BOLYAI
GEOMETRISCHE UNTERSUCHUNGEN

MIT UNTERSTÜTZUNG
DER UNGARISCHEN AKADEMIE DER WISSENSCHAFTEN

HERAUSGEGEBEN VON

PAUL STÄCKEL

ZWEITER TEIL
STÜCKE AUS DEN SCHRIFTEN DER BEIDEN BOLYAI

MIT 94 FIGUREN IM TEXTE
UND EINER FIGURENTAFEL

LEIPZIG UND BERLIN
DRUCK UND VERLAG VON B. G. TEUBNER
1913

APPENDIX.

SCIENTIAM SPATII *absolute veram* exhibens:

a veritate aut falsitate Axiomatis XI *Euclidei* (*a priori haud unquam decidenda*) *independentem:* adjecta ad casum falsitatis, quadratura circuli geometrica.

Auctore JOHANNE BOLYAI de eadem, Geometrarum in Exercitu Caesareo Regio Austriaco Castrensium Capitaneo.

Manuskriptseite von J. Bolyai mit Ausführungen zum XI. Axiom und der Feststellung, „daß durch Aufklärung des Gegenstandes Einer der **allerwichtigsten** und **allerglänzendsten** Beiträge zur wahren Bereicherung der Wissenschaft, zur Bildung des Verstandes und somit zur Hebung des menschlichen Schicksals gemacht wurde.“

Raumlehre,

unabhängig von der (a priori nie entschieden werdenden) Wahr- oder Falschheit des berüchtigten XI. Euklid'schen Axioms: für den Fall einer Falschheit desselben geometrische Quadratur des Kreises.[1]

Von

Johann Bolyai v. Bolya,

Hauptmann e. s. im k. k. österreichschen Génie-Corps.

Erklärung der zur Abkürzung gebrauchten Zeichen.

$\widetilde{ab}$ bedeute den Inbegriff *aller* mit den Punkten a, b in *einer* Geraden liegenden Punkte.

$a\breve{b}$ ..... der in a halbirten $\widetilde{ab}$ jene Hälfte, welche den Punkt b enthält.

$\widetilde{abc}$ .... den Inbegriff *aller* Punkte, welche mit den (nicht in *einer* Geraden liegenden) Punkten a, b, c in einer Ebene sind.

$ab\breve{c}$ .... der durch $\widetilde{ab}$ halbirten $\widetilde{abc}$ jene Hälfte, worin c liegt.

abc .... das *kleinere* der beiden Stücke, worin $\widetilde{abc}$ durch den Inbegriff der beiden Geraden $b\breve{a}$, $b\breve{c}$ getheilt wird; oder den *Winkel*, wovon $b\breve{a}$, $b\breve{c}$ Schenkel sind.

$abcd$ ... (wenn d in abc ist, und $\widetilde{ba}$, $\widetilde{cd}$ sich nicht schneiden) das zwischen $b\breve{a}$, $b\breve{c}$, $c\breve{d}$ begriffene Stück der abc; $bacd$ aber das zwischen $\widetilde{ab}$, $\widetilde{cd}$ enthaltene Stück von $\widetilde{abc}$.

$\llcorner$ ... die senkrechte Lage.

$\wedge$ ... einen Winkel.

R ... einen rechten Winkel.

$ab \triangleq cd$ .... $cab = acd$.

$\equiv$ bedeute eine Congruenz*).

$x \frown a$... x strebe zur Grenze a.

$\bigcirc r$ ..... den Kreisumfang des Halbmessers r.

$\odot r$ ..... den Kreisinhalt des Halbmessers r.

---

1) [Diese *Raumlehre* ist eine von JOHANN BOLYAI selbst im Jahre 1832 verfaßte deutsche Bearbeitung des *Appendix*. Die ersten 31 Paragraphen sind, bis auf wenige Stellen, eine getreue Übertragung der entsprechenden Paragraphen des lateinischen Textes. Dagegen zeigen die Paragraphen 32 und 33 erhebliche Abweichungen vom *Appendix*, und die Paragraphen 34—43, die einen selbständigen Abschnitt bilden, sind weggelassen worden. Aus diesem Grunde werden hier im Anschluß an die *Raumlehre* die Paragraphen 32—43 des *Appendix* in deutscher Übersetzung vom Herausgeber hinzugefügt.]

*) Es sei erlaubt, durch dieses Zeichen, mit dem der große Geometer GAUSS die *Congruenz der Zahlen* bezeichnet, auch die *geometrische Gleichheit* auszudrücken; indem daraus kein Mißverstand entstehen wird.

§ 1

Wenn sich die (in einer Ebene liegenden) Geraden $\widetilde{am}$, $\widetilde{bn}$ (Fig. 1) nicht schneiden, aber jede $\widetilde{bp}$ (in abn) die $\widetilde{am}$ schneidet; so werde dies bezeichnet durch

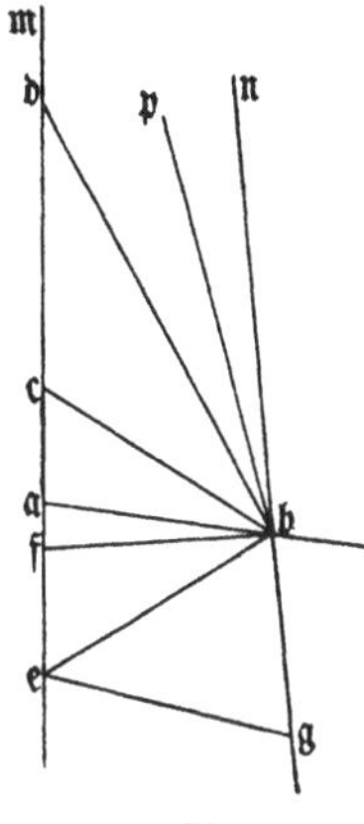

Fig. 1.

$$bn \,|||\, am$$[1]).

Daß es aus jedem Punkte b (außer $\widetilde{am}$) eine, und nur *eine* solche $\widetilde{bn}$ *gebe*, {und daß $bam + abn$ nicht $> 2R$ sei} ist klar: denn um b gedreht, bis

$$bam + abc = 2R$$

wird, muß $\widetilde{bc}$ die $\widetilde{am}$ einmal *zuerst* nicht schneiden, wo dann $bc \,|||\, am$ ist.

Auch ist offenbar $bn \,|||\, em$, es möge e wo immer in $\widetilde{ma}$ sein.

Entfernt sich ferner c in am ins Unendliche von a, und ist stets $cd = cb$; so ist auch allezeit

$$cdb = (cbd < nbc).$$

Nun ist $nbc \backsim 0$. Demnach ist auch $adb \backsim 0$.

§ 2

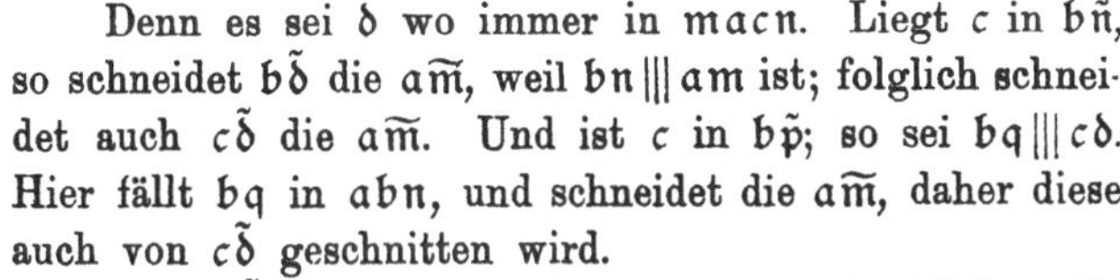

Ist $bn \,|||\, am$ (Fig. 2); *so ist auch* $cn \,|||\, am$.

Denn es sei d wo immer in $macn$. Liegt c in $\widetilde{bn}$, so schneidet $\widetilde{bd}$ die $\widetilde{am}$, weil $bn \,|||\, am$ ist; folglich schneidet auch $\widetilde{cd}$ die $\widetilde{am}$. Und ist c in $\widetilde{bp}$; so sei $bq \,|||\, cd$. Hier fällt bq in abn, und schneidet die $\widetilde{am}$, daher diese auch von $\widetilde{cd}$ geschnitten wird.

Jede $\widetilde{cd}$ also (in acn) trifft in beiden Fällen die $\widetilde{am}$, ohne daß $\widetilde{cn}$ die $\widetilde{am}$ schnitte. Folglich ist stets $cn \,|||\, am$.

Fig. 2.

[§ 3]

{*Ist sowohl* br *als auch* $cs \,|||\, am$ (Fig. 2) *und liegt* c *nicht auf* $\widetilde{br}$, *so schneiden* $\widetilde{br}$ *und* $\widetilde{cs}$ *einander nicht.* Denn hätten $\widetilde{br}$ und $\widetilde{cs}$ den

1) [Gesprochen: bn *asymptotisch* zu am.]

Punkt d gemein, so wären (nach § 2) dr und ds gleichzeitig ||| am, und es würde (nach § 1) $\mathrm{d}\tilde{\mathrm{s}}$ auf $\mathrm{d}\tilde{\mathrm{r}}$ und c auf $\widetilde{\mathrm{br}}$ fallen (gegen die Voraussetzung).}[1])

§ 4

Ist man > mab (Fig. 3); *so gibt es für jeden Punkt* b *der* $\mathrm{a}\bar{\mathrm{b}}$ *einen solchen Punkt* c *in* $\widetilde{\mathrm{am}}$, *daß* bcm = nam ist.

Denn es gibt nach (§ 1) ein bdm > nam; folglich ein mdp = man, sodaß b in nadp fällt. Schiebt man nun nam längs am hin, bis $\mathrm{a}\tilde{\mathrm{n}}$ in $\mathrm{d}\tilde{\mathrm{p}}$ kommt; so muß $\mathrm{a}\tilde{\mathrm{n}}$ einmahl durch b gehen, und somit ein bcm = nam sein.

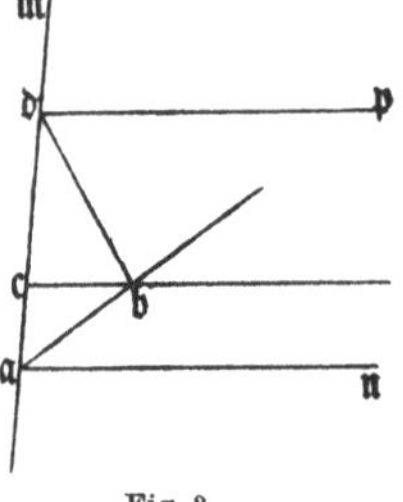

Fig. 3.

§ 5

Ist bn ||| am (Fig. 1); *so gibt es einen solchen Punkt* f *in* $\widetilde{\mathrm{am}}$, *wobei* fm ≏ bn *ist*[2]).

Denn zufolge § 1 gibt es ein bcm > cbn; und ist ce = cb, also ec ≏ bc; so ist offenbar bem < ebn. Durchläuft nun p die ec, und heißt dabei bpm stets *u*, pbn aber *v*; so ist offenbar *Anfangs u* < als das ihm entsprechende *v*, *zuletzt* aber *u* > als sein *v*. Nun wächst *u* von bem an bis bcm *stätig*; indem (vermöge § 4) es *keinen* Winkel gibt, der Größe nach zwischen bem und bcn begriffen, welchem *u* einmahl nicht = würde. Ebenso nimmt *v* von ebn bis cbn *stätig* ab. Es gibt demnach in ec ein f, wobei bfm = fbn ist.

§ 6

Ist bn ||| am [Fig. 1], e *wo immer in* $\mathrm{m}\tilde{\mathrm{a}}$, *und* g *in* $\mathrm{n}\tilde{\mathrm{b}}$, *so ist* gn ||| em *und* em ||| gn.

Denn nach § 1 ist bn ||| em, und hieraus (vermöge § 2) gn ||| em. Ist ferner fm ≏ bn (§ 5); so ist mfbn ≡ nbfm, folglich (wegen bn ||| fm) auch fm ||| bn und (nach Vorigem) em ||| gn.

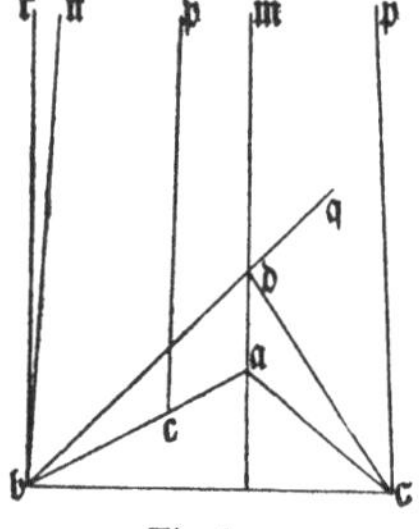

Fig. 4.

§ 7

Ist sowohl bn (Fig. 4) *als* cp ||| am, *und* c *außer* $\mathrm{b}\tilde{\mathrm{n}}$; *so ist auch* bn ||| cp.

Denn entweder bilden mab, mac einen *Winkel* oder es liegen bn, am, cp in *einer* Ebene. Im *ersten* Fall hat cbn mit abn nur $\mathrm{b}\tilde{\mathrm{n}}$, $\widetilde{\mathrm{am}}$

---

1) [In der deutschen Fassung fehlt der § 3 des *Appendix*. Er ist in deutscher Übersetzung beigefügt worden.]

2) [Gesprochen fm *gleich hoch* bn.]

aber mit $b\tilde{n}$, folglich auch nbc mit $a\tilde{m}$, nichts gemein. Jede $cb\tilde{d}$ zwischen cba, cbn aber schneidet offenbar abn, folglich (wegen $bn \parallel\!| am$) auch die $a\tilde{m}$. Dreht sich also $bc\tilde{d}$ um bc, bis sie die $a\tilde{m}$ *zuerst* nicht schneidet; so fällt sie zuletzt in $bc\tilde{n}$. Aus ähnlichem Grunde fällt $bc\tilde{d}$ auch in $\tilde{b}cp$, daher auch bn in bcp liegt. Ist ferner $br \parallel\!| cp$; so fällt (da auch $am \parallel\!| cp$ ist) aus gleichen Gründen br in bam; aber (wegen $br \parallel\!| cp$) auch in bcp. Demnach ist $b\tilde{r}$ zugleich in mab und pcb, und kommt mit $b\tilde{n}$ überein; daher denn $bn \parallel\!| cp$ ist. Auch ist klar, daß wenn $cp \parallel\!| am$, und b *außer* $c\tilde{am}$ sind; der Durchschnitt von bam, bcp, nämlich $b\tilde{n}$, $\parallel\!|$ sei sowohl zu am als zu cp.

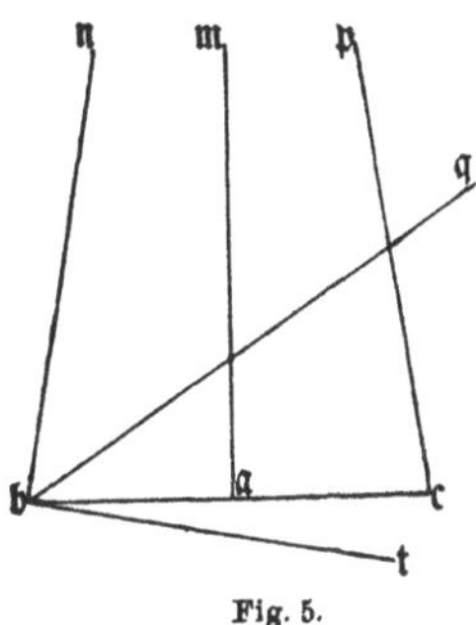

Fig. 5.

Im *zweiten* Falle sei (Fig. 7, S. 189) außer der Ebene von bn, am, cp die $fs \parallel\!| am$; so ist (nach dem 1sten Falle) $fs \parallel\!| bn$, und $fs \parallel\!| cp$; daher (nach *demselben* Falle) auch $bn \parallel\!| cp$.[1])

§ 8

Ist bn (Fig. 5) $\parallel\!|$ *und* $\triangleq cp$ *oder kürzer* $bn \parallel\!| \triangleq cp$, *und* am *halbirt* (*in* $nbcp$) *die* bc *senkrecht: so ist* $bn \parallel\!| am$.

Denn schnitte $b\tilde{n}$ die $a\tilde{m}$; so müßte (wegen $mabn \equiv macp$) auch $c\tilde{p}$ die $a\tilde{m}$ in demselben Punkte schneiden, welchen Punkt denn auch $b\tilde{n}$, $c\tilde{p}$ gemein hätten, da doch $bn \parallel\!| cp$ ist. Folglich schneiden sich $b\tilde{n}$, $a\tilde{m}$ nicht. Jede $b\tilde{q}$ (in cbn) aber schneidet die $c\tilde{p}$, wegen $bn \parallel\!| cp$. Daher schneidet $b\tilde{\ }$ auch die $a\tilde{m}$. Demnach ist $bn \parallel\!| am$.

§ 9

Ist $bn \parallel\!| am$, $map \perp mab$, (Fig. 6), *und der Winkel, welchen* nbd *mit* nba *(auf derselben Seite von* $mabn$, *wo* map *ist) macht* $< R$; *so schneidet* map *die* nbd.

Denn es sei

$$ba \perp am,\ ac \perp bn,$$

und

$$ce \perp bn \text{ (in } nb\tilde{d}\text{)};$$

so ist (vermöge Voraussetzung) $ace < R$, und die auf ce Senkrechte af fällt in ace. Sei $a\tilde{p}$ der Durchschnitt der den Punkt a gemein habenden Ebenen $ab\tilde{f}$ und $an\tilde{p}$; so ist

$$bap = bam = R,$$

1) [In dem *Appendix* wird zuerst der *zweite*, dann der *erste* Fall behandelt. In den *Errata* zum Appendix findet sich die Bemerkung, der Beweis lasse sich kürzer und eleganter führen, wenn man die Reihenfolge umkehre; diese Umstellung hat Johann Bolyai hier ausgeführt.]

weil $bam \llcorner map$ ist. Dreht man also $ab\tilde{f}$ um ab, in $ab\widetilde{m}$ hinein; so fällt $a\tilde{p}$ in $a\widetilde{m}$: und da

$$ac \llcorner bn \text{ und } af < ac$$

ist; so fällt offenbar af immer *in* $b\tilde{n}$, und somit bf in abn. Nun schneidet $b\tilde{f}$ die $a\tilde{p}$ in *dieser* Lage (da $bn \,|||\, am$ ist); folglich schneiden sich $a\tilde{p}$ und $b\tilde{f}$ auch in der *ursprünglichen* Lage. Den Durchschnittspunkt haben $ma\tilde{p}$, $np\tilde{\delta}$ gemein, daher auch $ma\tilde{p}$, $nb\tilde{\delta}$ sich schneiden.

Hieraus ist es leicht zu zeigen, daß überhaupt $ma\tilde{p}$, $nb\tilde{\delta}$ sich schneiden, sobald die Summe der beiden inneren Winkel, welche sie mit $mabn$ machen, $< 2\mathrm{R}$ ist.

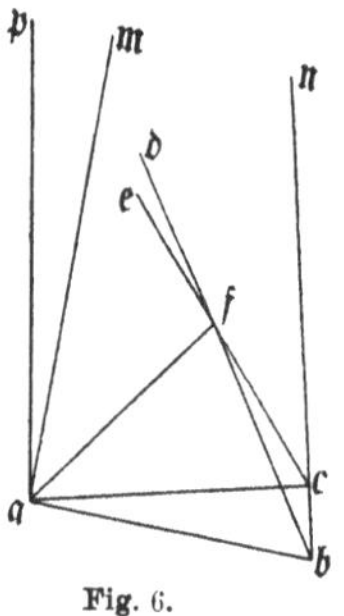

Fig. 6.

§ 10

Ist sowohl bn (Fig. 7), *als* cp, $|||\hat{=}\, am$; *so ist auch* $bn \,|||\hat{=}\, cp$.

Denn entweder bilden mab, mac einen *Winkel*, oder sie liegen in einer Ebene.

Erster Fall. Halbirt $\widetilde{q\delta f}$ die ab senkrecht; so ist $\delta q \llcorner ab$, also $\delta r \,|||\, am$ (§ 8). Ebenso ist, wenn $\widetilde{ers}$ die $ac \llcorner$ halbirt $er \,|||\, am$. Daher ist $\delta q \,|||\, er$ (§ 7). Hieraus folgt (vermöge § 9), daß $\widetilde{q\delta f}$, $\widetilde{ers}$ sich schneiden. Der Durchschnitt $\widetilde{fs}$ ist $|||\, \delta q$ (§ 7), und wegen $bn \,|||\, \delta q$ ist auch

$$fs \,|||\, bn.$$

Ferner ist für jeden Punkt von $\widetilde{fs}$,

$$fb = fa = fc,$$

daher $\widetilde{fs}$ in die bc senkrecht Halbirende $\widetilde{tgf}$ fällt. Nun ist wegen $fs \,|||\, bn$, auch

$$gt \,|||\, bn$$

(§ 7). Ebenso ist $gt \,|||\, cp$. Nun halbirt gt die bc senkrecht. Folglich ist $tgbn \equiv tgcp$ (§ 1), und

$$bn \,|||\hat{=}\, cp.$$

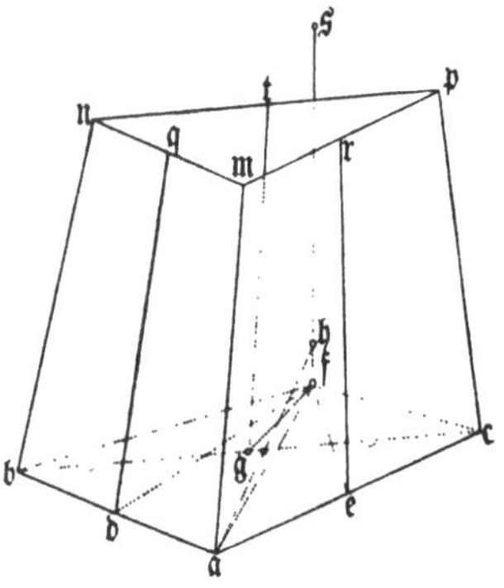

Fig. 7.

Zweiter Fall. Sei *außer* der Ebene, worin bn, am, cp liegen, $fs \,|||\hat{=}\, am$; so ist (nach dem ersten Falle) sowohl bn als cp, $|||\hat{=}\, fs$, und, *ebendaher*, $bn \,|||\hat{=}\, cp$.

§ 11

Der Inbegriff von a, und *aller* Punkte b, wobei *zugleich* $bn \,|||\hat{=}\, am$ sein kann, heiße F; der Durchschnitt aber von F mit einer die am enthaltende Ebene heiße L. Später wird gezeigt werden, daß F eine Fläche, L aber eine Linie sei.

In jeder Geraden, welche ||| am ist, hat F einen und nur *einen* Punkt (§ 5), und offenbar wird L durch am in 2 congruente Stücke getheilt. Es heiße daher $\widetilde{\mathrm{am}}$ die *Axe* von L, diese aber (in der Ebene, wovon die Rede ist, verstanden) die L *der* (*Axe*) $\widetilde{\mathrm{am}}$. Um am gedreht, beschreibt L offenbar eine F, wovon $\widetilde{\mathrm{am}}$ eine *Axe* ist, und welche selbst die F der $\widetilde{\mathrm{am}}$ genannt werden wird.

§ 12

Ist bn ||| ≏ am; *so fallen die L der* $\widetilde{\mathrm{am}}$ *und die L der* $\widetilde{\mathrm{bn}}$ *zusammen.*

Denn ist c wo immer in der L der $\widetilde{\mathrm{bn}}$ und cp ||| ≏ bn (was nach § 11 sein kann); so ist, da auch bn ||| ≏ am ist, cp ||| ≏ am (§ 10), und somit fällt c auch in die L der am. Und ist c wo immer in der L der am und cp ||| ≏ am, so ist auch cp ||| ≏ bn (§ 10) und somit c auch in der L der bn (§ 11). Demnach kommen die L der am und jene der bn ganz überein; jede bn(||| ≏ am) ist auch eine der Axe L von am, und zwischen allen Axen einer L ist ≏.

Dasselbe erhellet von F auf gleiche Art.

§ 13

Ist bn ||| am, cp ||| dq, (Fig. 8) *und* $\mathrm{bam} + \mathrm{abn} = 2\mathrm{R}$; *so ist auch* $\mathrm{dcp} + \mathrm{cdq} = 2\mathrm{R}$.

Denn es sei $\mathrm{ea} = \mathrm{eb}$ und $\mathrm{efm} = \mathrm{dcp}$ (was nach § 4 möglich ist); so ist, da

$$\mathrm{bam} + \mathrm{abn} = 2\mathrm{R} = \mathrm{abn} + \mathrm{abg}$$

ist,

$$\mathrm{ebg} = \mathrm{eaf};$$

ist also auch $\mathrm{bg} = \mathrm{af}$; so ist

$$\triangle\mathrm{ebg} = \triangle\mathrm{eaf}, \quad \mathrm{beg} = \mathrm{aef},$$

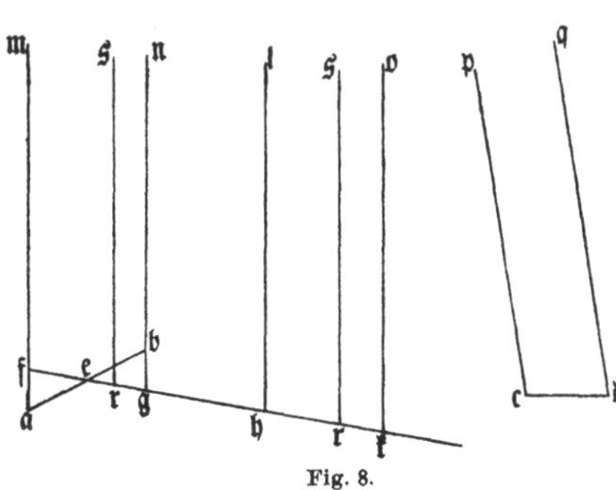

Fig. 8.

und g fällt in $\widetilde{\mathrm{fe}}$. Auch ist gn ||| fm (§ 6); ist also mfrs ≡ pcdq; so ist rs ||| gn (§ 7.), und r fällt *in* oder *außer* fg (wenn cd nicht $=$ fg ist; in welchem Falle der Satz schon klar ist).

I. Im *ersten* Falle ist frs nicht $>(2\mathrm{R} - \mathrm{rfm} = \mathrm{fgn})$, weil rs ||| fm ist; da aber auch rs ||| gn; so ist auch frs nicht $<$ fgn. Es ist also $\mathrm{frs} = \mathrm{fgn}$, und

$$\mathrm{rfm} + \mathrm{frs} = \mathrm{gfm} + \mathrm{fgn} = 2\mathrm{R}.$$

Folglich ist auch $\mathrm{dcp} + \mathrm{cdq} = 2\mathrm{R}$.

II. Fällt aber $\mathfrak{r}$ außer $\mathfrak{fg}$; so ist $\mathfrak{ngr} = \mathfrak{mfr}$, und es sei $\mathfrak{mfgn} \equiv \mathfrak{nghl} \equiv \mathfrak{lhko}$ u. s. f., bis $\mathfrak{fk} =$ oder zuerst $> \mathfrak{fr}$ wird. Hier ist $\mathfrak{ko} \parallel\!\parallel \mathfrak{hl} \parallel\!\parallel \mathfrak{fm}$ (§ 7). Fällt $\mathfrak{k}$ in $\mathfrak{r}$; so fällt $\mathfrak{ko}$ in $\mathfrak{rs}$ (§ 1), und daher ist

$$\mathfrak{rfm} + \mathfrak{frs} = \mathfrak{kfm} + \mathfrak{fko} = \mathfrak{kfm} + \mathfrak{fgn} = 2R;$$

fällt aber $\mathfrak{r}$ in $\mathfrak{hk}$; so ist (nach I.)

$$\mathfrak{rhl} + \mathfrak{hrs} = 2R = \mathfrak{rfm} + \mathfrak{frs} = \mathfrak{dcp} + \mathfrak{cdq}.$$

§ 14

Ist $\mathfrak{bn} \parallel\!\parallel \mathfrak{am}$, $\mathfrak{cp} \parallel\!\parallel \mathfrak{dq}$, *und* $\mathfrak{bam} + \mathfrak{abn} < 2R$; *so ist auch* $\mathfrak{dcp} + \mathfrak{cdq} < 2R$.

Denn wäre $\mathfrak{dcp} + \mathfrak{cdq}$ nicht $< 2R$; so wäre (wegen § 1) $\mathfrak{dcp} + \mathfrak{cdq} = 2R$, und dann müßte (nach § 13) wider Voraussetzung auch $\mathfrak{bam} + \mathfrak{abn} = 2R$ sein.

§ 15

Die §§ 13, 14 wohl erwogen, heiße das auf die Voraussetzung der Wahrheit des XI. Euklid'schen Axioms gebaute System der Geometrie Σ; die auf der entgegengesetzten Hypothese beruhende Raumlehre aber werde $\breve{S}$ genannt. Alle Sätze, wobei der Beisatz, daß selbe in Σ oder in S gelten, fehlen wird, werden als ***absolut***, *oder* ***unbedingt*** *statthaft zu betrachten sein.*

§ 16

L (Fig. 5, S. 188) *ist in Σ eine auf ihre Axe senkrechte Gerade.*

Denn es sei $\mathfrak{bn}$ eine andere Axe dieser L; so ist in Σ

$$\mathfrak{bam} + \mathfrak{abn} = 2\mathfrak{bam} = 2R$$

(§ 13 und 15), also $\mathfrak{bam} = R$. Und ist $\mathfrak{c}$ wo immer in $\widetilde{\mathfrak{ab}}$, und $\mathfrak{cp} \parallel\!\parallel \mathfrak{am}$; so ist (nach § 13) $\mathfrak{cp} \triangleq \mathfrak{am}$, also $\mathfrak{c}$ in dem L der $\mathfrak{am}$ (§ 11).

In S aber liegen ***nie*** *3 Punkte* $\mathfrak{a}, \mathfrak{b}, \mathfrak{c}$ *von L oder von F in* ***einer*** *Geraden.*

Denn liegen die 3 Axen $\mathfrak{am}, \mathfrak{bn}, \mathfrak{cp}$ in *einer* Ebene; so fällt Eine derselben, z. B. $\mathfrak{am}$, zwischen die 2 Andern, und dann ist (nach § 14) sowohl $\mathfrak{bam}$ als $\mathfrak{cam} < R$.

§ 17

L ist eine Linie und F eine Fläche.

Denn sind $\mathfrak{am}$, $\mathfrak{bn}$ 2 Axen einer F; so bleibt F um $\mathfrak{bn}$ oder $\mathfrak{am}$ gedreht (nach § 11) *ganz in sich selbst.* Nun beschreibt bei der Drehung um $\mathfrak{bn}$ jeder Punkt von F einen Kreisumfang; und jeder derlei Kreisumfang erzeugt bei der Drehung um $\mathfrak{am}$ eine Fläche, daher denn F eine *gleichförmige Fläche* ist, welche nämlich, es mögen $\mathfrak{a}$, $\mathfrak{b}$ was immer für Punkte von ihr sein, stets so in sich selbst gelegt werden kann, daß $\mathfrak{a}$ in $\mathfrak{b}$ fällt. Und hieraus folgt mit Rücksicht auf § 11 und 12, daß L eine *gleichförmige Linie* ist.[1])

§ 18

Jede durch einen Punkt $\mathfrak{a}$ (Fig. 7, S. 189) *von F gehende auf der Axe* $\mathfrak{am}$ *schiefe Ebene schneidet F in S in einem Kreisumfange.*

Denn seien $\mathfrak{b}$, $\mathfrak{c}$ noch zwei Punkte dieses Schnittes, und $\mathfrak{bn}$, $\mathfrak{cp}$ Axen; so bilden $\mathfrak{ambn}$, $\mathfrak{amcp}$ einen Winkel, sonst enthielte die (vermöge § 16) durch $\mathfrak{a}$, $\mathfrak{b}$, $\mathfrak{c}$ bestimmte Ebene wider Voraussetzung die $\mathfrak{am}$. Die die $\mathfrak{ab}$, $\mathfrak{ac}$ senkrecht halbirenden Ebenen schneiden sich sonach (wie § 10), und zwar in einer Axe $\widetilde{\mathfrak{fs}}$ der gegebenen F, und es ist $\mathfrak{fb} = \mathfrak{fa} = \mathfrak{fc}$. Ist $\mathfrak{ah} \perp \mathfrak{fs}$, und $\mathfrak{fah}$ dreht sich um $\mathfrak{fs}$; so beschreibt $\mathfrak{a}$ einen $\bigcirc\,\mathfrak{ha}$, der auch durch $\mathfrak{b}$ und $\mathfrak{c}$ geht, und *zugleich* in F und $\mathfrak{a}\widetilde{\mathfrak{b}}\mathfrak{c}$ liegt, daher er der Durchschnitt selbst von F und $\mathfrak{a}\widetilde{\mathfrak{b}}\mathfrak{c}$ ist.

Auch beschreibt offenbar der Endpunkt $\mathfrak{a}$ des in F um $\mathfrak{f}$ gedrehten L-Stückes $\mathfrak{fa}$, diesen nämlichen Kreisumfang.

§ 19

Die Senkrechte $\mathfrak{bt}$ (Fig. 5, S. 188) *auf die Axe* $\mathfrak{bn}$ *einer L (in der Ebene der L liegend) ist in S eine Tangente zu L.*

Denn L hat in $\widetilde{\mathfrak{bt}}$ außer $\mathfrak{b}$ keinen Punkt (§ 14); fällt aber $\mathfrak{bq}$ in $\mathfrak{tbn}$; so liegt der Mittelpunkt des (nach § 18) kreisförmigen Durchschnittes der durch $\mathfrak{bq}$ auf $\mathfrak{tbn}$ senkrechten Ebene mit der F der $\mathfrak{bn}$ offenbar in $\mathfrak{bq}$: und ist $\mathfrak{bq}$ der Durchmesser; so schneidet offenbar $\widetilde{\mathfrak{bq}}$ die L der $\mathfrak{bn}$ in $\mathfrak{q}$.

§ 20

Durch jede zwei Punkte ist in F eine L bestimmt (§ 11 und 18); und da nach §§ 16 und 19 L senkrecht auf alle ihre Axen ist; so *ist jeder L-linige Winkel in F dem Winkel der durch die Schenkel auf F senkrecht gelegten (Axen-)Ebenen gleich.*

§ 21

Zwei L-Linien $\mathfrak{a}\tilde{\mathfrak{p}}$, $\mathfrak{b}\tilde{\mathfrak{d}}$ (Fig. 6, S. 189) *in einer F, welche mit derselben dritten L-Linie* $\mathfrak{ab}$ *innere Winkel bilden, deren Summe* $< 2\mathrm{R}$ *ist, schneiden sich* (wobei unter $\widetilde{\mathfrak{ap}}$ in F die durch $\mathfrak{a}$, $\mathfrak{p}$ gehenden L, durch $\mathfrak{a}\tilde{\mathfrak{p}}$ aber jene in $\mathfrak{a}$ anfangende Hälfte zu verstehen ist, worein $\mathfrak{p}$ fällt).

1) [In den *Errata* des Appendix findet sich hierzu die Bemerkung: „Es ist nicht nötig, den Beweis auf S zu beschränken, da er leicht so vorgetragen wird, daß er unbedingt (für S und Σ) gilt".]

Denn sind am, bn Axen von F; so schneiden sich $am\tilde{p}$, $bn\tilde{d}$ (§ 9); ferner schneidet F (zufolge §§ 7 und 11) derselben Ebenen Durchschnitt; folglich schneiden auch $a\tilde{p}$, $b\tilde{d}$ einander.

Hiermit ist klar, daß *wenn an die Stelle der Geraden L-Linien treten*, das XI. Euklid'sche Axiom, und somit die ganze ebene Geometrie und Trigonometrie, in F *absolut* wahr sei; oder daß in F eine der gewöhnlichen, auf das XI. Axiom gebauten ganz analoge Lehre Statt finde. Alle trigonometrischen Funktionen werden somit hier in dem bekannten Sinne gebraucht werden; so ist z. B. sin $\frac{1}{3}$R $= \frac{1}{2}$ (der sin. tot. hier stets $= 1$ gesetzt), der Kreisumfang in F, dessen L-förmiger Halbmesser $= r$ ist, $= 2\pi r$ und ebenso $\odot r$ (in F) $= \pi r^2$ etc.; wobei π den $\frac{1}{2}\bigcirc 1$ in F, oder die bekannte Zahl 3,1415926 . . . bedeutet.

§ 22

Ist ab (Fig. 9) *die L der* am, c *in* $a\widetilde{m}$, *und der von der* $a\widetilde{m}$ *und der L-förmigen Linie* $a\tilde{b}$ *gebildete Winkel* cab *wird zuerst längs* $a\tilde{b}$, *dann längs* $b\tilde{a}$ *ins Unendliche fortgeschoben; so wird der Weg* cd *von* c *die L der* cm *sein.*

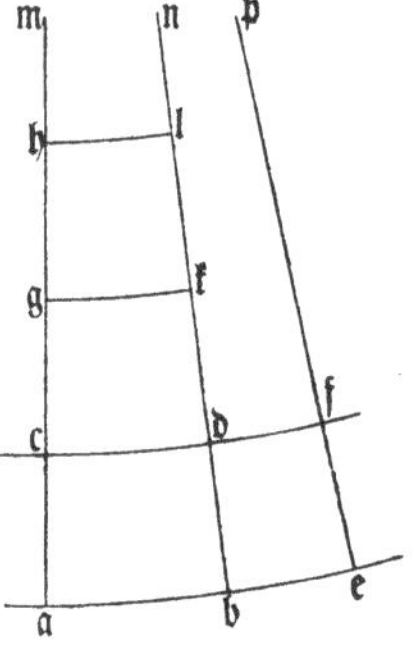

Fig. 9.

Denn ist d was immer für ein Punkt dieses Weges, $d\mathrm{n} \,|||\, \mathrm{cm}$ und b der in $\widetilde{dn}$ befindliche Punkt von der L der am; so ist bn ≏ am, und ac = bd, folglich dn ≏ cm, daher d in der L der cm liegt. Und ist d was immer für ein Punkt der L der cm, $d\mathrm{n} \,|||\, \mathrm{cm}$, und b der in $\widetilde{dn}$ fallende Punkt der L von am; so ist am ≏ bn, und cm ≏ dn, daher offenbar bd = ac, d in dem oberklärten Weg des Punktes c liegt, und dieser Weg mit der L der cm zusammenfällt. Derlei L-Linien also sind offenbar *überall gleich weit voneinander abstehend*, oder *gleichlaufend*, was durch Dazwischensetzung des Zeichens |||[1]) angedeutet werden wird.

§ 23

Ist die L-Linie (Fig. 9) cdf ∥ abc (§ 22), ab = be, und am, bn, np sind Axen; so ist offenbar cd = df. Und sind a, b, e was immer für 3 Punkte der L der am; so findet offenbar die Proportion

$$ab : cd = ae : cf$$

Statt. Es ist daher der Quotient ab : cd von ab völlig *unabhängig* und schon durch ac *gänzlich bestimmt.* Ein derlei Quotient wird in der

1) [Gesprochen *parallel.*]

Folge, Kürze und Einfachheit halber, wenn die zugehörige Länge $\mathfrak{ac}$ durch einen kleinen Buchstab, z. B. x bezeichnet wurde, stets durch den gleichnamigen, großen Buchstaben X ausgedrückt werden.

§ 24

Es mögen x, y (Fig. 9, S. 193) *was immer für 2 Längen sein; so ist allzeit* $Y = X^{\frac{y}{x}}$ (§ 23).

Denn entweder ist Eins von x, y ein Vielfaches des Andern, oder nicht.

Ist z. B. $y = nx$; so sei $x = \mathfrak{ac} = \mathfrak{cg} = \mathfrak{gh}$ usw. bis $\mathfrak{ah} = y$ wird; ferner sei $\mathfrak{cd} \parallel \mathfrak{gf} \parallel \mathfrak{hl}$; so ist (nach § 23)

$$X = \frac{\mathfrak{ab}}{\mathfrak{cd}} = \frac{\mathfrak{cd}}{\mathfrak{gf}} = \frac{\mathfrak{gf}}{\mathfrak{hl}},$$

folglich

$$\frac{\mathfrak{ab}}{\mathfrak{hl}} = \left(\frac{\mathfrak{ab}}{\mathfrak{cd}}\right)^n,$$

oder

$$Y = X^n = X^{\frac{y}{x}}.$$

Sind aber x, y Vielfache von i, und zwar

$$x = mi, \quad y = ni;$$

so ist (nach Vorigem)

$$X = I^m, \quad Y = I^n,$$

folglich

$$Y = X^{\frac{n}{m}} = X^{\frac{y}{x}}.$$

Für den Fall einer Incommensurabilität von x, y kann nun der Satz auch leicht dargethan werden, was hier jedoch der Kürze wegen übergangen wird.

Übrigens sieht man leicht, daß wenn $q = y - x$ ist, $Q = Y : X$ sei. Wie auch, daß in Σ für *jede* Länge x das zugehörige $X = 1$ sei, in S aber *stets* $X > 1$ sei, und daß es im letzteren Fall für jede 2 L-Stücke $\mathfrak{ab}$, $\mathfrak{abe}$ ein $\mathfrak{cdf} \parallel \mathfrak{abe}$ gebe, so daß $\mathfrak{cdf} = \mathfrak{ab}$ sei, daher $\mathfrak{ambn} \equiv \mathfrak{amep}$ ist, obwohl auch $\mathfrak{amep} : \mathfrak{ambn} = \mathfrak{abe} : \mathfrak{ab}$, also $\mathfrak{amep}$ von $\mathfrak{ambn}$ ein beliebiges Vielfache sein kann. Ein Umstand, der für sich allerdings genug merkwürdig ist, ohne daß daraus vergönnt wäre auf eine Unstatthaftigkeit von S zu schließen.

§ 25

In jedem geradlinigen Dreiecke (Fig. 10) *verhalten sich die mit den Seiten als Halbmesser beschriebenen Kreisumfänge wie die Sinus der entgegengesetzten Winkel.*

Denn es sei $abc = R$, $am \perp bac$, und bn, cp seien $\parallel am$; so ist $cab \perp ambn$, also (da $cb \perp ba$ ist) $cb \perp ambn$, folglich $cpbn \perp ambn$. Schneide die F der cp die $\widetilde{bn}$, $\widetilde{am}$ beziehungsweise in d, e, und die Streifen $cpbn$, $cpam$, $bnam$ in den L-Stücken cd, ce, dn; so ist (nach § 20) cde = dem Winkel der Ebenen ndc, nde, also $= R$; und ebenso ist $ced = cab$.

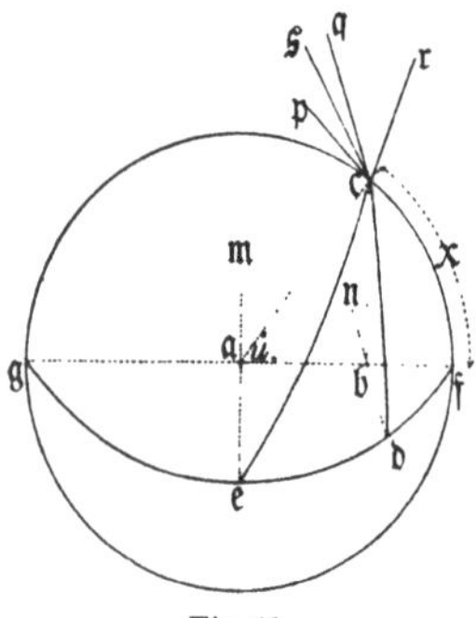

Fig. 10.

Nun ist (nach § 21) in dem L-linigen Dreiecke ced,

$$ec : cd = 1 : \sin dec = 1 : \sin cab.$$

Auch ist (nach § 21)

$$ec : dc = \bigcirc ec : \bigcirc dc \quad (in\ F)$$
$$= \bigcirc ac : \bigcirc bc \quad (\S\ 18).$$

Demnach ist auch

$$\bigcirc ac : \bigcirc bc = 1 : \sin cab.$$

Da nun der aufgestellte Satz von einem rechtwinkligen Dreiecke bewiesen ist; so wird derselbe durch Zerfällung eines jeden Dreieckes in 2 Rechtwinklige leicht allgemein gerechtfertiget.

§ 26

In jedem sphärischen Dreiecke (Fig. 11) *verhalten sich die Sinusse der Seiten wie die Sinusse ihrer Gegenwinkel.*

Denn es sei $abc = R$, und ced senkrecht auf den Kugel-Halbmesser oa; so ist $ced \perp acb$, und (da auch $boc \perp boa$ ist) $cd \perp ob$. In den Dreiecken ceo, cdo aber ist (nach § 25)

$$\bigcirc ec : \bigcirc oc : \bigcirc dc = \sin coe : 1 : \sin cod$$
$$= \sin ac : 1 : \sin bc.$$

Nun ist (vermöge § 25) auch

$$\bigcirc ec : \bigcirc dc = \sin cde : \sin ced.$$

Daher ist

$$\sin ac : \sin bc = \sin cde : \sin ced.$$

Es ist aber $cde = R = cba$, und $ced = cab$. Folglich

$$\sin ac : \sin bc = 1 : \sin a.$$

Fig. 11.

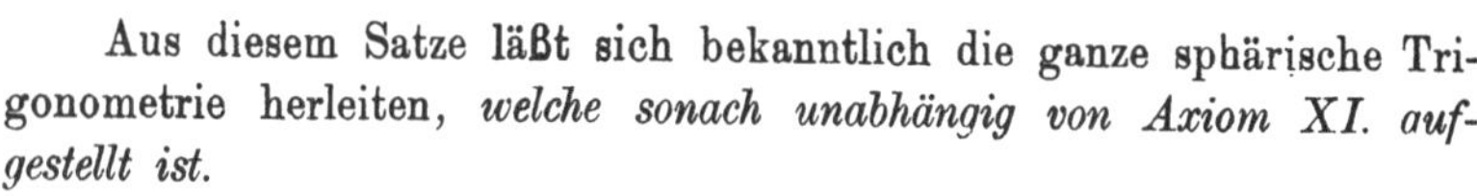

Aus diesem Satze läßt sich bekanntlich die ganze sphärische Trigonometrie herleiten, *welche sonach unabhängig von Axiom XI. aufgestellt ist.*

§ 27

Sind ac, bd (Fig. 12) *senkrecht auf* ab, *und man schiebt* cab *längs* $\widetilde{ab}$ *fort; so wird sich verhalten der Weg von* c *(welcher hier* cd *heiße):* $ab = \sin u : \sin v$.

13*

Denn es sei $\mathfrak{de} \perp ca$; so ist in den Dreiecken $a\mathfrak{d}e$, $a\mathfrak{d}b$ (nach § 25)

$$\bigcirc \mathfrak{ed} : \bigcirc a\mathfrak{d} : \bigcirc ab = \sin u : 1 : \sin v.$$

Dreht sich $bac\mathfrak{d}$ um ac; so beschreibt b einen $\bigcirc ab$, $\mathfrak{d}$ einen $\bigcirc \mathfrak{ed}$, und der Weg der erwähnten $c\mathfrak{d}$ werde hier bezeichnet durch $\odot c\mathfrak{d}$.

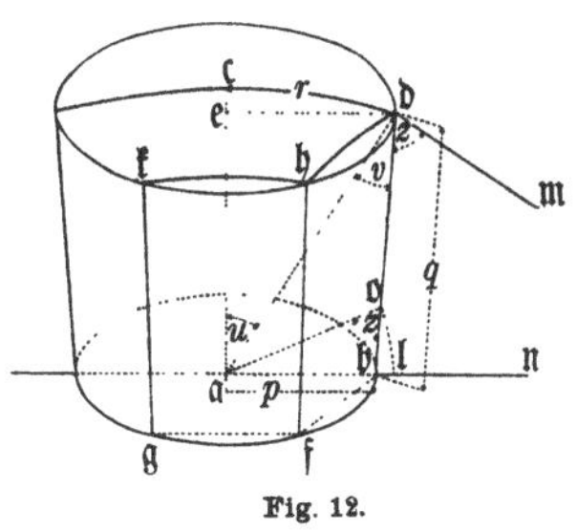

Fig. 12.

Ist ferner was immer für ein (geradliniges) Vieleck bfg ... dem $\odot ab$ eingeschrieben; so entsteht, wenn man durch alle Seiten bf, fg,... desselben auf $\odot ab$ senkrechte Ebenen legt, auch in $\odot c\mathfrak{d}$ eine Polygonal-Figur von derselben Anzahl Seiten, und es ergibt sich (wie § 23), daß

$$c\mathfrak{d} : ab = \mathfrak{dh} : bf = \mathfrak{hk} : fg \text{ etc}$$

und somit

$$\mathfrak{dh} + \mathfrak{hk} + \text{etc.} : bf + fg + \text{etc.} = c\mathfrak{d} : ab$$

sich verhalte. Strebt jede der Seiten bf, fg, ... zu verschwinden; so ist offenbar

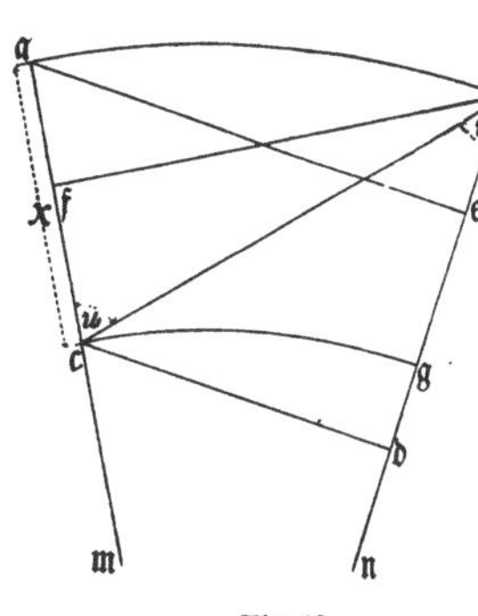

Fig. 13.

$$bf + fg + \text{etc.} \backsim \bigcirc ab$$

und

$$\mathfrak{dh} + \mathfrak{hk} + \text{etc.} \backsim \bigcirc \mathfrak{ed}.$$

Demnach ist auch

$$\bigcirc \mathfrak{ed} : \bigcirc ab = c\mathfrak{d} : ab.$$

Nun war

$$\bigcirc \mathfrak{ed} : \bigcirc ab = \sin u : \sin v.$$

Folglich ist

$$c\mathfrak{d} : ab = \sin u : \sin v.$$

Entfernt sich ac von $b\mathfrak{d}$ ins Unendliche; so bleibt

$$c\mathfrak{d} : ab,$$

folglich ist auch

$$\sin u : \sin v$$

beständig. Nun ist $u \backsim R$ (§ 1), und, wenn $\mathfrak{dm} \parallel\!\!| bn$ ist, $v \backsim z$. Hieraus folgt

$$c\mathfrak{d} : ab = 1 : \sin z.$$

Der erwähnte Weg $c\mathfrak{d}$ wird durch $c\mathfrak{d} \parallel ab$ bezeichnet werden.

§ 28

Ist $bn \parallel\!\!| \triangleq am$ (Fig. 13), c *in* $a\widetilde{m}$, *und* $ac = x$; *so ist* X (§ 23) $= \sin u : \sin v$.

Denn sind $\mathfrak{cd}$, $\mathfrak{ae}$ senkrecht auf $\mathfrak{bn}$, und $\mathfrak{bf} \perp \mathfrak{am}$; so ist (auf ähnliche Art wie § 27)

$$\bigcirc \mathfrak{bf} : \bigcirc \mathfrak{cd} = \sin u : \sin v.$$

Nun ist offenbar $\mathfrak{bf} = \mathfrak{ae}$, weshalb

$$\bigcirc \mathfrak{ea} : \bigcirc \mathfrak{dc} = \sin u : \sin v.$$

In den *F*-Flächen der $\mathfrak{am}$ und $\mathfrak{cm}$ aber (welche den Streifen $\mathfrak{ambn}$ nach $\mathfrak{ab}$ und $\mathfrak{cg}$ schneiden) ist nach § 21

$$\bigcirc \mathfrak{ea} : \bigcirc \mathfrak{dc} = \mathfrak{ab} : \mathfrak{cg} = X.$$

Daher ist auch

$$X = \sin u : \sin v.$$

§ 29

Ist $\mathfrak{bam} = \mathrm{R}$ (Fig. 14), $\mathfrak{ab} = y$, *und* $\mathfrak{bn} \parallel\!| \mathfrak{am}$; *so ist in S,* $Y = \cot \frac{1}{2} u$.

Denn ist $\mathfrak{ab} = \mathfrak{ac}$, und $\mathfrak{cp} \parallel\!| \mathfrak{am}$ (also $\mathfrak{bn} \parallel\!| \simeq \mathfrak{cp}$), ferner $\mathfrak{pcd} = \mathfrak{qcd}$; so gibt es (zufolge § 19) eine Senkrechte $\mathfrak{ds}$ auf $\mathfrak{cd}$, so daß $\mathfrak{ds} \parallel\!| \mathfrak{cp}$, und folglich (nach § 1) $\mathfrak{dt} \parallel\!| \mathfrak{cq}$ sei. Ist ferner $\mathfrak{be} \perp \mathfrak{d\tilde{s}}$, so ist (nach § 7) $\mathfrak{ds} \parallel\!| \mathfrak{bn}$, also (nach § 6) $\mathfrak{bn} \parallel\!| \mathfrak{es}$, und (da $\mathfrak{dt} \parallel\!| \mathfrak{cq}$ ist) $\mathfrak{bq} \parallel\!| \mathfrak{et}$, also (aus § 1) $\mathfrak{ebn} = \mathfrak{ebq}$.

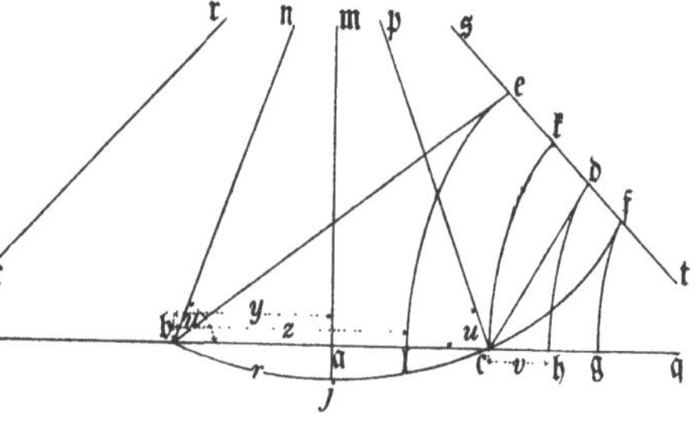

Fig. 14.

Stellt man sich das Stück $\mathfrak{bcf}$ der *L* der $\mathfrak{bn}$, und die Stücke $\mathfrak{fg}$, $\mathfrak{dh}$, $\mathfrak{ck}$ und $\mathfrak{el}$ der *L*-Linien von $\mathfrak{ft}$, $\mathfrak{dt}$, $\mathfrak{cq}$ und $\mathfrak{et}$ vor; so ist offenbar (nach § 22)

$$\mathfrak{hg} = \mathfrak{df} = \mathfrak{dk} = \mathfrak{hc},$$

und folglich

$$\mathfrak{cg} = 2\mathfrak{ch} = 2v.$$

Offenbar ist ebenso

$$\mathfrak{bg} = 2\mathfrak{bl} = 2z.$$

Nun ist

$$\mathfrak{bc} = \mathfrak{bg} - \mathfrak{cg},$$

weshalb

$$y = z - v,$$

und folglich (vermöge § 24)

$$Y = Z : V$$

ist. Es ist endlich (nach § 28)

$$Z = 1 : \sin \tfrac{1}{2} u$$

und

$$V = 1 : \sin (\mathrm{R} - \tfrac{1}{2} u)$$

und sohin

$$Y = \cot \tfrac{1}{2} u.$$

§ 30

Aus § 25 ergibt sich leicht, daß zur Auflösung des Problems der *ebenen Trigonometrie in S* es nöthig wäre, einen Ausdruck des Kreisumfanges durch den Halbmesser zu haben. Dieses soll durch Rectificirung von L bewerkstelliget werden.

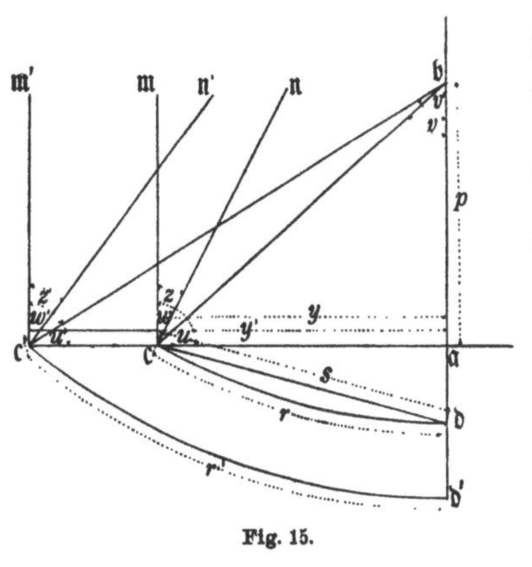

Fig. 15.

Seien $\mathfrak{ab}, \mathfrak{cm}, \mathfrak{c'm'} \perp \mathfrak{a\tilde{c}}$ (Fig. 15), und $\mathfrak{b}$ wo immer in $\mathfrak{a\tilde{b}}$; so ist (nach § 25)

$$\sin u : \sin v = \bigcirc p : \bigcirc y,$$

und

$$\sin u' : \sin v' = \bigcirc p : \bigcirc y',$$

also

$$\frac{\sin u}{\sin v} \cdot \bigcirc y = \frac{\sin u'}{\sin v'} \cdot \bigcirc y'.$$

Nun ist (nach § 27)

$$\sin v : \sin v' = \cos u : \cos u';$$

folglich

$$\frac{\sin u}{\cos u} \bigcirc y = \frac{\sin u'}{\cos u'} \bigcirc y'$$

oder

$$\bigcirc y : \bigcirc y' = \operatorname{tang} u' : \operatorname{tang} u = \operatorname{tang} w : \operatorname{tang} w'.$$

Seien ferner $\mathfrak{cn}, \mathfrak{c'n'} ||| \mathfrak{ab}$, und $\mathfrak{cb}, \mathfrak{c'b'}$ auf $\widetilde{\mathfrak{ab}}$ senkrechte L-Bögen; so ist (nach § 21) auch

$$\bigcirc y : \bigcirc y' = r : r',$$

also

$$r : r' = \operatorname{tang} w : \operatorname{tang} w'.$$

Wächst p von $\mathfrak{a}$ an unendlich; so ist $w \frown z, w' \frown z'$, daher auch

$$r : r' = \operatorname{tang} z : \operatorname{tang} z'$$

ist. Die von r *unabhängige Beständige* $r : \operatorname{tang} z$ heiße i. Ist $y \frown 0$; so ist

$$\left(\frac{r}{y} = \frac{i \operatorname{tang} z}{y}\right) \frown 1,$$

folglich

$$\frac{y}{\operatorname{tang} z} \frown i.$$

Aus § 29 folgt aber

$$\operatorname{tang} z = \tfrac{1}{2}(Y - Y^{-1}),$$

folglich ist

$$\frac{2y}{Y - Y^{-1}} \frown i,$$

oder (nach § 24)

$$\frac{2y I^{\frac{y}{i}}}{I^{\frac{2y}{i}} - 1} \frown i.$$

Nun strebt bekanntlich dieser Ausdruck (bei $y \frown 0$) auch zur Gränze $\frac{i}{\log \operatorname{nat} I}$; es ist demnach

$$\frac{i}{\log \operatorname{nat} I} = i \text{ und } I = e = 2{,}7182818\ldots,$$

sodaß diese merkwürdige Größe auch hier eine eben so wichtige als glänzende Rolle spielt. Bedeutet also i von nun an jene Länge, deren $I = e$ ist, so ist $r = i \operatorname{tang} z$. Es war aber (§ 21) $\bigcirc y = 2\pi r$; mithin ist

$$\bigcirc y = 2\pi i \operatorname{tang} z = \pi i (Y - Y^{-1})$$

$$= \pi i \left(e^{\frac{y}{i}} - e^{-\frac{y}{i}}\right) = \frac{\pi y}{\log \operatorname{nat} Y}(Y - Y^{-1})$$

(vermöge § 24).

§ 31

Zur trigonometrischen Auflösung aller geradlinigen *rechtwinkligen* Dreiecke (wodurch die Auflösung *aller* Dreiecke bewirkt wird) in S reichen folgende 3 Gleichungen hin; nämlich (wenn a, b (Fig. 16) die Katheten, c die Hypotenuse, und α, β beziehungsweise die den Katheten entgegengesetzten Winkel bedeuten) eine Gleichung, welche die bestehende Relation ausdrückt 1.) zwischen a, c, α; 2.) zwischen a, α, β; 3.) zwischen a, b, c. Aus diesen Gleichungen gehen nämlich die noch bekanntlich fehlenden und zur vollständigen Auflösung der Dreiecke nöthigen drei Gleichungen durch Elimination hervor.

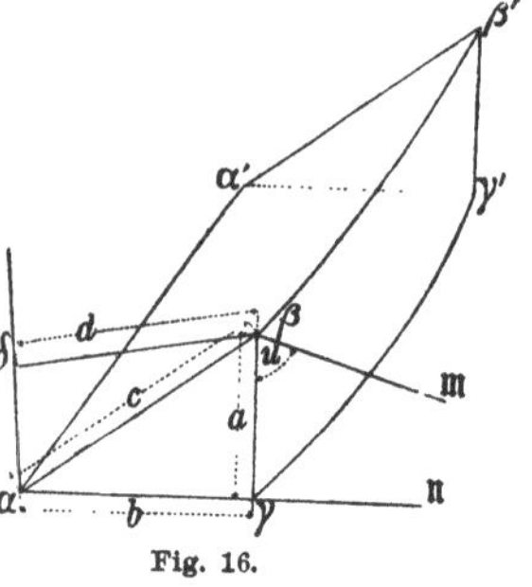

Fig. 16.

I. Aus § 25 und 30 folgt

$$1 : \sin\alpha = (C - C^{-1}) : (A - A^{-1}) = \left(e^{\frac{c}{i}} - e^{-\frac{c}{i}}\right) : \left(e^{\frac{a}{i}} - e^{-\frac{a}{i}}\right),$$

eine Gleichung für a, c, α.

II. Aus § 27 ist (wenn $\beta\mathfrak{m} ||| \gamma\mathfrak{n}$ ist)

$$\cos\alpha : \sin\beta = 1 : \sin u;$$

aus § 29 aber wird

$$1 : \sin u = \tfrac{1}{2}(A + A^{-1}).$$

Daher ist

$$\cos\alpha : \sin\beta = \tfrac{1}{2}(A + A^{-1}) = \tfrac{1}{2}\left(e^{\frac{a}{i}} + e^{-\frac{a}{i}}\right),$$

eine Gleichung für a, α, β.

III. Ist $\alpha\alpha' \perp \beta\alpha\gamma$, und $\beta\beta', \gamma\gamma'$ sind $\| \alpha\alpha'$ (§ 27), ferner $\beta'\alpha'\gamma' \perp \alpha\alpha'$; so ist offenbar (so wie § 27)

$$\frac{\beta\beta'}{\gamma\gamma'} = \frac{1}{\sin u} = \tfrac{1}{2}(A + A^{-1}),$$

$$\frac{\gamma\gamma'}{\alpha\alpha'} = \tfrac{1}{2}(B + B^{-1}),$$

und
$$\frac{\beta\beta'}{\alpha\alpha'} = \tfrac{1}{2}(C + C^{-1}),$$
folglich
$$\tfrac{1}{2}(C + C^{-1}) = \tfrac{1}{2}(A + A^{-1})\cdot\tfrac{1}{2}(B + B^{-1})$$
oder
$$e^{\frac{c}{i}} + e^{-\frac{c}{i}} = \tfrac{1}{2}\left(e^{\frac{a}{i}} + e^{-\frac{a}{i}}\right)\left(e^{\frac{b}{i}} + e^{-\frac{b}{i}}\right),$$
eine Gleichung für a, b, c.

{Ist $\gamma\alpha\delta = \mathrm{R}$, und $\beta\gamma \perp \alpha\delta$, so ist
$$\bigcirc c : \bigcirc a = 1 : \sin\alpha,$$
und
$$\bigcirc c : \bigcirc(d = \beta\delta) = 1 : \cos\alpha,$$
demnach (wenn $\bigcirc x^2$ für beliebiges x das Produkt $\bigcirc x \cdot \bigcirc x$ bedeutet) offenbar
$$\bigcirc a^2 + \bigcirc d^2 = \bigcirc c^2.$$
Es ist aber (aus § 27 und II.)
$$\bigcirc d = \bigcirc b \cdot \tfrac{1}{2}(A + A^{-1})$$
folglich
$$\left(e^{\frac{c}{i}} - e^{-\frac{c}{i}}\right)^2 = \tfrac{1}{4}\left(e^{\frac{a}{i}} - e^{-\frac{a}{i}}\right)^2\left(e^{\frac{b}{i}} - e^{-\frac{b}{i}}\right)^2 + \left(e^{\frac{a}{i}} - e^{-\frac{a}{i}}\right)^2;$$
eine andere Gleichung für a, b, c (deren *rechte* Seite leicht auf eine *symmetrische* oder *invariable* Form gebracht wird).}

Aus
$$\frac{\cos\alpha}{\sin\beta} = \tfrac{1}{2}(A + A^{-1}),$$
und
$$\frac{\cos\beta}{\sin\alpha} = \tfrac{1}{2}(B + B^{-1})$$
endlich ergibt sich (mit Rücksicht auf III.) sogleich
$$\cot\alpha \cdot \cot\beta = \tfrac{1}{2}\left(e^{\frac{c}{i}} + e^{-\frac{c}{i}}\right),$$
welches eine Gleichung zwischen c, α, β darbietet.

§ 32

Im vorigen § ist es gelungen, die Aufgabe, welche die ebene Trigonometrie in S zum Gegenstande hat, zu lösen. Hierdurch wäre aber hinsichtlich einer *absolut* wahren (und nicht bloß auf die ausdrückliche Hypothese einer Wirklichkeit von Σ oder S sich gründenden) ebenen Trigonometrie unmittelbar noch nichts gewonnen.

Es läßt sich jedoch (auch a priori, am leichtesten aber unmittelbar a posteriori) zeigen, daß *die Gränze eines jeden die Größe i ent-*

haltenden und somit auf der Voraussetzung, daß es ein i gebe, beruhenden Ausdruckes, bei dem unendlichen Wachsen von i, genau die ausgedrückte Größe für den Fall von Σ, und somit in der Voraussetzung, daß gar kein i bestehe, ausdrücke. Wobei jedoch keineswegs zu glauben ist, man könne etwa das System der Geometrie selbst wirklich verändern und z. B. (in der Voraussetzung der Realität von S) i nach *Belieben* größer oder kleiner oder auch ganz verschwinden machen. Dies ist an und für sich so unmöglich, als die Natur des Raumes schlechterdings unwandelbar und in sich selbst bestimmt ist. Denn (absolut oder unbedingt gesprochen) entweder gibt es ein i oder nicht, und im ersten Fall ist die Größe davon an sich vollkommen bestimmt und ewig unveränderlich. Da uns in Ansehung der Beschaffenheit von i bis jetzt gar nichts bekannt ist, und es vielmehr dem Verfasser gelang (mit voller geometrischer Schärfe) zu zeigen, daß der Natur der Sache nach nie irgend ein Scharfsinn es zu einer diesfälligen Erkenntnis bringen könne; so ist es allerdings vergönnt, *nacheinander* beliebige verschiedene Hypothesen diesfalls zu Grunde zu legen, und so verschiedene *hypothetische* Systeme aufzuführen.

Gesetzt aber, daß bei jedem derlei Ausdrucke mit i dieser Buchstab für den Fall von S jene in sich bestimmte Länge bedeute, deren $I = e$ ist; für den Fall von Σ hingegen stets die oberwähnte Gränze genommen werde; so werden alsdann offenbar alle aus der vorausgesetzten Wahrheit von S entspringenden Ausdrücke (in diesem Sinne) *unbedingt* gelten, so unbekannt es immer bleiben muß, ob eigentlich Σ oder S bestehe.

So z. B. geht aus dem § 30 erhaltenen Ausdrucke (und zwar sowohl durch Hülfe der Differenzirung als ohne selbe) leicht für Σ der bekannte Wert $\bigcirc x = 2\pi x$ hervor; aus I. (§ 31) folgt bei gehöriger Behandlung 1: $\sin\alpha = c:a$; aus II aber $\frac{\cos\alpha}{\sin\beta} = 1$, also $\alpha + \beta = \mathrm{R}$; die Gleichung in III. endlich wird auf den ersten Anblick identisch (wo sie zwar ebenfalls für Σ gilt, obwohl sie dafür keine neue Wahrheit bestimmt oder zu erkennen gibt); sie läßt sich jedoch auf eine Art behandeln, wo sie den pythagorischen Lehrsatz $c^2 = a^2 + b^2$ darbietet. Dies sind denn offenbar die bekannten Grundgleichungen der ebenen Trigonometrie in Σ.

§ 33

Nun soll das Wesen des Resultates dieser Lehre, und was selbe im Stande ist zu leisten, kurz angeführt werden.

I. Ob an sich eigentlich Σ oder S bestehe, bleibt hier (und, wie der Verfasser beweisen kann, für immer) gänzlich und schlechterdings unentschieden.

II. Man *hat* nunmehr eine absolut wahre (d. i. von aller Voraussetzung freie) *ebene Trigonometrie*, worin jedoch (nach I.) die Größe $\imath$, und ob sie vorhanden sei, durchaus unbestimmt bleibt, [jedoch] bis auf diese einzige Unbekannte alles bestimmt ist. Die *sphärische* Trigonometrie aber wurde in § 26 absolut gerechtfertigt; sodaß die gewöhnliche, bekannte sphärische Trigonometrie vom XI. Axiom gar nicht abhängig und unbedingt wahr ist.

III. Mittels dieser beiden Trigonometrien und einigen (in der Druckschrift § 32 angegebenen) Hülfssätzen wird man der Auflösung aller Aufgaben der Raumlehre und Mechanik, welche die sogenannte Analysis bei ihrer jetzigen Höhe in ihrer Gewalt hat (in dem nunmehr keiner weiteren Erläuterung bedürfenden Sinne) nunmehr *geradezu* ohne Hülfe des XI. Axioms (worauf bisher alles als Haupt-Grund-Pfeiler beruhte) mächtig, und die ganze Raumlehre läßt sich in besagtem Sinne von nun an nach der (zwischen gehörigen Schranken mit Recht gepriesenen) analytischen Methode der Neueren abhandeln.

Tritt nun auch der Beweis der Unmöglichkeit, je zwischen Σ und S zu entscheiden, hinzu (den der Verfasser gleichfalls besitzt); so ist das Wesen des XI. Axioms vollends ergründet und die intrikate Materie der Parallelen vollkommen durchdrungen, und die bis zur Stunde (für die nach Wahrheit dürstenden Geister) so unglückselig geherrscht habende, die Lust zur Wissenschaft benehmende und Zeit und Kraft so Vielen geraubt habende totale Sonnenfinsternis für immer verschwunden. Und es *lebt* in dem Verfasser die (vollkommen geläuterte) Überzeugung (desgleichen er auch von jedem einsichtsvollen Leser erwartet), daß durch Aufklärung des Gegenstandes Einer der *allerwichtigsten* und *allerglänzendsten* Beiträge zur wahren Bereicherung der Wissenschaft, zur Bildung des Verstandes und somit zur Hebung des menschlichen Schicksals gemacht wurde.

Als eine Zugabe wird den Freunden der Wahrheit nicht unwillkommen sein (in den § 34 bis 43 der Druckschrift) für den Fall von S den Kreis geometrisch quadrirt d. i. mit einem Lineal nnd einem Zirkel einen Kreis construirt zu sehen, der einer gewissen geradlinigen Figur dem Inhalte nach gleich ist; sodaß *entweder* das berüchtigte XI. Axiom wirklich als wahr dasteht, *oder* die weltberühmte *Quadratur des Kreises* bewerkstelligt ist, ohne jedoch je zu erfahren, welches von Beiden wirklich Statt finde. Übrigens dürfte schon daraus, daß der Verfasser selbst diese an sich allerdings höchst merkwürdige (obwohl offenbar keineswegs mit der eigentlich gewöhnlich gesuchten übereinstimmende) Quadratur als eine ganz unbedeutende *Anmerkung* in Ansehung des *Wesent-*

lichen in der ganzen Lehre betrachtet, sich ein weit höherer Werth und eine umfassendere Tendenz des Ganzen sich erahnen lassen.

Schlüßlich wird hier nur noch bemerkt, daß man (nach § 34) in in der That im Stande ist (Fig. 12, S. 196) aus jedem Punkte $\mathfrak{d}$ zu einer gegebenen Geraden $\mathfrak{an}$ eine $\mathfrak{dm}$ geometrisch so zu ziehen, daß $\mathfrak{dm} \parallel \mathfrak{an}$ ist, obgleich es keinem Verstande möglich ist, je über den Winkel $\mathfrak{adm}$ a priori durch logische Schlüsse mehr zu bestimmen, als daß derselbe > 0 und nicht $> 2R - \mathfrak{dan}$ sei.

---

§ 32[1]).

Es bleibt noch übrig, kurz darzulegen, wie die *Aufgaben* in S gelöst werden; sobald dies (durch leichtere Beispiele) geschehen ist, soll schließlich klar ausgesprochen werden, was die vorliegende Lehre leistet.

I. Es sei $\widetilde{\mathfrak{ab}}$ (Fig. 17) eine Linie in der Ebene, und $y = f(x)$ ihre Gleichung (für ⊾e Koordinaten), und ein beliebiger Zuwachs von z heiße dz, und die Zuwächse von x, y und der Fläche u, die demselben dz entsprechen, sollen beziehungsweise mit dx, dy, du bezeichnet werden; ferner sei $\mathfrak{bh} \parallel \mathfrak{cf}$, und es möge (nach §§ 31 und 27) $\frac{\mathfrak{bh}}{dx}$ durch y ausgedrückt und die *Grenze* von $\frac{dy}{dx}$ gesucht werden, wenn dx der Grenze 0 zustrebt (was immer stillschweigend gemeint ist, wo eine solche Grenze gesucht wird). Hieraus wird auch die Grenze von $\frac{dy}{\mathfrak{bh}}$ bekannt, und auch $\operatorname{tg} \mathfrak{hbg}$, und (da $\mathfrak{hbc}$ augenscheinlich weder $>$ noch $<$ und also $= R$ ist) so ist die *Tangente* in $\mathfrak{b}$ von $\mathfrak{bg}$ durch y bestimmt.

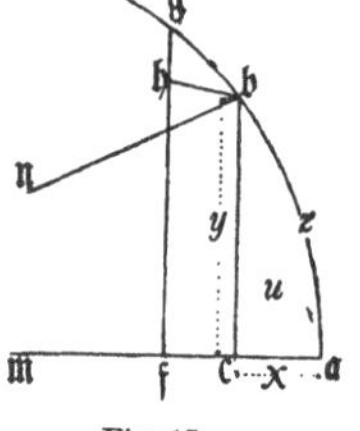

Fig. 17.

II. Es läßt sich beweisen, daß

$$\frac{dz^2}{dy^2 + \mathfrak{bh}^2} \sim 1.$$

Hieraus wird die *Grenze* von $\frac{dz}{dx}$ und somit durch Integration z (durch x ausgedrückt) gefunden.

Es ist auch möglich, die Gleichung irgend einer *in concreto gegebenen* Linie in S zu finden, zum Beispiel die von L.

Ist nämlich $\widetilde{\mathfrak{am}}$ eine Axe von L, so wird L von jeder Geraden $\widetilde{\mathfrak{cb}}$ aus $\widetilde{\mathfrak{am}}$ geschnitten (da nach § 19 jede Gerade aus $\mathfrak{a}$ außer $\widetilde{\mathfrak{am}}$ L schneidet); es ist aber (wenn $\widetilde{\mathfrak{bn}}$ eine Axe ist)

$$X = 1 : \sin \mathfrak{cbn} \quad (\S\ 28),$$

1) [Es folgen die §§ 32 bis 43 des *Appendix* in deutscher Übertragung; vgl. die Anmerkung 1) auf S. 185.]

und

$$Y = \cot \tfrac{1}{2} \mathfrak{cbn} \quad (\S\ 29),$$

und hieraus ergibt sich

$$Y = X + \sqrt{X^2 - 1}$$

oder

$$e^{\frac{y}{i}} = e^{\frac{x}{i}} + \sqrt{e^{\frac{2x}{i}} - 1}$$

als die gesuchte Gleichung. Mithin ist

$$\frac{dy}{dx} \backsim X(X^2 - 1)^{-\frac{1}{2}};$$

nun ist aber

$$\frac{\mathfrak{bh}}{dx} = 1 : \sin \mathfrak{cbn} = X,$$

also

$$\frac{dy}{\mathfrak{bh}} \backsim (X^2 - 1)^{-\frac{1}{2}};$$

$$1 + \frac{dy^2}{\mathfrak{bh}^2} \backsim X^2(X^2 - 1)^{-1},$$

$$\frac{dz^2}{\mathfrak{bh}^2} \backsim X^2(X^2 - 1)^{-1}$$

$$\frac{dz}{\mathfrak{bh}} \backsim X(X^2 - 1)^{-\frac{1}{2}}$$

und

$$\frac{dz}{dx} \backsim X^2(X^2 - 1)^{-\frac{1}{2}};$$

woraus durch Integration

$$z = i(X^2 - 1)^{\frac{1}{2}} = i \cot \mathfrak{cbn}$$

gefunden wird (wie in § 30).

III. Augenscheinlich ist

$$\frac{du}{dx} \backsim \frac{\mathfrak{hfcbh}}{dx},$$

was (da es nur von y abhängt) zunächst durch y auszudrücken ist; hieraus geht u durch Integration hervor.

Ist (Fig. 12, S. 196) $\mathfrak{ab} = p$, $\mathfrak{ac} = q$ und $\mathfrak{cd} = r$ und $\mathfrak{cabcdc} = s$, so läßt sich (wie in II.) zeigen, daß

$$\frac{ds}{dq} \backsim r,$$

und dieses ist

$$= \tfrac{1}{2} p \left(e^{\frac{q}{i}} + e^{-\frac{q}{i}}\right).$$

Durch Integration wird

$$s = \tfrac{1}{2} p i \left(e^{\frac{q}{i}} - e^{-\frac{q}{i}}\right).$$

Dies läßt sich auch ohne Integration herleiten.

Es seien zum Beispiel die Gleichungen eines Kreises (aus § 31, III), einer Geraden (aus § 31, II), eines Kegelschnitts (nach dem Vorhergehenden) ausgedrückt, so lassen sich auch die von diesen Linien eingeschlossenen Flächenräume ausdrücken.

Es liegt auf der Hand, daß die krumme Fläche t die zu der ebenen Figur p (im Abstand q) $\|$ ist, sich zu p verhält wie die 2ten Potenzen homologer Linien, oder wie

$$\tfrac{1}{4}\left(e^{\frac{q}{i}} + e^{-\frac{q}{i}}\right)^2 : 1.$$

Ferner erhellt leicht, daß die Berechnung des körperlichen Inhalts, wenn sie auf dieselbe Art behandelt wird, zwei Integrationen erfordert (da hier auch das Differential selbst erst durch eine Integration bestimmt wird), und daß vor allem das Volumen zu suchen ist, das von p, t und dem Inbegriff aller zu p senkrechten Geraden begrenzt ist, die die Grenzen von p, t verbinden. Als dieses Volumen wird gefunden (sowohl durch Integration als auch ohne sie)

$$\tfrac{1}{8}pi\left(e^{\frac{2q}{i}} - e^{-\frac{2q}{i}}\right) + \tfrac{1}{2}pq.$$

Auch die Oberflächen der Körper können in S bestimmt werden, und ebenso *die Krümmungen, die Evoluten und die Evolventen* irgend welcher Linien. Was die Krümmung betrifft, so ist sie in S entweder die von L oder sie wird durch den Radius eines Kreises oder durch den Abstand der einer Geraden $\|$en Kurve von dieser Geraden bestimmt; aus dem Vorhergehenden kann nämlich leicht gezeigt werden, daß es in der Ebene außer L, den Kreislinien und den einer Geraden $\|$en Linien keine anderen gleichförmigen Linien gibt.

IV. Für den Kreis ist (wie in III)

$$\frac{d \odot x}{dx} \backsim \bigcirc x,$$

woraus (nach § 30) durch Integration folgt

$$\odot x = \pi i^2\left(e^{\frac{x}{i}} - 2 + e^{-\frac{x}{i}}\right).$$

V. Für die Fläche (Fig. 9, S. 193) $\mathfrak{cab\mathfrak{d}c} = u$ (die von der L-förmigen Linie $\mathfrak{ab} = r$, der ihr $\|$en $\mathfrak{c\mathfrak{d}} = y$ und den Geraden $\mathfrak{ac}$, $\mathfrak{b\mathfrak{d}} = x$ eingeschlossen wird) ist

$$\frac{du}{dx} \backsim y,$$

und (§ 24)

$$y = re^{-\frac{x}{i}};$$

also (durch Integration)

$$u = ri\left(1 - e^{-\frac{x}{i}}\right).$$

Wächst x ins Unendliche, so wird in S

$$e^{-\frac{x}{i}} \backsim 0,$$

also

$$u \backsim ri.$$

Unter der *Größe* von $\mathfrak{mabn}$ wird in Zukunft diese Grenze verstanden.

Auf ähnliche Art findet man, wenn p eine Figur auf F ist, den von p und dem Inbegriff der aus den Grenzen von p gezogenen Axen eingeschlossenen Raum $= \frac{1}{2}pi$.

VI. Ist $2u$ (Fig. 10, S. 195) der Winkel an dem Mittelpunkt eines Kugel-Segments z, p der Umfang eines größten Kreises und der Bogen $\mathfrak{fc}$ (des Winkels u) $= x$; so ist (§ 25)

$$1 : \sin u = p : \bigcirc\, \mathfrak{bc},$$

und daher

$$\bigcirc\, \mathfrak{bc} = p \sin u.$$

Außerdem ist

$$x = \frac{pu}{2\pi} \quad \text{und} \quad dx = \frac{p\,du}{2\pi}.$$

Ferner ist

$$\frac{dz}{dx} \backsim \bigcirc\, \mathfrak{bc},$$

und daher

$$\frac{dz}{du} \backsim \frac{p^2}{2\pi} \sin u,$$

mithin (durch Integration)

$$z = \frac{\sin \operatorname{vers} u}{2\pi} p^2.$$

Man denke sich die F, in das p (das durch die Mitte $\mathfrak{f}$ des Segments hindurchgeht) fällt, wobei die Ebenen $\mathfrak{f}\widetilde{\mathfrak{em}}$, $\mathfrak{c}\widetilde{\mathfrak{em}}$ durch $\mathfrak{af}$, $\mathfrak{ac}$ senkrecht zu F gelegt werden und es in $\mathfrak{feg}$, $\mathfrak{ce}$ schneiden, und betrachte die L-förmige Linie $\mathfrak{cd}$ (die aus $\mathfrak{c}$ auf $\mathfrak{feg}$ senkrecht steht) und auch die L-förmige $\mathfrak{cf}$; dann ist (§ 20)

$$\mathfrak{cef} = u$$

und (§ 21)

$$\frac{\mathfrak{fd}}{p} = \frac{\sin \operatorname{vers} u}{2\pi},$$

also

$$z = \mathfrak{fd} \cdot p.$$

Es ist aber (§ 21)

$$p = \pi \cdot \mathfrak{fdg},$$

folglich

$$z = \pi \cdot \mathfrak{fd} \cdot \mathfrak{fdg}.$$

Es ist jedoch (§ 21)

$$\mathfrak{fd} \cdot \mathfrak{fdg} = \mathfrak{fc} \cdot \mathfrak{fc};$$

folglich

$$z = \pi \cdot \mathfrak{fc} \cdot \mathfrak{fc} = \odot\, \mathfrak{fc} \text{ in } F.$$

Nunmehr sei (Fig. 14, S. 197) $\mathfrak{bj} = \mathfrak{cj} = r$; dann ist (§ 30)

$$2r = i(Y - Y^{-1}),$$

also (§ 21)

$$\odot\, 2r \text{ (in } F) = \pi i^2 (Y - Y^{-1})^2.$$

Es ist auch (IV.)

$$\odot\, 2y = \pi i^2 (Y^2 - 2 + Y^{-2});$$

also $\odot\, 2r$ (in F) $= \odot\, 2y$, *mithin die Oberfläche des Kugelsegments* z *ist gleich dem mit der Sehne* $\mathfrak{fc}$ *als Halbmesser beschriebenen Kreise.*

Hieraus wird die ganze Oberfläche der Kugel

$$= \odot\, \mathfrak{fg} = \mathfrak{fdg} \cdot p = \frac{p^2}{\pi},$$

und *es verhalten sich die Oberflächen der Kugeln, wie die 2ten Potenzen ihrer größten Kreisumfänge.*

VII. Auf ähnliche Art wird in S das Volumen der Kugel vom Halbmesser x

$$= \tfrac{1}{2}\pi i^3 (X^2 - X^{-2}) - 2\pi i^2 x$$

gefunden; die durch Drehung der Linie $\mathfrak{cd}$ um $\mathfrak{ab}$ erzeugte krumme Fläche (Fig. 12, S. 196)

$$= \tfrac{1}{2}\pi i p (Q^2 - Q^{-2}),$$

und der von $\mathfrak{cabdc}$ beschriebene Körper

$$= \tfrac{1}{4}\pi i^2 p (Q - Q^{-1})^2.$$

Wie aber alles, was von IV. bis hierher behandelt wurde, auch ohne Integration durchgeführt werden kann, wird der Kürze wegen unterdrückt.

Es läßt sich zeigen, daß *der Grenzwert eines jeden die Größe i enthaltenden* (und somit *auf der Voraussetzung,* daß *es ein i gebe,* beruhenden) *Ausdrucks bei dem unendlichen Wachsen von i, genau die Größe für den Fall von* Σ (und somit in der Voraussetzung, *daß gar kein i bestehe*) *ausdrücke, es sei denn, daß die Gleichungen eine Identität werden.* Man darf jedoch, wie man leicht erkennt, nicht glauben, *das System selbst lasse sich etwa verändern* (das durchaus *an und für sich bestimmt* ist); verändern kann man nur *die Hypothese,* was nacheinander *solange* geschehen kann, bis wir nicht ad absurdum geführt werden. *Gesetzt* also, daß in einem *solchen* Ausdruck der Buchstabe i für den Fall, daß S in Wirklichkeit stattfindet, *jene* einzige Größe bezeichne, deren $I = e$ ist, daß jedoch, wenn Σ *in Wahrheit* stattfindet, *der erwähnte Grenzwert* statt des Ausdruckes gesetzt *gedacht wird:* so werden offenbar *alle aus* der *vorausgesetzten Wirklichkeit* von S entspringenden Ausdrücke (in diesem Sinne) *unbedingt gelten, selbst wenn man nicht weiß, ob in Wahrheit Σ oder S besteht oder nicht besteht.*

So z. B. geht aus dem in § 30 erhaltenen Ausdruck (und zwar *sowohl* durch Hilfe der Differenzierung als *ohne* diese) leicht für Σ der bekannte Wert

$$\bigcirc x = 2\pi x$$

hervor; aus I. (§ 31) folgt bei gehöriger Behandlung

$$1 : \sin\alpha = c : a;$$

aus II. aber

$$\frac{\cos\alpha}{\sin\beta} = 1, \text{ also } \alpha + \beta = \mathrm{R};$$

die *erste* Gleichung in III. wird identisch, *gilt* also für Σ, obwohl sie dafür nichts bestimmt; aus der *zweiten* aber folgt

$$c^2 = a^2 + b^2.$$

Dies sind die bekannten Grundgleichungen der ebenen Trigonometrie in Σ.

Ferner findet man (aus § 32) für Σ die in III. angegebene Fläche und das Volumen beide

$$= pq;$$

aus IV.

$$\odot x = \pi x^2;$$

aus VII. die Kugel vom Halbmesser x

$$= \tfrac{4}{3}\pi x^3,$$

usw.

Auch die am Schluß (VI.) ausgesprochenen Lehrsätze sind offenbar *unbedingt wahr.*

§ 33

Es bleibt noch übrig auseinanderzusetzen, was diese Lehre eigentlich bedeutet (wie in § 32 versprochen wurde).

I. Ob an sich in Wahrheit Σ oder ein gewisses S besteht, bleibt unentschieden.

II. Alles aus der Annahme der Unrichtigkeit des XI. Axioms Hergeleitete bleibt (immer im Sinne des § 32 verstanden) *unbedingt* richtig und *stützt sich in diesem Sinne auf keine Hypothese.* Es gibt also *eine ebene Trigonometrie a priori,* worin *allein* das wahre System unbekannt bleibt und daher nur die *absoluten* Größen der Ausdrücke unbekannt bleiben, während augenscheinlich durch die Kenntnis eines *einzigen* Falles das ganze System festgelegt würde. Die sphärische Trigonometrie aber ist in § 26 absolut begründet worden. (Auf F gibt es eine der *ebenen Geometrie* in Σ vollständig analoge Geometrie).

III. Wenn es *feststände, daß Σ stattfindet*, so wäre in dieser Hinsicht nichts mehr unbekannt. Wenn es aber *feststände, daß Σ nicht stattfindet*, so würde es offenbar (z. B.) unmöglich sein (§ 31), wenn die Seiten x, y und der von ihnen eingeschlossene geradlinige Winkel *in concreto gegeben* sind, daraus das Dreieck absolut aufzulösen, (d. h.) a priori die übrigen Winkel und *das Verhältnis der dritten Seite* zu den beiden gegebenen zu bestimmen, außer wenn X, Y bestimmt würden; hierzu müßte man aber *in concreto* ein a haben, dessen A bekannt wäre, und dann wäre i *die natürliche Längeneinheit* (wie e die Basis der natürlichen Logarithmen). Wie sich dieses i, wenn seine Existenz feststeht, wenigstens für die Praxis auf das genaueste construiren läßt, wird später gezeigt werden.

IV. Offenbar läßt sich die ganze Raumlehre, in dem in I. und II. dargelegten Sinne, nach der (zwischen gehörigen Schranken sehr zu preisenden) analytischen Methode der Neueren abhandeln.

V. Endlich wird es dem freundlichen Leser nicht unwillkommen sein, daß für den Fall, daß nicht Σ sondern S in Wahrheit stattfindet, eine geradlinige Figur construirt wird, die dem Kreise gleich ist.

§ 34

Aus $\mathfrak{d}$ (Fig. 12, S. 196) *wird* $\mathfrak{dm} \parallel\!| \mathfrak{an}$ *auf folgende Art gezogen.*

Aus $\mathfrak{d}$ ziehe man

$$\mathfrak{db} \perp \mathfrak{an},$$

errichte aus irgend einem Punkte $\mathfrak{a}$ der Geraden $\widetilde{\mathfrak{ab}}$

$$\mathfrak{ac} \perp \mathfrak{an} \text{ (in } \mathfrak{dba})$$

und fälle

$$\mathfrak{de} \perp \mathfrak{ac}.$$

Dann ist (§ 27)

$$\bigcirc\mathfrak{ed} : \bigcirc\mathfrak{ab} = 1 : \sin z,$$

vorausgesetzt, das $\mathfrak{dm} \parallel\!| \mathfrak{bn}$ *war.*

Nun ist $\sin z$ nicht >1, also $\mathfrak{ab}$ nicht $>\mathfrak{de}$. Der aus $\mathfrak{a}$ in $\mathfrak{bac}$ mit einem Halbmesser gleich $\mathfrak{de}$ beschriebene Viertelkreis hat daher mit $\widetilde{\mathfrak{bd}}$ einen gewissen Punkt $\mathfrak{b}$ oder $\mathfrak{o}$ gemein. Im ersten Falle ist augenscheinlich $z = \mathrm{R}$; im zweiten aber ist (§ 25)

$$(\bigcirc\mathfrak{ao} = \bigcirc\mathfrak{ed}) : \bigcirc\mathfrak{ab} = 1 : \sin \mathfrak{aob},$$

also

$$z = \mathfrak{aob}.$$

Wenn also $z = \mathfrak{aob}$ gemacht wird, so ist $\mathfrak{dm} \parallel\!| \mathfrak{bn}$.

§ 35

Wenn S stattfindet, so läßt sich auf folgende Art eine zu dem einen Schenkel eines spitzen $\wedge$*s* $\perp$*e Gerade ziehen, die zu dem andern* $|||$ *ist.*

Es sei $am \perp bc$ (Fig. 18), und man nehme $ab = ac$ so klein (nach § 19), daß, wenn $bn \,|||\, am$ gezogen wird (§ 34), $abn >$ ist als der gegebene $\wedge$. Man ziehe ferner $cp \,|||\, am$ (§ 34) und mache nbq, pcd beide gleich dem gegebenen $\wedge$. Dann werden $b\tilde{q}$, $c\tilde{d}$ einander schneiden. Es möge nämlich $b\tilde{q}$ (das *nach Konstruktion* in nbc fällt) $c\tilde{p}$ in e schneiden; dann ist (wegen $bn \simeq cp$) $ebc < ecb$, also $ec < eb$. Es seien

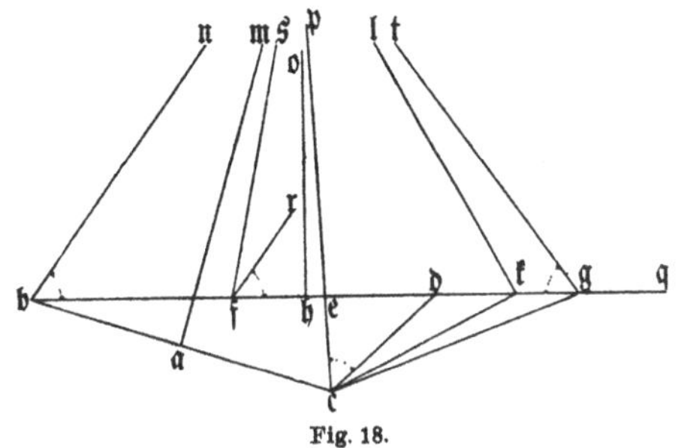

Fig. 18.

$$ef = ec,\ efr = ecd \text{ und } fs \,|||\, ep;$$

dann fällt fs in bfr. Denn da $bn \,|||\, cp$, also auch $bn \,|||\, cp$ und $bn \,|||\, fs$ ist, so ist (§ 14)

$$fbn + bfs < 2R = fbn + bfr$$

und daher $bfs < bfr$. Deshalb schneidet $f\tilde{r}$ die $e\tilde{p}$, also auch $c\tilde{d}$ die $e\tilde{q}$ in einem gewissen Punkte d.

Jetzt sei $dg = dc$ und $dgt = dcp = gbn$. Dann ist (da $cd \simeq gd$ ist)

$$bn \simeq gt \simeq cp.$$

Es sei k der Punkt der *L*-förmigen Linie von bn, der in $b\tilde{q}$ fällt (§ 19), und kl die Axe; dann ist

$$bn \simeq kl,$$

also

$$bkl = bgt = dcp;$$

es ist aber auch

$$kl \simeq cp,$$

also fällt k offenbar in g, und es ist $gt \,|||\, bn$. Wenn nun ho die bg $\perp$ halbirt, so ist $ho \,|||\, bn$ konstruirt.

§ 36

Sind eine Gerade $c\tilde{p}$ (Fig. 10, S. 195) und eine Ebene $\widetilde{mab}$ gegeben und macht man $cb \perp \widetilde{mab}$ (in $\widetilde{bcp}$), $bn \perp bc$ und $cq \,|||\, bn$ (§ 34), so *wird der Schnitt von* $c\tilde{p}$ (wenn diese Gerade in bcq liegt) *mit* $b\tilde{n}$ (in $\widetilde{cbn}$), also auch *mit* $\widetilde{mab}$ gefunden. Und wenn zwei Ebenen $\widetilde{pcq}$, $\widetilde{mab}$ gegeben sind, und $cb \perp \widetilde{mab}$, $cr \perp \widetilde{pcq}$ ist, und (in $\widetilde{bcr}$) $bn \perp bc$, $cs \perp cr$, so fallen $\mathfrak{bn}$ in $\widetilde{\mathfrak{mab}}$ und $\mathfrak{cs}$ in $\widetilde{\mathfrak{pcq}}$, und nachdem der Schnittpunkt von $\widetilde{\mathfrak{bn}}, \widetilde{\mathfrak{cs}}$ (wenn es einen gibt) gefunden ist, so ist die durch ihn in $\mathfrak{pcq}$ auf $\widetilde{\mathfrak{cs}}$ gefällte $\llcorner$e angenscheinlich *der Schnitt* von $\widetilde{\mathfrak{mab}}, \widetilde{\mathfrak{pcq}}$.

§ 37

Auf $\widetilde{\mathfrak{am}} \parallel\!\mid \mathfrak{bn}$ (Fig. 7, S. 189) *wird ein solches* $\mathfrak{a}$, *daß* $\mathfrak{am} \simeq \mathfrak{bn}$ *ist*, gefunden, wenn (nach § 34) außerhalb $\mathfrak{n}\widetilde{\mathfrak{bm}}$ $\mathfrak{gt} \parallel\!\mid \mathfrak{bn}$ konstruirt und $\mathfrak{bg} \llcorner \mathfrak{gt}$, $\mathfrak{gc} = \mathfrak{gb}$, $\mathfrak{cp} \parallel\!\mid \mathfrak{gt}$ gemacht nnd $\mathfrak{tg}\tilde{\mathfrak{d}}$ so gelegt wird, daß es mit $\mathfrak{tg}\tilde{\mathfrak{b}}$ einen $\wedge$ bildet, der jenem gleich ist, den $\mathfrak{pc}\tilde{\mathfrak{a}}$ mit $\mathfrak{pc}\tilde{\mathfrak{b}}$ bildet, und (nach § 36) der Schnitt $\mathfrak{d}\tilde{\mathfrak{q}}$ von $\mathfrak{tg}\tilde{\mathfrak{d}}$, $\mathfrak{nb}\tilde{\mathfrak{a}}$ gesucht und $\mathfrak{ba} \llcorner \mathfrak{dq}$ gemacht wird. Denn wegen der Ähnlichkeit der L-linigen $\triangle$-e, die in dem F von $\mathfrak{bn}$ entstehen (§ 21), ist augenscheinlich $\mathfrak{db} = \mathfrak{da}$ und $\mathfrak{am} \simeq \mathfrak{bn}$.

Hieraus erhellt leicht (da die L-Linien durch *ihre Endpunkte allein* gegeben werden), daß auch das vierte und das mittlere *Glied* einer Proportion gefunden werden kann, und daß alle geometrischen Konstruktionen, die in Σ in der Ebene ausgeführt werden, auf diese Art in F *ohne das XI. Axiom* abgemacht werden können. So läßt sich z. B. 4 R geometrisch in beliebig viele gleiche Teile teilen, wenn sich diese Teilung in Σ ausführen läßt.

§ 38

Wird z. B. (nach § 37) $\mathfrak{nbq} = \frac{1}{3}\mathrm{R}$ (Fig. 14, S. 197) konstruirt und (nach § 35) in S zu $\mathfrak{b}\tilde{\mathfrak{q}}$ die Senkrechte $\mathfrak{am} \parallel\!\mid \mathfrak{bn}$ gezogen und (nach § 37) $\mathfrak{jm} \simeq \mathfrak{bn}$ bestimmt, so ist, wenn $\mathfrak{ja} = x$ ist, (§ 28)

$$X = 1 : \sin \tfrac{1}{3}\mathrm{R} = 2,$$

und x ist *geometrisch* konstruirt.

Auch kann $\mathfrak{nbq}$ so berechnet werden, daß $\mathfrak{ja}$ von i um weniger als eine gegebene Größe abweicht, da nur $\sin \mathfrak{nbq} = \frac{1}{e}$ zu sein braucht.

§ 39

Waren (in einer Ebene) $\mathfrak{pq}$ (Fig. 19, S. 212) und $\mathfrak{st} \parallel$ der Geraden $\mathfrak{mn}$ (§ 27) und sind $\mathfrak{ab}, \mathfrak{cd}$ gleiche Senkrechte auf $\mathfrak{mn}$, so ist augenscheinlich

$$\triangle \mathfrak{dec} \equiv \triangle \mathfrak{bea},$$

also kongruieren die (vielleicht gemischt-linigen) $\wedge$ $\mathfrak{ecp}, \mathfrak{eat}$, und es ist

$$\mathfrak{ec} = \mathfrak{ea}.$$

Ist ferner $\mathfrak{cf} = \mathfrak{ag}$, so wird

$$\triangle \mathfrak{acf} \equiv \triangle \mathfrak{cag},$$

14*

und beide sind die Hälfte des *Vierecks* $fagc$. Sind $fagc$, $\mathfrak{h}ag\mathfrak{f}$ zwei solche Vierecke über ag zwischen pq und st, so erhellt ihre Gleichheit (wie bei EUKLID) und ebenso die der $\triangle$-e agc, $ag\mathfrak{h}$ mit derselben Grundseite ag und Scheiteln in $\widetilde{pq}$. Ferner ist

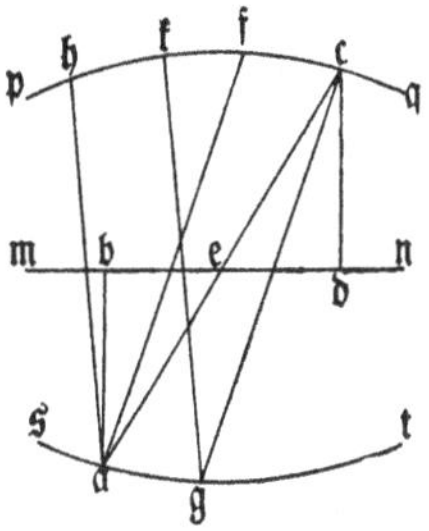

$$acf = cag, \quad gcq = cga,$$

und

$$acf + acg + gcq = 2R$$

(§ 32), also auch

$$cag + acg + cga = 2R;$$

folglich ist in jedem solchen $\triangle$ bcg die Summe der 3 ∧ = 2R.

Fig. 19.

Mag die *Gerade* ag auf das ag (das $\parallel mn$ ist) fallen oder nicht, so liegt *die Gleichheit der Flächen der geradlinigen* $\triangle$*-e* agc, $ag\mathfrak{h}$ *selbst wie ihrer* ∧*-summen auf der Hand.*

§ 40

Gleiche $\triangle$*-e* abc, $ab\mathfrak{d}$ (Fig. 20) *(von jetzt ab geradlinige), die eine gleiche Seite haben, haben gleiche* ∧*-summen.*

Denn mn möge sowohl ac als auch bc halbiren, und es sei pq (durch c) $\parallel mn$; dann fällt $\mathfrak{d}$ in $\widetilde{pq}$. Denn wenn $\widetilde{b\mathfrak{d}}$ die $\widetilde{mn}$ in dem Punkte e, also (§ 39) die $\widetilde{pq}$ in der Entfernung $ef = eb$ schneidet, so ist

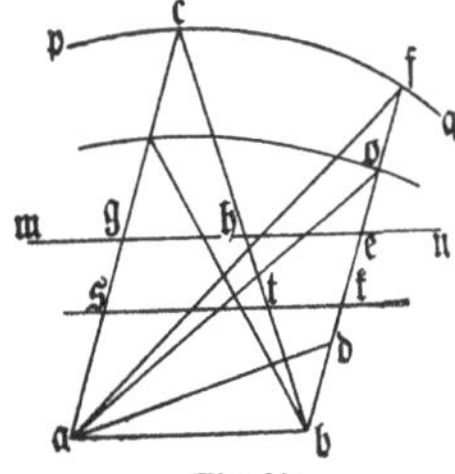

Fig. 20.

$$\triangle abc = \triangle abf,$$

also auch

$$\triangle ab\mathfrak{d} = \triangle abf,$$

wonach $\mathfrak{d}$ in f fällt; würde nämlich $\widetilde{b\mathfrak{d}}$ die $\widetilde{mn}$ nicht schneiden, so sei c der Punkt, wo die ab halbierende Senkrechte $\widetilde{pq}$ schneidet, und $gs = \mathfrak{h}t$, sodaß $\widetilde{st}$ die *Verlängerung* von $b\mathfrak{d}$ in einem gewissen Punkte $\mathfrak{f}$ schneidet (daß dies möglich ist, erhellt auf ähnliche Weise wie in § 4); ferner sei $sl = sa$, $lo \parallel st$ und o der Schnittpunkt von $\widetilde{b\mathfrak{f}}$ und $\widetilde{lo}$. Dann wäre (§ 39)

$$\triangle abl = \triangle abo,$$

also auch

$$\triangle abc > \triangle ab\mathfrak{d}$$

(gegen die Voraussetzung).

§ 41

Gleiche $\triangle\triangle$ abc, $\mathfrak{d}ef$ (Fig. 21, S. 213) *haben gleiche* ∧*-summen.*

Denn es halbire mn sowohl ac als auch bc, ebenso pq sowohl $\mathfrak{d}f$ als auch fe, und es sei $rs \parallel mn$ und $to \parallel pq$. Dann ist die ∟e ag auf rs entweder gleich der ⊥en $\mathfrak{dh}$ auf $\mathfrak{to}$, oder die eine, z. B. $\mathfrak{dh}$, ist größer. In jedem Falle hat $\bigcirc \mathfrak{df}$ aus dem Mittelpunkt a mit $\mathfrak{g\tilde{s}}$ einen gewissen Punkt $\mathfrak{k}$ gemein, und es ist (§ 39)

$$\triangle ab\mathfrak{k} = \triangle abc = \triangle \mathfrak{def}.$$

Nun ist $\triangle ab\mathfrak{k}$ (nach § 40) *gleichwinklig* dem $\triangle \mathfrak{dfe}$, und (nach § 39) dem $\triangle abc$. Mithin sind auch die $\triangle\triangle$ abc, $\mathfrak{dfe}$ gleichwinklig.

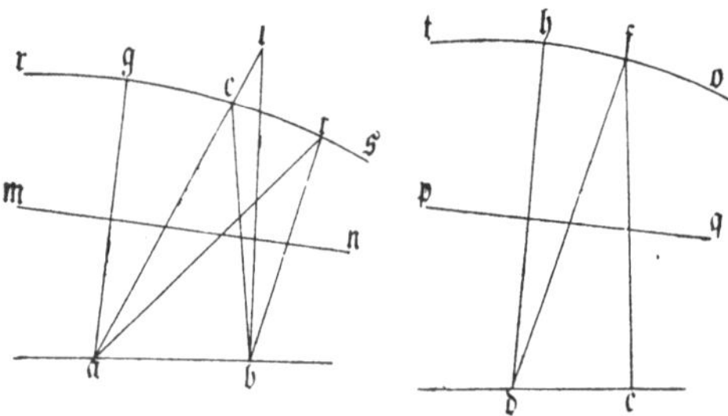

Fig. 21.

In S läßt sich der Lehrsatz auch umkehren. Es seien nämlich umgekehrt die $\triangle\triangle\, abc$, $\mathfrak{def}$ gegenseitig gleichwinklig, und $\triangle ba\mathfrak{l} = \triangle \mathfrak{def}$. Dann ist (nach dem Vorhergehenden) das eine dem andern, also auch das $\triangle\, abc$ dem $\triangle\, ab\mathfrak{l}$ gleichwinklig, mithin augenscheinlich

$$bc\mathfrak{l} + b\mathfrak{l}c + cb\mathfrak{l} = 2\,\mathrm{R}.$$

Aber in S ist (aus § 31) die $\wedge$-summe jedes $\triangle$-s $< 2\,\mathrm{R}$, folglich fällt $\mathfrak{l}$ in c.

§ 42

Ist die Ergänzung der $\wedge$-summe des $\triangle$-s abc (Fig. 22) *zu* $2\,\mathrm{R}$

$$u,$$

die des $\triangle$-s $\mathfrak{def}$ aber

$$v,$$

so ist

$$\triangle abc : \triangle \mathfrak{def} = u : v.$$

Denn wenn ein jedes der $\triangle$-e $ac\mathfrak{g}$, $\mathfrak{g}c\mathfrak{h}$, $\mathfrak{h}cb$, $\mathfrak{dfk}$, $\mathfrak{kfe} = p$ und

$$\triangle abc = mp, \quad \triangle \mathfrak{def} = np$$

ist und s die $\wedge$-summe eines jeden $\triangle$-s, das $= p$ ist, so ist offenbar

$$2\,\mathrm{R} - u = ms - (m-1)\,\mathrm{R} = 2\,\mathrm{R} - m(2\,\mathrm{R} - s)$$

und

$$u = m(2\,\mathrm{R} - s),$$

und ebenso

$$v = n(2\,\mathrm{R} - s).$$

Mithin ist

$$\triangle abc : \triangle \mathfrak{def} = m : n = u : v.$$

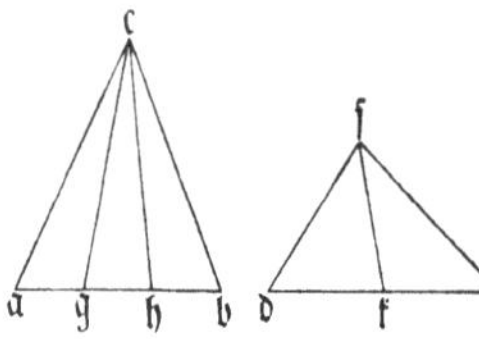

Fig. 22.

Daß sich der Satz auf den Fall der Inkommensurabilität der $\triangle$-e abc, $\mathfrak{def}$ ausdehnen läßt, erhellt leicht.

Auf dieselbe Art wird bewiesen, daß sich $\triangle$-e auf der Kugelfläche verhalten wie die *Überschüsse* ihrer $\wedge$-summen über $2\,\mathrm{R}$. Sind zwei

$\wedge$ eines sphärischen $\triangle$-s Rechte, so ist der dritte z der erwähnte Ueberschuß; dieses $\triangle$ ist aber (wenn die größte Peripherie p heißt) offenbar

$$=\frac{z}{2\pi}\frac{p^2}{2\pi} \qquad (\S\ 32, \text{VI.});$$

folglich ist jedes $\triangle$, dessen $\wedge$-überschuß $=z$ ist,

$$=\frac{zp^2}{4\pi^2}.$$

§ 43.

Nunmehr soll die *Fläche* eines geradlinigen $\triangle$-s in S durch die $\wedge$-summe ausgedrückt werden.

Wächst ab (Fig. 15, S. 198) ins Unendliche, so ist (§ 42)

$$\triangle abc : (\mathrm{R} - u - v)$$

beständig. Nun ist

$$\triangle abc \backsim \mathfrak{bacn} \qquad (\S\ 32, \text{V.})$$

und

$$\mathrm{R} - u - v \backsim z \qquad (\S\ 1);$$

also

$$\mathfrak{bacn} : z = \triangle abc : (\mathrm{R} - u - v) = \mathfrak{bac'n'} : z'.$$

Ferner ist offenbar

$$\mathfrak{b\mathfrak{d}cn} : \mathfrak{b\mathfrak{d}'c'n'} = r : r' = \operatorname{tang} z : \operatorname{tang} z' \qquad (\S\ 30).$$

Für $y' \backsim 0$ ist aber

$$\frac{\mathfrak{b\mathfrak{d}'c'n'}}{\mathfrak{bac'n'}} \backsim 1$$

und ebenso

$$\frac{\operatorname{tang} z'}{z'} \backsim 1;$$

folglich

$$\mathfrak{b\mathfrak{d}cn} : \mathfrak{bacn} = \operatorname{tang} z : z.$$

Nun war (§ 32)

$$\mathfrak{b\mathfrak{d}cn} = ri = i^2 \operatorname{tang} z;$$

mithin ist

$$\mathfrak{bacn} = zi^2.$$

Wird irgend ein $\triangle$, bei dem die Ergänzung der $\wedge$-summe zu 2R z ist, in Zukunft kurz $\triangle$ genannt, so ist demnach

$$\triangle = zi^2.$$

Hieraus erhellt leicht, daß wenn

$$\mathfrak{or} \parallel \mathfrak{am} \text{ und } \mathfrak{ro} \parallel\!\parallel \mathfrak{ab}$$

(Fig. 14, S. 197) ist, die von $\overset{\frown}{\mathfrak{or}}$, $\overset{\frown}{\mathfrak{st}}$, $\overset{\frown}{\mathfrak{bc}}$ eingeschlossene *Fläche* (die offenbar die absolute Grenze der Fläche der ohne Ende wachsenden geradlinigen Dreiecke, also von $\triangle$, für $z \backsim 2\mathrm{R}$ ist)

$$= \pi i^2 = \odot i \text{ in } F$$

wird. Bezeichnet man diese Grenze mit □, so ist ferner (§ 30)

$$\pi r^2 = \text{tang}\, z^2\, \square = \odot r \text{ in } F \text{ (§ 21)}$$
$$= \odot s \text{ (nach § 32, VI)},$$

wenn die Sehne $\mathfrak{d}\mathfrak{c}$ (Fig. 15) s heißt. Wird nunmehr der gegebene Halbmesser s eines Kreises in der Ebene (oder der L-förmige Halbmesser eines Kreises in F) ∟ halbiert, darauf (nach § 34) $\mathfrak{b}\mathfrak{d}$ ||| ≙ $\mathfrak{c}\mathfrak{n}$ konstruiert, das Lot $\mathfrak{c}\mathfrak{a}$ auf $\mathfrak{d}\mathfrak{b}$ gefällt und auf $\mathfrak{c}\mathfrak{a}$ die Senkrechte $\mathfrak{c}\mathfrak{m}$ errichtet, so ergibt sich z; hieraus läßt sich (nach § 37) tang z^2, nachdem ein L-förmiger Halbmesser nach Belieben als Einheit angenommen worden ist, *durch zwei gleichförmige Linien derselben Krümmung geometrisch bestimmen* (die, wenn allein ihre Endpunkte gegeben sind, nach Konstruktion der Axen offenbar wie Gerade mit einander gemessen und in dieser Beziehung als gleichwertig mit Geraden angesehen werden können).

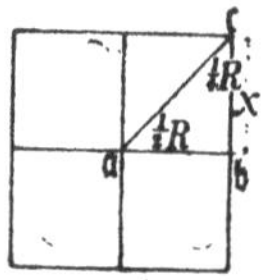

Ferner wird (Fig. 23) ein Viereck, z. B. ein regelmäßiges, = □ wie folgt konstruirt. Es sei

$$\mathfrak{abc} = \text{R}, \quad \mathfrak{bac} = \tfrac{1}{2}\text{R}, \quad \mathfrak{acb} = \tfrac{1}{4}\text{R} \text{ und } \mathfrak{bc} = x;$$

Fig. 23.

dann läßt sich X (nach § 31, II) durch bloße Quadratwurzeln ausdrücken und (nach § 37) konstruiren, und nachdem man X hat, kann (nach § 38, oder auch 29 und 35) x selbst bestimmt werden. Und es ist augenscheinlich das achtfache △ $\mathfrak{abc}$ = □, und *somit der ebene Kreis von Halbmesser s durch eine geradlinige Figur und gleichförmige Linien derselben Art (die für ihre Vergleichung unter sich Geraden gleichwertig sind) geometrisch quadriert, die F-förmige Linie hingegen auf dieselbe Weise komplaniert: und es gilt entweder die Wahrheit des XI. Axioms Euklids oder die geometrische Quadratur des Kreises,* obwohl es immer noch unentschieden geblieben ist, was davon in Wirklichkeit stattfindet.

Jedesmal dann, wenn tang z^2 *entweder* eine ganze Zahl *oder* ein rationaler Bruch ist, dessen (auf die einfachste Form gebrachter) Nenner *entweder* eine Primzahl der Form $2^m + 1$ (wozu auch $2 = 2^0 + 1$ gehört) *oder* ein Produkt aus beliebig vielen Primzahlen dieser Form ist, wovon (mit Ausnahme der 2, die allein beliebig oft auftreten darf) jede nur *einmal* als Faktor auftritt, dann ist es möglich (und auch nur für solche Werte von z), durch die Lehre von den Vielecken des berühmten Gauss (diese herrlichste Erfindung unserer oder vielmehr aller Zeiten) auch eine geradlinige Figur aufzustellen, die gleich tang z^2 □ = ⊙s ist. Denn die *Teilung* von □ erfordert (da sich der Lehrsatz § 42 leicht auf beliebige Vielecke ausdehnen läßt) augenscheinlich die *Teilung* von 2R, die (wie sich zeigen läßt) einzig unter der genannten Bedingung geometrisch ausgeführt werden kann. In allen solchen Fällen führt jedoch das Vorhergehende leicht zum Ziele. Und es kann jede geradlinige Figur geometrisch in ein regelmäßiges Vieleck von n Seiten verwandelt werden, wenn nur n unter die GAUSSsche Form fällt.

Es bliebe endlich übrig (um den Gegenstand völlig zu erschöpfen), den Beweis dafür zu geben, daß es unmöglich ist (ohne irgend eine Annahme) zu entscheiden, ob Σ oder irgend ein (und welches) S stattfindet; dies mag jedoch einer geeigneteren Gelegenheit vorbehalten bleiben.

Wolfgang Bolyais Zusatz zum Appendix.[1])

Endlich sei es erlaubt, als Abschluß dem *Tentamen* [etwas] hinzuzufügen, *was Eigentum des Verfassers der Appendix ist*; der freilich verzeihen möge, wenn ich etwas nicht mit seinem Scharfsinn in Angriff genommen habe.

Die Sache besteht kurz gesagt in Folgendem: *die Formeln der sphärischen Trigonometrie*, die in dem genannten Appendix unabhängig vom XI. Euklidischen Axiom bewiesen werden, *stimmen überein mit den Formeln der ebenen Trigonometrie, wenn* (auf eine sogleich zu nennende Art) *die Seiten des sphärischen Dreiecks als reell, die des geradlinigen aber als imaginär angesehen werden*; sodaß die Ebene in Beziehung auf die trigonometrischen Formeln als eine imaginäre Kugel betrachtet werden kann, wenn als reelle Kugel diejenige angenommen wird, in der $\sin \mathrm{R} = 1$ ist.

Für den Fall, daß das Euklidische Axiom nicht wahr ist, wird bewiesen (Appendix § 30), daß es ein gewisses i gibt, für das das dort genannte $I = e$ (der Basis der natürlichen Logarithmen) ist, und für diesen Fall werden auch die Formeln der ebenen Trigonometrie bewiesen (ebenda § 31), und zwar so, daß (nach § 32, hinter VII, ebenda) die Formeln auch für den Fall der Wahrheit des genannten Axioms gelten, wenn nämlich unter der Annahme, daß $i \frown \infty$, die Grenzwerte genommen werden; denn das Euklidische System ist gewissermaßen die Grenze des nichteuklidischen Systems (für $i \frown \infty$). Es werde, für den Fall, daß i existiert, die Einheit $= i$ gesetzt, und es sollen die Begriffe *Sinus und Cosinus* auch auf imaginäre Bogen ausgedehnt werden, sodaß — es möge p einen reellen oder imaginären Bogen bedeuten —

$$\tfrac{1}{2}\left(e^{p\sqrt{-1}} + e^{-p\sqrt{-1}}\right)$$

der *Cosinus* von p und

$$\frac{1}{2\sqrt{-1}}\left(e^{p\sqrt{-1}} - e^{-p\sqrt{-1}}\right)$$

der *Sinus* von p heißt.

1) [*Tentamen*, ed. prima, T. II, Maros Vásárhelyini 1833, S. 380—383, ed. secunda, T. II, Budapestini 1904, S. 395—398.]

Daher ist für ein reelles q

$$\frac{1}{2\sqrt{-1}}(e^q - e^{-q}) = \frac{1}{2\sqrt{-1}}\left(e^{-q\sqrt{-1}\sqrt{-1}} - e^{q\sqrt{-1}\sqrt{-1}}\right)$$
$$= \sin\left(-q\sqrt{-1}\right) = -\sin q\sqrt{-1}.$$

Ebenso

$$\tfrac{1}{2}(e^q + e^{-q}) = \tfrac{1}{2}\left(e^{-q\sqrt{-1}\sqrt{-1}} + e^{q\sqrt{-1}\sqrt{-1}}\right)$$
$$= \cos\left(-q\sqrt{-1}\right) = \cos q\sqrt{-1};$$

wenn nämlich auch bei dem imaginären Kreise der Sinus eines negativen Bogens dem Sinus desselben positiven Bogens sonst gleich ist, außer daß er negativ ist, und der Cosinus eines negativen und positiven Bogens (wenn diese sonst gleich sind) derselbe ist.

In dem genannten Appendix § 25 wird unbedingt bewiesen, das heißt unabhängig von dem genannten Axiom, daß *sich in jedem geradlinigen* $\triangle$ *die Sinus der Winkel verhalten wie die Umfänge mit Halbmessern, die den gegenüberliegenden Seiten gleich sind*, und es wird ferner bewiesen, daß für den Fall der Existenz von i der Umfang mit dem Halbmessers y gleich

$$\pi i\left(e^{\frac{y}{i}} - e^{-\frac{y}{i}}\right)$$

ist, was für $i = 1$

$$\pi\left(e^y - e^{-y}\right)$$

wird.

Daher ist (§ 31 ebenda) für ein geradliniges, rechtwinkliges $\triangle$ für das die Katheten a und b, die Hypotenuse c und die den Seiten a, b, c gegenüberliegenden Winkel α, β, π sind (für $i = 1$)

in I.

$$1 : \sin\alpha = \pi\left(e^c - e^{-c}\right) : \pi\left(e^a - e^{-a}\right),$$

also

$$1 : \sin\alpha = \frac{1}{2\sqrt{-1}}\left(e^c - e^{-c}\right) : \frac{1}{2\sqrt{-1}}\left(e^a - e^{-a}\right).$$

Hieraus folgt

$$1 : \sin\alpha = -\sin c\sqrt{-1} : -\sin a\sqrt{-1}.$$

Und daher wird

$$1 : \sin\alpha = \sin c\sqrt{-1} : \sin a\sqrt{-1}.$$

In II. wird

$$\cos\alpha : \sin\beta = \cos a\sqrt{-1} : 1.$$

In III. wird

$$\cos c\sqrt{-1} = \cos a\sqrt{-1}\cdot\cos b\sqrt{-1}.$$

Diese Formeln sowie alle daraus hervorgehenden Formeln der ebenen Trigonometrie stimmen genau überein mit den Formeln der sphärischen Trigonometrie, nur daß, wenn zum Beispiel auch die Katheten und die ihnen gegenüberliegenden Winkel und die Hypotenuse eines rechtwinkligen sphärischen $\triangle$-s dieselben Namen erhalten, die Seiten des geradlinigen $\triangle$-s durch $\sqrt{-1}$ zu dividieren sind, damit die Formeln an Stelle der sphärischen hervorgehen.

Nämlich aus I. wird

$$1 : \sin\alpha = \sin c : \sin a,$$

aus II. wird

$$1 : \cos a = \sin\beta : \cos a,$$

aus III. wird

$$\cos c = \cos a \cdot \cos b.$$

Da es erlaubt ist, das Übrige sich zu ersparen und ich erfahren habe, daß den Leser die Weglassung der Herleitung (Appendix § 32 hinter VII) stört und hindert, so wird es angebracht sein zu zeigen, wie zum Beispiel aus

$$e^{\frac{c}{i}} + e^{-\frac{c}{i}} = \tfrac{1}{2}\left(e^{\frac{a}{i}} + e^{-\frac{a}{i}}\right)\left(e^{\frac{b}{i}} + e^{-\frac{b}{i}}\right)$$

folgt

$$c^2 = a^2 + b^2$$

(der Pythagoräische Lehrsatz für das Euklidische System); wahrscheinlich hat ihn auch der Verfasser ebenso hergeleitet, und auch das Übrige folgt auf dieselbe Weise.

Es ist nämlich, wenn die Potenzen von e durch Reihen ausgedrückt werden:

$$e^{\frac{k}{i}} = 1 + \frac{k}{i} + \frac{k^2}{2i^2} + \frac{k^3}{2\cdot 3 i^3} + \frac{k^4}{2\cdot 3\cdot 4 i^4} + \cdots,$$

$$e^{-\frac{k}{i}} = 1 - \frac{k}{i} + \frac{k^2}{2i^2} - \frac{k^3}{2\cdot 3 i^3} + \frac{k^4}{2\cdot 3\cdot 4 i^4} - \cdots;$$

also

$$e^{\frac{k}{i}} + e^{-\frac{k}{i}} = 2 + \frac{k^2}{i^2} + \frac{k^4}{3\cdot 4 i^4} + \cdots$$

$$= 2 + \frac{k^2 + u}{i^2}$$

(wenn die Summe aller Glieder hinter $\frac{k^2}{i^2}$ mit $\frac{u}{i^2}$ bezeichnet wird), und es ist $u \backsim 0$, wenn $i \backsim \infty$. Denn es mögen alle Glieder hinter $\frac{k^2}{i^2}$ mit i^2 multipliziert werden; das erste Glied ist $\frac{k^4}{3\cdot 4 i^2}$, und jeder Exponent [d. h. der Quotient jedes Gliedes und des vorhergehenden Gliedes] $< \frac{k^2}{i^2}$, und es wäre, auch wenn der Exponent überall derselbe bliebe, die Summe

$$\frac{k^4}{3\cdot 4 i^2} : \left(1 - \frac{k^2}{i^2}\right) = \frac{k^4}{3\cdot 4\,(i^2 - k^2)},$$

was offenbar $\backsim 0$, wenn $i \backsim \infty$.

Und aus

$$e^{\frac{c}{i}} + e^{-\frac{c}{i}} = \tfrac{1}{2}\left(e^{\frac{a+b}{i}} + e^{-\frac{a+b}{i}} + e^{\frac{a-b}{i}} + e^{-\frac{a-b}{i}}\right)$$

folgt (wenn ω, v, λ nach dem Vorbild von u genommen werden)

$$2 + \frac{c^2 + \omega}{i^2} = 1 + \frac{(a+b)^2 + v}{2i^2} + 1 + \frac{(a-b)^2 + \lambda}{2i^2}.$$

Und hieraus

$$c^2 = \tfrac{1}{2}(a^2 + 2ab + b^2 + a^2 - 2ab + b^2 + v + \lambda - 2\omega),$$

dies ist aber

$$\backsim a^2 + b^2.$$

Anmerkung. Der Halbmesser jener Kugel, bei der der Sinus totus $1 = i$ wird, ist gleich der Ordinate y der L-förmigen Linie, die dem $i = 1$ entspricht und $\perp$ zu einer Axe von dem einen Ende zum andern gezogen ist. *Es gilt nämlich in der F genannten Fläche* (Appendix § 21) *die ganze Euklidische Geometrie, wobei L-Linien an die Stelle der Geraden treten,* und für einen L-förmigen Halbmesser $= 1$, der der Sinus totus in F sein wird, ist der Halbmesser desselben Umfangs in der Ebene das vorher genannte y; dies läßt sich leicht auf die imaginäre Kugel anwenden, auf welche die Ebene (in dem antieuklidischen System) zurückgeführt wird.

N. Lobatschewsky

Geometrische Untersuchungen

zur

Theorie der Parallellinien

von

Nicolaus Lobatschewsky,

Kaiserl. russ. wirkl. Staatsrathe und ord. Prof. der Mathematik
bei der Universität Kasan.

Berlin, 1840.

In der G. Fincke'schen Buchhandlung.

Theorie der Parallelen.

In der Geometrie fand ich einige Unvollkommenheiten, welche ich für den Grund halte, warum diese Wissenschaft, so lange sie nicht in die Analysis übergeht, bis jetzt keinen Schritt vorwärts thun konnte aus demjenigen Zustande, in welchem sie uns von Euclid überkommen ist. Zu den Unvollkommenheiten rechne ich die Dunkelheit in den ersten Begriffen von den geometrischen Größen, in der Art und Weise wie man sich die Ausmessung dieser Größen vorstellt, und endlich die wichtige Lücke in der Theorie der Parallelen, welche auszufüllen, alle Anstrengungen der Mathematiker bis jetzt vergeblich waren. Die Bemühungen Legendre's haben zu dieser Theorie nichts hinzugefügt, indem er genöthigt war, den einzigen strengen Gang zu verlassen, sich auf einen Seitenweg

1*

zu wenden, und zu Hülfssätzen seine Zuflucht zu nehmen, welche er sich unbegründeter Weise bemühet als nothwendige Axiome darzustellen.

Meinen ersten Versuch über die Anfangsgründe der Geometrie veröffentlichte ich im „Kasan'schen Boten" für das Jahr 1829. In der Hoffnung, allen Anforderungen genügt zu haben, beschäftigte ich mich hierauf mit einer Abfassung dieser Wissenschaft im Ganzen, und publicirte diese meine Arbeit in einzelnen Theilen in den „Gelehrten Schriften der Universität Kasan" für das Jahr 1836, 1837, 1838 unter dem Titel: „Neue Anfangsgründe der Geometrie, mit einer vollständigen Theorie der Parallelen." Der Umfang dieser Arbeit hindert vielleicht meine Landsleute einem solchen Gegenstande zu folgen, welcher nach Legendre sein Interesse verloren hat. Ich bin jedoch der Ansicht, daß die Theorie der Parallelen nicht ihre Ansprüche auf die Aufmerksamkeit der Geometer verlieren durfte, und deshalb beabsichtige ich hier das Wesentliche meiner Untersuchungen darzulegen, indem ich voraus bemerke, daß der Meinung Legendre's zuwider alle übrigen Unvollkommenheiten, z. B. die Definition der geraden Linie, sich hier fremdartig und ohne allen eigentlichen Einfluß auf die Theorie der Parallelen zeigen.

Um meine Leser nicht zu ermüden durch die Menge solcher Sätze, deren Beweise keine Schwierigkeiten darbieten, gebe ich hier nur diejenigen im Voraus an, deren Kenntniß für das Folgende nöthig ist.

1) Eine gerade Linie deckt sich selbst in allen Lagen. Hierunter verstehe ich, daß bei der Drehung der Fläche die gerade Linie ihren Ort nicht verändert, wenn sie durch zwei unbewegliche Punkte in der Fläche geht.

2) Zwei gerade Linien können sich nicht in zwei Punkten schneiden.

3) Eine gerade Linie, auf beiden Seiten genugsam verlängert, muß über jede Grenze hinausgehen, und theilt auf solche Weise eine begrenzte Ebene in zwei Theile.

4) Zwei gerade Linien, die auf ein und derselben dritten senkrecht sind, schneiden sich nie, wie weit sie auch immer verlängert werden.

5) Eine gerade Linie schneidet jederzeit eine andere gerade, wenn sie von einer Seite derselben auf die andere Seite übergeht.

6) Scheitelwinkel, bei denen die Seiten des einen die Verlängerungen der Seiten des anderen sind, sind gleich. Dies gilt von ebenen geradlinigen Winkeln unter sich, so wie von ebenen Flächenwinkeln.

7) Zwei gerade Linien können sich nicht schneiden, wenn eine dritte sie unter gleichen Winkeln schneidet.

8) Im geradlinigen Dreiecke liegen gleiche Seiten gleichen Winkeln gegenüber, und umgekehrt.

9) Im geradlinigen Dreiecke liegt der größeren Seite auch ein größerer Winkel gegenüber. Im rechtwinkligen Dreiecke ist die Hypothenuse größer als jede Cathete und die an ihr anliegenden Winkel sind spitz.

10) Geradlinige Dreiecke sind congruent, wenn bei ihnen eine Seite und zwei Winkel gleich, oder zwei Seiten und der zwischenliegende Winkel gleich, oder wenn zwei Seiten und der Winkel, welcher der größten Seite gegenüber liegt, gleich, oder wenn drei Seiten gleich sind.

11) Eine gerade Linie, welche perpendikulär auf zwei anderen geraden Linien steht, die sich

mit ihr nicht in einer Ebene befinden, ist senkrecht auf allen geraden Linien, welche durch den gemeinschaftlichen Durchschnittspunkt in der Ebene der beiden letztern gezogen werden können.

12) Der Durchschnitt einer Kugel mit einer Ebene ist ein Kreis.

13) Eine gerade Linie, die perpendikulär auf dem Durchschnitt zweier Ebenen ist, und in einer der beiden schneidenden Ebenen liegt, ist senkrecht auf der andern Ebene.

14) In einem sphärischen Dreiecke liegen gleichen Seiten gleiche Winkel gegenüber, und umgekehrt.

15) Sphärische Dreiecke sind congruent, wenn zwei Seiten und der eingeschlossene Winkel gleich, oder eine Seite und die anliegenden Winkel gleich sind.

Von hier folgen die übrigen Sätze mit ihren Erläuterungen und Beweisen.

16) Alle geraden Linien, welche in einer Ebene von einem Punkte auslaufen, können mit Bezug auf eine gegebene gerade Linie in derselben Ebene in zwei Klassen getheilt werden, und zwar in *schneidende* und *nicht schneidende*. Die *Grenzlinie* der einen

und anderen Klasse jener Linien wird der gegebenen Linie parallel genannt.

Es sei vom Punkte A (Fig. 1.) auf die Linie BC der Perpendikel AD gefällt, auf welchem wieder AE senkrecht errichtet sein soll. Im rechten Winkel EAD werden entweder alle geraden Linien, welche vom Punkte A ausgehen, die Linie DC treffen, wie z. B. AF, oder einige derselben werden, ähnlich dem Perpendikel AE, die Linie DC nicht treffen. In der Ungewißheit, ob der Perpendikel AE die einzige Linie sei, welche mit DC nicht zusammentrifft, wollen wir annehmen, es sei möglich, daß es noch andere Linien, z. B. AG gäbe, welche DC nicht schneiden, wie weit man sie auch verlängern mag. Bei dem Uebergange von den schneidenden Linien AF zu den nicht schneidenden AG, muß man auf eine Linie AH treffen, parallel mit DC, eine Grenzlinie, auf deren einer Seite alle Linien AG die DC nicht treffen, während auf der andern Seite jede gerade Linie AF die Linie DC schneidet. Der Winkel HAD zwischen der Parallele HA und dem Perpendikel AD heißt Parallel-Winkel (Winkel des Parallelismus), diesen werden wir hier durch $\Pi(p)$ bezeichnen für **AD** = p. Wenn $\Pi(p)$ ein rechter Winkel ist, so wird die Verlängerung **AE'** des Perpendikels **AE** ebenfalls parallel sein der Verlängerung **DB** der Linie **DC**; wozu wir noch bemerken, daß in Beziehung auf die vier rechten Winkel, welche am Punkte **A** durch die Perpendikel **AE** und **AD**, und ihren Verlängerungen **AE'** und **AD'** gebildet werden, jede gerade Linie, welche vom Punkte **A** ausgeht, entweder selbst, oder doch wenigstens mit ihrer Verlängerung, in einem der zwei rechten Winkeln liegt, welche nach **BC** hingekehrt sind, so daß außer den Parallelen **EE'** alle übrigen, wenn sie nach beiden Seiten hinreichend verlängert werden, die Linie **BC** schneiden müssen.

Wenn $\Pi(p) < \frac{1}{2}\pi$ so wird auf der andern Seite von **AD** unter demselben Winkel **DAK** = $\Pi(p)$ noch eine Linie **AK** liegen, parallel mit der Verlängerung **DB** der Linie **DC**, so daß bei dieser Annahme wir noch eine Seite des Parallelismus unterscheiden müssen. Alle übrigen Linien oder Verlängerungen derselben, innerhalb der beiden nach **BC** zugewendeten rechten Winkel, gehören zu den schneidenden, wenn sie innerhalb des Winkels HAK $= 2\,\Pi(p)$ zwischen den Parallelen liegen; sie gehören dagegen zu den nicht schneidenden AG, wenn sie auf der anderen Seite der Parallelen AH und AK, in der Oeffnung der zwei Winkel EAH $= \frac{1}{2}\pi - \Pi(p)$, E'AK $= \frac{1}{2}\pi - \Pi(p)$ zwischen den Parallelen und der auf AD perpendikulären EE' liegen. Auf der anderen Seite des Perpendikels EE' werden auf ähnliche Weise die Verlängerungen AH' und AK' der Parallelen AH und AK ebenfalls parallel mit BC sein; die übrigen Linien gehören im Winkel K'AH' zu den schneidenden, in den Winkeln K'AE, H'AE' aber zu den nichtschneidenden.

Demnach können bei der Voraussetzung $\Pi(p) = \frac{1}{2}\pi$ die Linien nur schneidende oder parallele sein; nimmt man jedoch an, daß $\Pi(p) < \frac{1}{2}\pi$, so muß man zwei Parallelen zulassen, eine auf der einen und eine auf der andern Seite; außerdem muß man die übrigen Linien unterscheiden in nichtschneidende und schneidende. Bei beiden Voraussetzungen dient als Merkmal des Parallelismus, daß die Linie eine schneidende wird, bei der kleinsten Abweichung nach der Seite hin, wo die Parallele liegt, so daß wenn **AH** parallel **DC**, jede Linie **AF** die **DC** schneidet, wie klein auch immer der Winkel **HAF** sein mag.

17) Eine gerade Linie behält das Kennzeichen des Parallelismus in allen ihren Punkten.

Es sei **AB** (Fig. 2.) parallel mit **CD**, auf welcher letztern **AC** perpendikulär ist. Wir wollen zwei Punkte betrachten, welche beliebig auf der Linie **AB** und ihrer Verlängerung jenseits des Perpendikels genommen sind. Es liege der Punkt **E** auf derjenigen Seite des Perpendikels, auf welcher **AB** als parallel mit **CD** angesehen wird. Es werde aus dem Punkte **E** ein Perpendikel **EK** auf **CD** gefällt, hierauf werde **EF** so gezogen, daß sie innerhalb des Winkels **BEK** fällt. Man verbinde die Punkte **A** und **F** durch eine gerade Linie, deren Verlängerung die **CD** irgendwo in **G** schneiden muß (16. Satz). Hierdurch erhält man ein Dreieck **ACG**, in welches die Linie **EF** hineingeht; da letztere nun nicht **AC** schneiden kann, in Folge der Construction, und eben so wenig

AG und **EK** zum zweiten Male (Satz 2.) so muß sie **CD** irgendwo treffen in **H** (Satz 3.)

Es sei jetzt **E′** ein Punkt auf der Verlängerung von **AB** und **E′K′** perpendikulär auf die Verlängerung der Linie **CD**, man ziehe die Linie **E′F′** unter einem so kleinen Winkel **A′E′F′**, daß sie **AC** irgendwo in **F′** schneide, unter demselben Winkel mit **AB** ziehe man noch aus **A** die Linie **AF**, deren Verlängerung **CD** in **G** schneiden wird, (16. Satz). Dergestalt erhält man ein Dreieck **AGC**, in welches die Verlängerung der Linie **E′F′** hineingeht; da nun diese Linie nicht zum zweiten Male **AE** schneidet, aber auch nicht **AG** schneiden kann, weil der Winkel **BAG** = **BE′G′** (7. Satz), so muß sie **CD** irgendwo in **G′** treffen.

Von welchen Punkten **E** und **E′** also die Linien **EF** und **E′F′** auch ausgehen und wie wenig sie auch von der Linie **AB** abweichen mögen, so werden sie doch stets **CD** schneiden, zu welcher **AB** parallel ist.

18. Zwei Linien sind stets wechselseitig parallel.

Es sei **AC** ein Perpendikel auf **CD** (Fig. 3), mit welcher **AB** parallel ist; man ziehe aus

C die Linie CE unter irgend einem spitzen Winkel ECD mit CD, und fälle aus A den Perpendikel AF auf CE, so erhält man ein rechtwinkliges Dreieck ACF, worin die Hypothenuse AC größer als die Cathete AF (9te Satz). Man mache AF = AG und lege AF auf AG, so werden AB und FE die Lage AK und GH annehmen, dergestalt daß Winkel BAK = FAC, folglich muß AK die Linie DC irgendwo in K schneiden (16ter Satz), wodurch ein Dreieck AKC entsteht, innerhalb welches der Perpendikel GH mit der Linie AK in L zusammentrifft (3ter Satz) und dergestalt die Entfernung AL des Durchschnittspunktes der beiden Linien AB und CE auf der Linie AB vom Punkte A aus bestimmt.

Hieraus folgt, daß CE stets AB schneiden wird, wie klein auch immer der Winkel ECD sein mag, mithin ist CD parallel AB (16ter Satz).

19. Im geradlinigten Dreiecke kann die Summe der drei Winkel nicht größer als zwei Rechte sein.

Gesetzt es sei im Dreiecke ABC (Fig. 4.) die Summe der drei Winkel $\pi + \alpha$, so wähle man im Falle der Ungleichheit der Seiten die kleinste BC, halbire sie in D, ziehe aus A durch D die Linie AD und mache die Verlängerung derselben, DE, gleich AD, hierauf verbinde man den Punkt E durch die gerade Linie EC mit dem Punkte C. In den congruenten Dreiecken ADB und CDE ist der Winkel ABD = DCE und BAD = DEC (6ter und 10ter Satz); hieraus folgt, daß auch im Dreiecke ACE die Summe der drei Winkel gleich $\pi + \alpha$ sein muß, außerdem ist der kleinste Winkel BAC (9ter Satz) des Dreiecks ABC übergegangen in das neue Dreieck ACE, wobei er in die zwei Theile EAC und AEC zerlegt wurde. Auf diese Weise fortfahrend, indem man stets die Seite halbirt, welche dem kleinsten Winkel gegenüber liegt, muß man endlich zu einem Dreiecke gelangen, in welchem die Summe der drei Winkel $\pi + \alpha$ ist, worin sich aber zwei Winkel befinden, deren jeder, seiner absoluten Größe nach, kleiner als $\frac{1}{2}\alpha$ ist; da nun aber der dritte Winkel nicht größer als π sein kann, so muß α entweder Null oder negativ sein.

20) Wenn in irgend einem geradlinigen Dreiecke die Summe der drei

Winkel gleich zweien rechten ist, so ist dieß auch für jedes andere Dreieck der Fall.

Es sei im geradlinigen Dreiecke **ABC** (Fig. 5) die Summe der drei Winkel $=\pi$, so müssen wenigstens zwei Winkel desselben **A** und **C**, spitze sein. Man fälle aus dem Scheitel des dritten Winkels **B** auf die gegenüberliegende Seite **AC** den Perpendikel p, so wird dieser das Dreieck **ABC** in zwei rechtwinklige zerlegen, in jedem von welchen die Summe der drei Winkel ebenfalls π sein muß, damit sie nicht in einem von beiden größer als π und im zusammengesetzten nicht kleiner als π werde. So erhält man ein rechtwinkliches Dreieck, dessen Catheten p und q, und hieraus ein Viereck, dessen gegenüberliegende Seiten gleich und die aneinander anliegenden p und q senkrecht sind (Fig. 6). Durch Wiederholung dieses Vierecks kann man ein ähnliches mit den Seiten np und q, und endlich ein Viereck **ABCD** mit untereinander senkrechten Seiten bilden, so daß **AB** = np, **AD** = mq, **DC** = np, **BC** = mq, wo m und n beliebige ganze Zahlen sind. Ein solches Viereck wird durch die Diagonale **BD** in zwei congruente rechtwinklige Dreiecke **BAD** und **BCD** getheilt, von welchen in jedem die Summe der drei Winkel $= \pi$ ist. Die Zahlen n und m können hinreichend groß genommen werden, damit das rechtwinklige Dreieck **ABC** (Fig. 7) dessen Catheten **AB** = np, **BC** = mq, ein anderes gegebenes Dreieck **BDE** in sich schließe, sobald die rechten Winkel einander decken. Man ziehe die Linie **DC**, so erhält man dazu rechtwinklige Dreiecke von denen je zwei auf einanderfolgende eine Seite gemein haben. Das Dreieck **ABC** entsteht aus der Vereinigung der beiden Dreiecke **ACD** und **DCB**, in deren jedem die Summe der drei Winkel nicht größer als π sein kann; sie muß folglich gleich π sein, damit diese Summe im zusammengesetzten Dreiecke gleich π werde. Auf gleiche Weise besteht das Dreieck **BDC** aus den zwei Dreiecken **DEC** und **DBE**, folglich muß in **DBE** die Summe der drei Winkel gleich π sein, und überhaupt muß dieß für jedes Dreieck stattfinden, weil jedes in zwei rechtwinklige Dreiecke zerlegt werden kann.

Hieraus folgt, daß nur zwei Annahmen

zulässig sind: entweder ist die Summe der drei Winkel in allen geradlinigen Dreiecken gleich π, oder diese Summe ist in allen kleiner als π.

21) Von einem gegebenen Punkte kann man stets eine gerade Linie dergestalt ziehen, daß sie mit einer gegebenen geraden einen beliebig kleinen Winkel bilde.

Man fälle vom gegebenen Punkte **A** (Fig. 8.) auf die gegebene **BC** den Perpendikel **AB**, nehme auf **BC** willkührlich den Punkt **D**, ziehe die Linie **AD**, mache **DE** = **AD** und ziehe **AE**. Es sei im rechtwinkligen Dreieck **ABD** der Winkel **ADB** = α; so muß im gleichschenkligen Dreieck **ADE** der Winkel **AED** entweder $\frac{1}{2}\alpha$ oder kleiner sein. (Satz 8. und 20.) Dergestalt fortfahrend gelangt man endlich zu einem solchen Winkel **AEB**, der kleiner als jeder gegebene ist.

22) Sind zwei Perpendikel auf einer und derselben geraden Linie unter sich parallel, so ist in den geradlinigen Dreiecken die Summe der drei Winkel gleich π.

Es seien die Linien **AB** und **CD** (Fig. 9.)

2

parallel unter sich und perpendikulär auf AC. Man ziehe aus A die Linien AE und AF nach den Punkten E und F, welche auf der Linie CD in beliebigen Entfernungen FC > EC vom Punkte C angenommen sind. Gesetzt es sei im rechtwinkligen Dreiecke ACE die Summe der drei Winkel gleich $\pi - \alpha$, im Dreiecke AEF gleich $\pi - \beta$, so wird sie im Dreiecke ACF gleich $\pi - \alpha - \beta$ sein müssen, wo α und β nicht negativ sein können. Es sei ferner der Winkel BAF = a, AFC = b, so ist $\alpha + \beta = a - b$; indem man nun die Linie AF sich vom Perpendikel AC entfernen läßt, kann man den Winkel a zwischen AF und der Parallele AB so klein machen als man nur will, ebenso kann man den Winkel b vermindern, folglich können die zwei Winkel α und β keine andere Größe haben als $\alpha = 0$ und $\beta = 0$.

Demnach ist in allen geradlinigen Dreiecken die Summe der drei Winkel entweder π und zugleich auch der Parallel-Winkel $\Pi(p) = \frac{1}{2}\pi$ für jede Linie p, oder für alle Dreiecke ist diese Summe $< \pi$ und zugleich auch $\Pi(p) < \frac{1}{2}\pi$.

Die erste Voraussetzung dient als Grundlage der gewöhnlichen Geometrie und der ebenen Trigonometrie. Die zweite Voraussetzung kann ebenfalls zugelassen werden, ohne auf irgend einen Widerspruch in den Resultaten zu führen, und begründet eine neue geometrische Lehre, welcher ich den Namen: Imaginäre Geometrie" gegeben habe, und welche ich hier darzustellen beabsichtige, bis zur Entwickelung der Gleichungen zwischen den Seiten und Winkeln der geradlinigen und sphärischen Dreiecke.

23) Für jeden gegebenen Winkel α kann man eine Linie p finden, so daß $\Pi(p) = \alpha$.

Es seien AB und AC (Fig. 10.) zwei gerade Linien, welche am Durchschnittspunkte A den spitzen Winkel α bilden; man nehme auf AB willkührlich einen Punkt B', aus diesem Punkte fälle man B'A' senkrecht auf AC, mache A'A" = AA', errichte in A" die senkrechte A"B", und fahre so fort bis man zu einem Perpendikel CD gelangt, welcher mit AB nicht mehr zusammentrifft. Dies muß nothwendig statt finden, denn wenn im Dreiecke AA'B' die Summe aller drei Winkel gleich $\pi - a$ ist, so wird sie im Dreiecke AB'A" gleich $\pi - 2a$, im Dreiecke AA"B" kleiner

2*

als $\pi - 2a$ (20. Satz) sein, und so fort, bis sie endlich negativ wird und dadurch die Unmöglichkeit der Dreieckbildung zeigt. Die Senkrechte CD kann dieselbe sein, von welcher aus näher zum Punkte A alle übrigen AB schneiden; wenigstens muß bei dem Uebergange von den einen schneidenden zu den nicht schneidenden ein solcher Perpendikel FG existiren. Man ziehe jetzt aus dem Punkte F die Linie FH, die mit FG den spitzen Winkel HFG bildet, und zwar nach der Seite hin, wo der Punkt A liegt. Von irgend einem Punkte H der Linie FH fälle man auf AC den Perpendikel HK, dessen Verlängerung folglich AB irgendwo in B schneiden muß, und dergestalt ein Dreieck AKB bildet, in welches die Verlängerung der Linie FH eintritt, und daher irgendwo in M die Hypothenuse AB treffen muß. Da der Winkel GFH willkührlich ist und so klein angenommen werden kann, als man will, so ist FG mit AB parallel und AF = p. (16. und 18. Satz.)

Man sieht leicht ein, daß mit der Verminderung von p der Winkel α wächst, indem er sich für p = o dem Werthe $\frac{1}{2}\pi$ nähert; mit der Zunahme von p vermindert sich der Winkel α, indem er sich immer mehr der Null nähert für $p = \infty$. Da es ganz beliebig ist, welchen Winkel man unter dem Zeichen $\Pi(p)$ verstehen will, wenn die Linie p durch eine negative Zahl ausgedrückt wird, so wollen wir

$$\Pi(p) + \Pi(-p) = \pi$$

annehmen, eine Gleichung, welche für alle Werthe von p, positive sowohl als negative, und für $p = o$, gelten soll.

24) Je weiter Parallel-Linien auf der Seite ihres Parallelismus verlängert werden, desto mehr nähern sie sich einander.

Es seien auf die Linie **AB** (Fig. 11.) zwei Perpendikel **AC** = **BD** errichtet, und ihre Endpunkte **C** und **D** durch eine gerade Linie verbunden, so wird das Viereck **CABD** bei **A** und **B** zwei rechte, bei **C** und **D** aber zwei spitze Winkel haben (22. Satz), welche einander gleich sind, wie man sich leicht überzeugen kann, indem man sich das Viereck auf sich selbst gelegt denkt, so daß die Linie **BD** auf **AC** und **AC** auf **BD** fällt. Man halbire **AB** und errichte im Halbirungspunkte **E** die Linie **EF** senkrecht auf AB, welche zugleich auch senkrecht auf CD sein muß, weil die Vierecke CAEF und FEBD einander decken, wenn man sie so auf einander legt, daß die Linie FE in derselben Lage bleibt. Demnach kann die Linie CD nicht parallel mit AB sein, sondern die Parallele der letztern für den Punkt C, nämlich CG, muß sich auf die Seite von AB hin neigen (16. Satz), und schneidet vom Perpendikel BD einen Theil BG < CA ab. Da der Punkt C in der Linie CG willkührlich ist, so folgt, daß CG sich der AB um so mehr nähert, je weiter sie verlängert wird.

25) *Zwei gerade Linien, die einer dritten parallel sind, sind auch parallel unter sich.*

Wir wollen zunächst annehmen, daß die drei Linien AB, CD, EF, (Fig. 12.) in einer Ebene liegen. Wenn zwei derselben, der Ordnung nach AB und CD; parallel mit der äußersten EF sind, so sind auch AB und CD parallel unter sich. Um dies darzuthun, fälle man aus irgend einem Punkte A der äußersten Linie AB auf die andere äußerste FE den Perpendikel AE, welcher die mittlere Linie CD in irgend einem Punkte C schneiden wird (3. Satz) unter einem Winkel DCE < $\frac{1}{2}\pi$ auf der Seite der mit CD parallelen EF. (22. Satz.) Ein Perpendikel AG aus demselben Punkte A auf CD gefällt, muß innerhalb der Oeffnung des spitzen Winkels ACG fallen (9. Satz), jede andere Linie AH aus A innerhalb des Winkels BAC gezogen, muß die mit AB parallele EF irgendwo in H schneiden, wie klein auch immer der Winkel BAH sein mag, folglich wird CD im Dreiecke AEH die Linie AH irgendwo in K schneiden, da es unmöglich ist, daß sie mit EF zusammentreffe. Wenn AH vom Punkte A innerhalb des Winkels CAG ausginge, so würde sie die Verlängerung von CD zwischen den Punkten C und G im Dreiecke CAG schneiden müssen. Hieraus folgt, daß AB und CD parallel sind. (16. und 18. Satz.) Werden die beiden äußern Linien AB und EF parallel der mittleren CD angenommen, so wird jede Linie AK aus dem Punkte A innerhalb des Winkels BAE gezogen, die Linie CD irgendwo im Punkte K schneiden, wie klein auch immer der Winkel BAK sein mag. Auf der Verlängerung von AK nehme man beliebig einen Punkt L und verbinde ihn mit C durch die Linie CL, welche EF irgendwo in M schneiden muß, wodurch ein Dreieck MCE gebildet wird. Die Verlängerung der Linie AL innerhalb des Dreiecks MCE kann weder AC noch CM zum zweiten Male schneiden, folglich muß sie EF irgendwo in H treffen, mithin sind AB und EF wechselseitig parallel.

Es mögen jetzt die Parallelen AB und CD (Fig. 13.) in zwei Ebenen liegen, deren Durchschnittslinie EF ist. Aus einem beliebigen Punkte E dieser letztern fälle man einen Perpendikel EA auf eine der beiden Parallelen, z. B. auf AB, hierauf aus A, dem Fußpunkte der senkrechten EA, fälle man einen neuen Perpendikel AC auf die andere Parallele CD und vereinige die Endpunkte E und C der beiden Perpendikel durch die Linie EC. Der Winkel BAC muß ein spitzer sein (22. Satz), folglich fällt ein Perpendikel CG, aus C auf AB gefällt, in den Punkt G auf dieselbe Seite von CA, auf welcher die Linien AB und CD als parallel betrachtet werden. Jede Linie EH, wie wenig sie auch immer von EF abweichen mag, gehört mit der Linie EC einer Ebene an, welche die Ebene der zwei Parallelen AB und CD längs irgend einer Linie CH schneiden muß. Diese letztere Linie schneidet AB irgendwo und zwar in demselben Punkte H, der allen drei Ebenen gemein ist, durch welchen nothwendig auch die Linie EH geht; folglich ist EF parallel mit AB. Auf ähnliche Weise läßt sich der Parallelismus von EF und CD zeigen.

Die Voraussetzung, daß eine Linie EF parallel sei, mit einer von zwei andern unter sich parallelen AB und CD, heißt demnach nichts anders als EF als den Durchschnitt solcher Ebenen betrachten, in welchen zwei Parallelen AB, CD liegen. Demnach sind zwei Linien parallel unter sich, wenn sie parallel ein und derselben dritten sind, obgleich sie in verschiedenen Ebenen liegen. Der letzte Satz kann auch so ausgesprochen werden: Drei Ebenen schneiden sich in Linien, welche alle parallel unter sich sind, sobald der Parallelismus von zweien derselben vorausgesetzt wird.

26) Einander gegenüber stehend

Dreiecke auf der Kugeloberfläche haben gleichen Flächeninhalt.

Unter gegenüberstehenden Dreiecken werden hier solche verstanden, die gebildet werden durch die Durchschnitte der Kugelfläche mit Ebenen auf beiden Seiten des Centrums; in solchen Dreiecken haben daher die Seiten und Winkel eine entgegengesetzte Richtung.

In den einander gegenüberstehenden Dreiecken ABC und A'B'C' (Fig. 14., wo eines derselben als umgekehrt dargestellt angesehen werden muß,) sind die Seiten AB = A'B', BC = B'C', CA = C'A' und die entsprechenden Winkel an den Punkten A, B, C sind ebenfalls gleich denen im andern Dreiecke an den Punkten A', B', C'. Durch die 3 Punkte A, B, C denke man sich eine Ebene gelegt und auf dieselbe aus dem Mittelpunkte der Kugel einen Perpendikel gefällt, dessen Verlängerungen nach beiden Seiten hin die beiden einander gegenüberstehenden Dreiecke in den Punkten D und D' der Kugeloberfläche schneiden werden. Die Abstände des Punktes D von den Punkten A, B, C, auf der Sphäre in Bögen des größten Kreises, müssen gleich sein (12. Satz), sowohl unter sich, als auch mit den Abständen D'A', D'B', D'C', auf dem andern Dreiecke (6. Satz.), folglich sind die gleichschenkligen Dreiecke um um den Punkten D und D' in beiden sphärischen Dreiecken ABC und A'B'C' congruent.

Um über die Gleichheit zweier Oberflächen überhaupt zu urtheilen, nehme ich folgenden Satz als Grundlage an: Zwei Oberflächen sind gleich, wenn sie durch Zusammenfügung oder Trennung gleicher Theile entstehen.

27) Ein dreiseitiger Körperwinkel ist gleich der halben Summe der Flächenwinkel weniger einem Rechten.

Im sphärischen Dreiecke ABC (Fig. 15.), wo jede Seite $< \pi$, bezeichne man die Winkel mit A, B, C, verlängere die Seite AB, daß ein ganzer Kreis ABA'B'A entsteht, welcher die Sphäre in zwei gleiche Theile theilt. In derjenigen Hälfte, in welcher sich das Dreieck ABC befindet, verlängere man noch die anderen beiden Seiten durch ihren gemeinschaftlichen Durchschnittspunkt C, bis sie den Kreis in A' und B' treffen. Dergestalt wird die halbe Sphäre in vier Dreiecke ABC, ACB', B'CA', A'CB getheilt, deren Größen P, X, Y, Z sein mögen. Es leuchtet ein, daß hier

$$P + X = B$$

$$P + Z = A$$

Die Größe des sphärischen Dreiecks Y ist gleich der des ihm gegenüberstehenden Dreiecks ABC', dessen Seite AB gemein ist mit dem Dreiecke P und dessen dritter Winkel C' am Endpunkte des Durchmessers der Sphäre liegt, der von C durch das Centrum D der Sphäre geht. (26. Satz.) Hieraus folgt, daß $P + Y = C$ und weil $P + X + Y + Z = \pi$, so hat man auch:

$$P = \tfrac{1}{2}(A + B + C - \pi)$$

Zu demselben Schlusse kann man noch auf andere Weise gelangen, indem man sich allein auf den Satz stützt, welcher oben über die Gleichheit der Flächen angeführt wurde. (26. Satz.)

Im sphärischen Dreiecke ABC (Fig. 16.) halbire man die Seiten AB und BC und durch die Halbirungspunkte D und E lege man einen größten Kreis, auf diesen fälle man aus A, B, C die Perpendikel AF, BH und CG. Wenn der Perpendikel aus **B** in **H** zwischen **D** und **E** fällt, so wird das entstehende Dreieck **BDH** gleich **AFD**, und **BHE** gleich **EGC** sein (6. und 15. Satz.), woraus folgt, daß die Oberfläche des Dreiecks **ABC** gleich der des Vierecks **AFGC** (26. Satz.). Wenn der Punkt **H** mit dem Mittelpunkte **E** der Seite **BC** zusammenfällt (Fig. 17.), so werden nur zwei gleiche rechtwinklige Dreiecke **AFD** und **BDE** entstehen, durch deren Verwechselung man die Gleichheit der Oberflächen des Dreiecks **ABC** und Vierecks **AFEC** nachweist. Wenn endlich der Punkt **H** außerhalb des Dreiecks **ABC** fällt, (Fig. 18.) der Perpendikel **CG** folglich durch das Dreieck geht, so wird man vom Dreiecke **ABC** zum Viereck **AFGC** übergehen, indem man das Dreieck **FAD** = **DBH** hinzufügt, und hierauf das Dreieck **CGE** = **EBH** hinwegnimmt. Denkt man sich im sphärischen Vierecke **AFGC** durch die Punkte **A** und **G**, so wie durch **F** und **C** größte Kreise gelegt, so sind die Bögen derselben zwischen **AG** und **FC** einander gleich, (15. Satz) mithin auch die Dreiecke **FAC** und **ACG** congruent (15. Satz.) und der Winkel **FAC** gleich dem Winkel **ACG**.

Hieraus folgt, daß in allen vorhergehenden Fällen die Summe aller drei Winkel des sphärischen Dreiecks gleich ist der Summe der beiden gleichen Winkel im Vierecke, mit Ausschluß der beiden rechten. Demnach kann man für jedes sphärische Dreieck, in welchem die Summe der drei Winkel S ist, ein Viereck mit gleicher Oberfläche finden, in welchem zwei rechte Winkel und zwei gleiche perpendikuläre Seiten sind, und wo die beiden andern Winkel jeder ½ S ist.

Es sei jetzt ABCD (Fig. 19.) das sphärische Viereck, wo die Seiten AB = DC senkrecht auf AB und die Winkel bei A und D jeder ½ S. Man verlängere die Seiten AD und BC bis sie sich in E schneiden, und weiter jenseits E, mache DE = EF und fälle auf die Verlängerung von BC den Perpendikel FG. Den ganzen Bogen BG halbire man und verbinde den Halbirungspunkt H durch Bögen des größten Kreises mit A und F. Die Dreiecke EFG und DCE sind congruent (15. Satz.), mithin ist FG = DC = AB. Die Dreiecke ABH und HGF sind ebenfalls congruent, weil sie rechtwinklig sind und gleiche Catheten haben, folglich gehören AH und AF zu einem Kreise, der Bogen **AHF** ist gleich π, **ADEF** ebenfalls $= \pi$, der Winkel **HAD** $=$ **HFE** $= \frac{1}{2}$ **S** $-$ **BAH** $= \frac{1}{2}$ **S** $-$ **HFG** $=$ $\frac{1}{2}$ **S** $-$ **HFE** $-$ **EFG** $= \frac{1}{2}$ **S** $-$ **HAD** $-$ $\pi + \frac{1}{2}$ **S**, folglich: Winkel **HFE** $= \frac{1}{2}$ (**S** $- \pi$.), oder was dasselbe ist: gleich der Größe des Ausschnitts **AHFDA**, welche wiederum dem Vierecke **ABCD** gleich ist, wie man leicht sieht, wenn man von dem einen zum andern übergeht, indem man zuerst das Dreieck **EFG** und alsdann **BAH** hinzufügt, und darauf die ihnen gleichen Dreiecke **DCE** und **HFG** wegnimmt. Demnach ist $\frac{1}{2}$ (**S** $- \pi$) die Größe des Vierecks **ABCD** und zugleich auch die des sphärischen Dreiecks, in welchem die Summe der drei Winkel gleich **S**.

28) Wenn drei Ebenen sich in parallelen Linien schneiden, so ist die Summe der drei Flächenwinkel gleich zweien Rechten.

Es seien **AA′**, **BB′**, **CC′**, (Fig. 20.) drei durch die Durchschnitte von Ebenen gebildete Parallellinien. (25. Satz.) Man nehme auf ihnen willkührlich drei Punkte **A**, **B**, **C**, und denke sich durch diese eine Ebene gelegt, welche folglich die Ebenen der Parallelen längs den geraden Linien AB, AC und BC schneiden wird. Ferner lege man durch die Linie AC und irgend einen Punkt D auf der Linie BB′, noch eine Ebene, deren Durchschnitte mit den zwei Ebenen der Parallelen AA, und BB′, CC′ und BB′, die beiden Linien AD und DC erzeugt, und deren Neigung zur dritten Ebene der Parallelen AA′ und CC′ wir durch w bezeichnen wollen. Die Winkel zwischen den drei Ebenen, in welchen die Parallelen liegen, sollen durch X, Y, Z, bezeichnet werden, in Beziehung auf die Linien AA′, BB′ und CC′; endlich seien die Linear-Winkel BDC = a. ADC = b, ADB = c. Um A als Mittelpunkt denke man sich eine Kugelfläche beschrieben, auf welcher die Durchschnitte der Geraden AC, AD, AA′, mit derselben ein sphärisches Dreieck bestimmen, mit den Seiten p, q und r, dessen Größe α sein mag, und wo die Winkel: w der Seite q, X der Seite r, und folglich $\pi + 2a - w - X$ der Seite p gegenüber liegt, (27. Satz.). Auf gleiche Weise schneiden CA, CD, CC′ eine Kugeloberfläche um den Mittelpunkt C, und bestimmen ein

Dreieck von der Größe β, mit den Seiten p', q', r' und den Winkeln: w gegenüber q', Z gegenüber r', und folglich $\pi + 2\beta - w - Z$ gegenüber p'. Endlich wird durch die Durchschnitte einer Kugelfläche um **D** mit den Linien **DA, DB, DC** ein sphärisches Dreieck bestimmt, dessen Seiten l, m, n und die ihnen gegenüberliegenden Winkel $w + Z - 2\beta$, $w + X - 2\alpha$, und Y sind, dessen Größe folglich $\delta = \frac{1}{2}(X + Y + Z - \pi) - \alpha - \beta + w$. Mit der Abnahme von w vermindert sich auch die Größe der Dreiecke α und β, dergestalt, daß $\alpha + \beta - w$ kleiner gemacht werden kann als jede gegebene Zahl. Im Dreiecke δ können die Seiten l und m ebenfalls bis zum Verschwinden verkleinert werden, (21. Satz.) folglich kann das Dreieck δ mit einer seiner Seiten l oder m auf einen größten Kreis der Sphäre so oft gelegt werden, als man nur will, ohne daß dadurch die Hälfte der Sphäre ausgefüllt würde, mithin verschwindet δ zugleich mit w; woraus folgt, daß nothwendig $X + Y + Z = \pi$ sein muß.

29) Im geradlinigen Dreiecke treffen sich die Perpendikel, welche in der

3

Mitte der Seiten errichtet sind, entweder nicht, oder sie schneiden sich alle drei in einem Punkte.

Vorausgesetzt in dem Dreiecke ABC (Fig. 21.) schnitten sich die beiden Perpendikel ED und DF, welche auf den Seiten AB und BC in deren Mittelpunkten E und F errichtet sind, im Punkte D, so ziehe man innerhalb der Winkel des Dreiecks die Linien DA, DB, DC.

In den congruenten Dreiecken ADE und BDE (10. Satz.) ist AD = BD, ebenso folgt auch, daß BD = CD; das Dreieck ADC ist mithin gleichschenklig, folglich fällt der Perpendikel vom Scheitel D auf die Grundlinie AC gefällt, in den Mittelpunkt der letztern G.

Der Beweis bleibt unverändert auch in dem Falle, wenn der Durchschnittspunkt D der beiden Senkrechten ED und FD in die Linie AC selbst, oder außerhalb des Dreiecks fällt.

Im Falle man also annimmt, daß zwei jener Perpendikel sich nicht schneiden, kann auch der dritte nicht mit ihnen zusammentreffen.

30) Die Perpendikel, welche auf den Seiten eines geradlinigen Dreiecks in ihrer Mitte errichtet sind, müssen alle

drei unter sich parallel sein, sobald als der Parallelismus von zweien derselben vorausgesetzt wird.

Es seien in dem Dreiecke ABC (Fig. 22.) die Linien DE, FG, HK senkrecht auf den Seiten errichtet, in ihren Mittelpunkten D, F, H. Wir wollen zuvörderst annehmen, daß die beiden Perpendikel DE und FG parallel seien, welche die Linie AB in L und M schneiden werden, und daß sich der Perpendikel HK zwischen ihnen befinde. Innerhalb des Winkels BLE ziehe man aus dem Punkte L beliebig die gerade Linie LG, welche FG irgendwo in G schneiden muß, wie klein auch immer der Abweichungswinkel GLE sein mag. (16. Satz.) Da im Dreiecke LGM der Perpendikel HK nicht mit MG zusammentreffen kann, (29. Satz), so muß er also LG irgendwo in P schneiden, woraus folgt, daß HK parallel mit DE (16. Satz.) und MG (18. und 25. Satz) sein muß.

Setzt man die Seite BC $= 2a$, AC $= 2b$, AB $= 2c$ und bezeichnet die diesen Seiten gegenüberstehenden Winkel durch A, B, C, so ist in dem so eben betrachteten Falle

$$A = \Pi(b) - \Pi(c)$$

3*

$$B = \Pi(a) - \Pi(c)$$

$$C = \Pi(a) + \Pi(b)$$

wie man sich leicht überzeugt mit Hülfe der Linien AA', BB', CC', welche aus den Punkten A, B, C parallel mit dem Perpendikel HK und folglich mit den beiden andern Perpendikeln DE und FG gezogen sind (23. und 25. Satz.).

Es seien jetzt die beiden Perpendikel HK und FG parallel, so kann der dritte DE sie nicht schneiden (29. Satz.), mithin ist er entweder parallel mit ihnen, oder er schneidet AA'. Die letzte Annahme heißt nichts anderes, als daß der Winkel $C > \Pi(a) + \Pi(b)$. Vermindert man diesen Winkel, so daß er gleich $\Pi(a) + \Pi(b)$ wird, indem man dergestalt der Linie AC die neue Lage CQ giebt, (Fig. 23.) und bezeichnet man die Größe der dritten Seite BQ durch 2c', so muß der Winkel CBQ am Punkte B, welcher vergrößert wurde, nachdem was oben bewiesen ist, gleich $\Pi(a) - \Pi(c') > \Pi(a) - \Pi(c)$ sein, woraus folgt $c' > c$ (23. Satz.) Im Dreiecke ACQ sind jedoch die Winkel bei A und Q gleich, mithin muß im Dreiecke ABQ der Winkel bei Q größer sein als der am Punkte A, folglich ist AB > BQ (9. Satz.); das heißt es ist c > c′.

31) Grenzlinie (Oricycle) nennen wir diejenige in einer Ebene liegende krumme Linie, für welche alle Perpendikel auf den Mittelpunkten der Sehnen errichtet unter sich parallel sind.

In Uebereinstimmung mit dieser Definition kann man sich die Erzeugung der Grenzlinie vorstellen, wenn man zu einer gegebenen Linie AB (Fig. 24.) aus einem in ihr gegebenen Punkte A unter verschiedenen Winkeln CAB = Π(a) Sehnen AC = 2a zieht; das Ende C einer solchen Sehne wird auf der Grenzlinie liegen, deren Punkte man so allmählich bestimmen kann. Der Perpendikel DE auf der Sehne AC in deren Mitte D errichtet, wird parallel mit der Linie AB sein, welche wir Axe der Grenzlinie nennen werden. Auf gleiche Weise wird auch jeder Perpendikel FG im Mittelpunkte irgend einer Sehne AH errichtet, parallel mit AB sein, folglich muß diese Eigenschaft auch jedem Perpendikel KL überhaupt angehören, welcher im Mittelpunkte K irgend einer Sehne CH errichtet ist, zwischen welchen Punkten C und H, auf der Grenzlinie diese auch gezogen sein mag. (30. Satz.) Dergleichen Perpendikel müssen daher ebenfalls ohne Unterscheidung von AB Axen der Grenzlinie genannt werden.

32) Ein Kreis, dessen Halbmesser wächst, geht in die Grenzlinie über.

Es sei AB (Fig. 25.) eine Sehne der Grenzlinie, man ziehe aus den Endpunkten A und B der Sehne zwei Axen AC und BD, welche folglich mit der Sehne zwei gleiche Winkel BAC = ABD = α bilden werden, (31. Satz.) Auf einer dieser Axen AC, nehme man irgendwo den Punkt E als Mittelpunkt eines Kreises an, und ziehe den Kreisbogen AF vom Anfangspunkt A der Axe AC bis zu seinem Durchschnittspunkte F mit der andern Axe BD. Der dem Punkte F entsprechende Halbmesser FE des Kreises wird auf der einen Seite mit der Sehne AF einen Winkel AFE = β und auf der andern Seite mit der Axe BD den Winkel EFD = γ bilden. Es ergiebt sich, daß der Winkel zwischen den beiden Sehnen BAF = $\alpha - \beta < \beta + \gamma - \alpha$ (22. Satz.), woraus folgt: $\alpha - \beta < \frac{1}{2} \gamma$. Da nun aber der Winkel γ sich bis zu Null vermindert, sowohl in Folge einer Bewegung des Mittelpunkts **E** in der Richtung **AC**, wenn **F** unverändert bleibt (21. Satz.), als auch in Folge einer Annäherung von **F** an **B** auf der Axe **BF**, wenn der Mittelpunkt **E** in seiner Lage bleibt (22. Satz.), so folgt, daß mit einer solchen Verminderung des Winkels γ auch der Winkel $\alpha - \beta$, oder die gegenseitige Neigung der zwei Sehnen **AB** und **AF**, und mithin auch der Abstand des Punktes **B** auf der Grenzlinie vom Punkte **F** auf dem Kreise, verschwindet. Demnach kann man auch die Grenzlinie einen Kreis mit unendlich großem Halbmesser nennen.

33) Es seien $AA' = BB' = x$ (Fig. 26.) zwei nach der Seite von **A** zu **A'** hin parallele Linien, deren Parallelen den zwei Grenz-Bögen, (Bögen auf zwei Grenzlinien), $AB = s$, $A'B' = s'$, als Axen dienen, so ist

$$s' = se^{-x}$$

wo e unabhängig ist von den Bögen s, s' und von Geraden x, dem Abstande des Bogens s' von s.

Um dies zu beweisen, nehme man an, daß das Verhältniß des Bogens s zu s' gleich sei dem Verhältnisse der beiden ganzen Zahlen n und m. Zwischen den beiden Axen AA′, BB′ ziehe man noch eine dritte Axe CC′, welche dergestalt von dem Bogen AB einen Theil AC = t und von dem Bogen A′B′ auf derselben Seite einen Theil A′C′ = t′ abschneidet. Es sei das Verhältniß des t zu s gleich dem der beiden ganzen Zahlen p und q, so daß

$$s = \frac{n}{m} s' \quad t = \frac{p}{q} s$$

Man theile jetzt s durch Axen in nq gleicher Theile, so werden solcher Theile mq auf s′ und np auf t sein. Inzwischen entsprechen diese gleichen Theile auf s und t ebenfalls gleichen Theilen auf s′ und t′, folglich hat man

$$\frac{t'}{t} = \frac{s'}{s}$$

Wo demnach auch immer die beiden Bögen t und t′ zwischen den zwei Axen AA′ und BB′ genommen sein mögen, stets bleibt das Verhältniß von t zu t′ dasselbe, so lange der Abstand x zwischen ihnen derselbe bleibt. Wenn man daher für x = 1, s = es′ setzt, so muß für jedes x:

$$s' = se^{-x}$$

sein.

Da e eine unbekannte Zahl und nur der Bedingung $e > 1$ unterworfen ist, ferner die Einheit der Linie für x beliebig angenommen werden kann, so kann man dieselbe zur Vereinfachung der Rechnung so wählen, daß unter e die Basis der Neper'schen Logarithmen zu verstehen ist.

Man kann hier noch bemerken, daß $s' = 0$ für $x = \infty$, mithin vermindert sich nicht nur der Abstand zwischen zwei Parallelen (24. Satz.), sondern bei der Verlängerung der Parallelen nach der Seite des Parallelismus hin verschwindet derselbe zuletzt ganz. Parallel-Linien haben also den Character der Asymptoten.

34) Grenzfläche (Orisphäre) wird diejenige Oberfläche genannt, welche entsteht durch die Umdrehung der Grenzlinie um eine ihrer Axen, die zugleich mit allen übrigen Axen der Grenzlinie auch Axe der Grenzfläche sein wird.

Eine Sehne ist gegen solche durch ihre Endpunkte gezogene Axen unter gleichen Winkeln geneigt, wo auch immer diese zwei Endpunkte auf der Grenzfläche genommen werden mögen.

Es seien A. B, C, (Fig. 27.) drei Punkte

auf der Grenzoberfläche, AA' die Drehungsaxe, BB' und CC' zwei andere Axen, folglich AB und AC Sehnen, gegen welche die Axen unter gleichen Winkeln A'AB = B'BA, A'AC = C'CA (31. Satz.) geneigt sind; zwei Axen BB', CC' durch die Endpunkte der dritten Sehne BC gezogen, sind ebenfalls parallel und liegen in einer Ebene (25. Satz). Ein Perpendikel DD', in der Mitte D der Sehne AB und der Ebene der beiden Parallelen AA', BB' errichtet, muß parallel mit den drei Axen AA' BB' CC' sein, (23. und 25. Satz.); ein eben solcher Perpendikel EE' auf der Sehne AC in der Ebene der Parallelen AA', CC' wird parallel mit den drei Axen AA', BB', CC' und dem Perpendikel DD' sein. Es werde jetzt der Winkel zwischen der Ebene, in welcher die Parallelen AA' und BB' liegen, und zwischen der Ebene des Dreiecks ABC durch Π(a) bezeichnet, wo a positiv, negativ oder Null sein kann. Ist a positiv, so errichte man FD = a innerhalb des Dreyecks ABC, und in der Ebene desselben, senkrecht auf der Sehne AB in deren Mittelpunkte D; wäre a eine negative Zahl, so muß FD = a außerhalb des Dreiecks auf der andern Seite der Sehne **AB** gezogen werden; wenn a = o, so fällt der Punkt **F** mit **D** zusammen. In allen Fällen entstehen zwei rechtwinklige congruente Dreiecke **AFD** und **DFB**, folglich ist **FA** = **FB**. Man errichte jetzt in **F** die Linie **FF′** senkrecht auf die Ebene des Dreiecks **ABC**.

Da der Winkel **D′DF** = Π(a), **DF** = a, so ist **FF′** parallel mit **DD′** und der Linie **EE′**, mit welcher sie auch in einer Ebene liegt, die senkrecht auf der Ebene des Dreiecks **ABC** ist. Denkt man sich jetzt in der Ebene der Parallelen **EE′**, **FF′**, auf **EF** den Perpendikel **EK** gefällt, so wird dieser auch senkrecht sein, auf der Ebene des Dreiecks **ABC** (13. Satz.) und auf der in dieser Ebene liegenden Linie **AE** (11. Satz.), und demnach muß **AE**, die perpendiculär auf **EK** und **EE′** ist, auch zugleich senkrecht auf **FE** sein. (11. Satz.) Die Dreiecke **AEF** und **FEC** sind congruent, da sie rechtwinklig sind und gleiche Catheten haben, mithin ist **AF** = **FC** = **FB**. Ein Perpendikel aus der Spitze **F** des gleichschenkligen Dreiecks **BFC** auf die Grundlinie **BC** gefällt, geht durch deren Mittelpunkt **G**; eine Ebene durch diesen Perpendikel **FG** und die Linie **FF'** gelegt, muß senkrecht sein auf die Ebene des Dreiecks **ABC** und schneidet die Ebene der Parallelen **BB'**, **CC'** längs der Linie **GG'**, die ebenfalls parallel mit **BB'** und **CC'** ist (25. Satz.); da nun **CG** senkrecht auf **FG**, und mithin zugleich auch auf **GG'**, so ist folglich der Winkel **C'CG** = **B'BG**. (23. Satz.)

Hieraus folgt, daß für die Grenzfläche jede der Axen als Drehungsaxe betrachtet werden kann.

Hauptebene werden wir jede Ebene nennen, welche durch eine Axe der Grenzfläche gelegt ist. Demnach schneidet jede Hauptebene die Grenzfläche in der Grenzlinie, während für eine andere Lage der schneidenden Ebene dieser Durchschnitt ein Kreis ist. Drei Hauptflächen, die sich wechselseitig schneiden, bilden unter einander Winkel, deren Summe π ist. (28. Satz.) Diese Winkel werden wir als Winkel im Grenzdreiecke betrachten, dessen Seiten Bögen der Grenzlinie sind, welche auf der Grenzfläche durch die Durchschnitte mit den drei Hauptflächen entstehen. Den Grenzdreiecken kommt folglich dieselbe Abhängigkeit der

Winkel und Seiten unter sich zu, welche in der gewöhnlichen Geometrie für die geradlinigen Dreiecke bewiesen werden.

35) In der Folge werden wir die Größe einer Linie durch einen Buchstaben mit beigesetztem Accent, z. B. x', bezeichnen, um anzudeuten, daß dieselbe zu der einer andern Linie, welche durch denselben Buchstaben ohne Accent x dargestellt wird, eine Beziehung habe, die durch die Gleichung

$$\Pi(x) + \Pi(x') = \tfrac{1}{2}\pi$$

gegeben ist.

Es sei jetzt ABC (Fig. 28.) ein geradliniges rechtwinkliges Dreieck, wo die Hypothenuse AB = c, die Catheten AC = b, BC = a und die ihnen gegenüberliegenden Winkel BAC = $\Pi(\alpha)$, ABC = $\Pi(\beta)$ sind. Im Punkte A errichte man die Linie AA' senkrecht auf die Ebene des Dreiecks ABC, und aus den Punkten B und C ziehe man BB' und CC' parallel mit AA'. Die Ebenen, in welchen diese drei Parallelen liegen, bilden unter sich die Winkel: $\Pi(\alpha)$ an AA', einen rechten an CC' (11. und 13. Satz.), folglich $\Pi(\alpha')$ bei BB' (28. Satz.).

Die Durchschnitte der Linien **BA**, **BC**, **BB'** mit einer Kugeloberfläche, um den Punkt **B** als Mittelpunkt beschrieben, bestimmen ein sphärisches Dreieck mnk, worin die Seite mn $= \Pi(c)$, kn $= \Pi(\beta)$, mk $= \Pi(a)$ und die ihnen gegenüberliegenden Winkel $\Pi(b)$, $\Pi(\alpha')$, $\frac{1}{2}\pi$, sind.

Demnach muß man mit der Existens eines geradlinigen Dreiecks dessen Seiten a, b, c, und die gegenüberliegenden Winkel $\Pi(\alpha)$, $\Pi(\beta)$, $\frac{1}{2}\pi$ sind, auch die eines sphärischen Dreiecks (Fig. 29.) zulaßen, mit den Seiten $\Pi(c)$, $\Pi(\beta)$, $\Pi(a)$ und den gegenüberliegenden Winkeln $\Pi(b)$, $\Pi(a')$, $\frac{1}{2}\pi$.

Bei diesen beiden Dreiecken bedingt aber auch umgekehrt die Existens des sphärischen Dreiecks wiederum die eines geradlinigen, welches folglich auch mit den Seiten a, α', β, und denen ihnen gegenüberliegenden Winkeln $\Pi(b')$, $\Pi(c)$, $\frac{1}{2}\pi$ sein kann.

Demnach kann man von a, b, c, α, β, übergehen zu b, a, c, β, α und auch zu a, α', β, b', c.

Man denke sich durch den Punkt A' (Fig. 28.) mit **AA'**. als Axe eine Grenzfläche gelegt, welche die beiden andern Axen **BB'**, **CC'**, in

B″ und C″ schneidet, und deren Durchschnitte mit den Ebenen der Parallelen ein Grenzdreieck bilden, dessen Seiten $B''C'' = p$, $C''A = q$ $B''A = r$ und die ihnen gegenüberliegenden Winkel $\Pi(\alpha)$, $\Pi(\alpha')$, $\frac{1}{2}\pi$ sind, und wo folglich (34. Satz):

$$p = r \sin. \Pi(\alpha) \quad q = r \operatorname{Cos.} \Pi(\alpha)$$

Man hebe jetzt längs der Linie BB′ die Verbindung der drei Hauptflächen auf und schlage dieselben aus einander, daß sie mit allen in ihnen befindlichen Linien in eine Ebene zu liegen kommen, wo folglich die Bögen p, q, r sich zu einem einzigen Bogen einer Grenzlinie vereinigen werden, die durch den Punkt A geht und AA′ zur Axe hat, dergestalt, daß auf der einen Seite liegen werden: die Bögen q und p, die Seite b des Dreiecks, die in A senkrecht auf AA′ ist, die Axe CC′, von der Spitze von b parallel mit AA′ und durch C″ dem Vereinigungspunkte von p und q gehend, die Seite a senkrecht auf CC′ im Punkte C, und aus dem Endpunkte derselben die Axe BB′ parallel mit AA′, die durch den Endpunkt B″ des Bogens p geht. Auf der andern Seite von AA′ werden liegen: die Seite c senkrecht auf AA' im Punkte A, und die Axe BB' parallel AA', vom Endpunkte von b aus durch den Endpunkt B'' des Bogens r gehend. Die Größe der Linie CC'' hängt von b ab, welche Abhängigkeit wir durch CC'' = f(b) ausdrükken wollen. Auf gleiche Weise wird BB'' = f(c) sein. Wenn man CC' als Axe nehmend eine neue Grenzlinie vom Punkte C aus bis zu ihrem Durchschnittspunkte D mit der Axe BB' beschreibt, und den Bogen CD mit t bezeichnet, so ist BD = f(a), BB'' = BD + DB'' = BD + CC'' folglich

$$f(c) = f(a) + f(b)$$

Außerdem bemerken wir, daß (32. Satz.)

$$t = pe^{f(b)} = r \sin. \Pi(\alpha)\ e^{f(b)}$$

Wenn der Perpendikel auf die Ebene des Dreiecks ABC (Fig. 28.) anstatt im Punkte A in B errichtet worden wäre, so würden die Linien c und r dieselben geblieben sein, die Bögen q und t würden sich in t und q, die Geraden a und b in b und a und der Winkel $\Pi(\alpha)$ in $\Pi(\beta)$ verändern, folglich hätte man

$$q = r \sin. \Pi(\beta)\ e^{f(a)}$$

woraus folgt, indem man den Werth von q substituirt,

$$\text{Cos. } \Pi(\alpha) = \text{sin. } \Pi(\beta)\ e^{f(a)}$$

und indem man α und β in b' und c verändert:

$$\text{sin. } \Pi(b) = \text{sin. } \Pi(c)\ e^{f(a)}$$

ferner durch Multiplikation mit $e^{f(b)}$

$$\text{sin. } \Pi(b)\ e^{f(b)} = \text{sin. } \Pi(c)\ e^{f(c)}$$

Hieraus folgt auch

$$\text{sin. } \Pi(a)\ e^{f(a)} = \text{sin. } \Pi(b)\ e^{f(b)}$$

Da nun aber die Geraden a und b von einander unabhängig sind, und außerdem $f(b) = o$, $\Pi(b) = \frac{1}{2}\pi$ für $b = o$, so ist für jede gerade Linie a

$$e^{-f(a)} = \text{sin. } \Pi(a)$$

demnach:

$$\text{sin. } \Pi(c) = \text{sin. } \Pi(a)\ \text{sin. } \Pi(b)$$

$$\text{sin. } \Pi(\beta) = \text{Cos. } \Pi(\alpha)\ \text{sin. } \Pi(a)$$

Hieraus erhält man noch durch Veränderung der Buchstaben:

$$\text{sin. } \Pi(\alpha) = \text{Cos. } \Pi(\beta)\ \text{sin. } \Pi(b)$$

$$\text{Cos. } \Pi(b) = \text{Cos. } \Pi(c)\ \text{Cos. } \Pi(\alpha)$$

$$\text{Cos. } \Pi(a) = \text{Cos. } \Pi(c)\ \text{Cos. } \Pi(\beta)$$

Wenn man im sphärischen rechtwinkligen Dreiecke (Fig. 29.) die Seiten $\Pi(c)$, $\Pi(\beta)$, $\Pi(a)$, mit den gegenüberliegenden Winkeln $\Pi(b)$, $\Pi(\alpha')$ durch die Buchstaben a, b, c,

4

A, B, bezeichnet, so nehmen die gefundenen Gleichungen die Form derjenigen an, welche man bekanntlich in der sphärischen Trigonometrie für rechtwinklige Dreiecke beweist, nämlich:

$$\sin. a = \sin. c \sin. A$$
$$\sin. b = \sin. c. \sin. B$$
$$\text{Cos.} A = \text{Cos.} a \sin. B$$
$$\text{Cos.} B = \text{Cos.} b \sin. A$$
$$\text{Cos.} c = \text{Cos.} a \text{ Cos.} b.$$

von welchen Gleichungen man übergehen kann zu denen für alle spärische Dreiecke überhaupt. Demnach hängt die sphärische Trigonometrie nicht davon ab, ob in einem geradlinigen Dreiecke die Summe der drei Winkel gleich sei zweien Rechten oder nicht.

36) Wir wollen jetzt auf's Neue das rechtwinklige geradlinige Dreieck ABC (Fig. 31.) betrachten, in welchem die Seiten a, b, c, und die gegenüberliegenden Winkel $\Pi(\alpha)$, $\Pi(\beta)$, $\frac{1}{2}\pi$ sind. Man verlängere die Hypothenuse c über den Punkt B hinaus, und mache BD $= \beta$; im Punkte D errichte man auf BD die Senkrechte DD′, welche folglich parallel sein wird mit BB′, der Verlängerung der Seite a jenseits des Punktes B. Aus dem Punkte A

ziehe man noch mit DD' die Parallele AA' welche zugleich auch parallel mit CB' ist, (25. Satz.) deshalb ist der Winkel A'AD $= \Pi(c + \beta)$, A'AC $= \Pi(b)$ folglich

$$\Pi(b) = \Pi(\alpha) + \Pi(c + \beta)$$

Wenn man β von B aus auf die Hypothenuse c trägt, hierauf im Endpunkte D (Fig. 32.) innerhalb des Dreiecks auf AB die Senkrechte DD' errichtet, und aus dem Punkte A mit DD' die Parallele AA' zieht, so wird BC mit ihrer Verlängerung CC' die dritte Parallele sein; alsdann ist: Winkel CAA' $= \Pi(b)$, DAA' $= \Pi(c - \beta)$ folglich

$$\Pi(c - \beta) = \Pi(\alpha) + \Pi(b)$$

Diese letzte Gleichung ist auch dann noch gültig, wenn $c = \beta$ oder $c < \beta$. Wenn $c = \beta$ (Fig. 33.), so ist der Perpendikel AA' im Punkte A auf AB errichtet parallel der Seite BC = a mit ihrer Verlängerung CC', folglich ist $\Pi(\alpha) + \Pi(b) = \frac{1}{2}\pi$, während auch $\Pi(c - \beta) = \frac{1}{2}\pi$. (23. Satz.) Wenn $c < \beta$, so fällt das Ende von β jenseits des Punktes A in D (Fig. 34.) auf die Verlängerung der Hypothenuse AB. Der hier auf AD errichtete Perpendikel DD' nnd die ihm aus A parallele

4*

Linie AA' wird ebenfalls parallel der Seite BC = a mit ihrer Verlängerung CC' sein. Hier ist der Winkel DAA' $= \Pi(\beta - c)$ folglich $\Pi(\alpha) + \Pi(b) = \pi - \Pi(\beta - c) = \Pi(c - \beta)$ (23. Satz.)

Die Verbindung der beiden gefundenen Gleichungen giebt:

$$2\, \Pi(b) = \Pi(c - \beta) + \Pi(c + \beta)$$

$$2\, \Pi(\alpha) = \Pi(c - \beta) - \Pi(c + \beta)$$

woraus folgt

$$\frac{\text{Cos.}\,\Pi(b)}{\text{Cos.}\,\Pi(\alpha)} = \frac{\text{Cos.}\,[{}^1\!/_2\, \Pi(c-\beta) + {}^1\!/_2\, \Pi(c+\beta)]}{\text{Cos.}\,[{}^1\!/_2\, \Pi(c-\beta) - {}^1\!/_2\, \Pi(c+\beta)]}$$

Substituirt man hier den Werth, (35. Satz.)

$$\frac{\text{Cos.}\ \Pi(b)}{\text{Cos.}\ (\alpha)\, \Pi} = \text{Cos.}\ \Pi(c)$$

so ergiebt sich

$$\text{tg.}\ {}^1\!/_2\, \Pi(c)^2 = \text{tg.}\ {}^1\!/_2\, \Pi(c - \beta)\ \text{tg.}\ {}^1\!/_2\, \Pi(c + \beta)$$

Da hier β eine beliebige Zahl ist, weil der Winkel $\Pi(\beta)$ an der einen Seite an c beliebig genommen werden kann zwischen den Grenzen o und $^1\!/_2\, \pi$, folglich β zwischen den Grenzen o und ∞, so wird man folgern, indem man der Ordnung nach $\beta = c,\ 2c,\ 3c$ u. s. w. setzt, daß für jede positive Zahl n:

$$\text{tang.}\ {}^1\!/_2\, \Pi(c)^n = \text{tang.}\ {}^1\!/_2\, \Pi(nc)$$

Betrachtet man n als das Verhältniß zweier Linien x und c und nimmt man an, daß

$$\text{Cot. } \tfrac{1}{2}\, \Pi(c) = e^{c}$$

so findet man für jede Linie x im Allgemeinen, sie sei positiv oder negativ,

$$\text{tang. } \tfrac{1}{2}\, \Pi(x) = e^{-x}$$

wo e jede beliebige Zahl sein kann, die größer als die Einheit ist, weil $\Pi(x) = o$ für $x = \infty$.

Da die Einheit wodurch die Linien gemessen werden, beliebig ist, so kann man unter e auch die Basis der Neper'schen Logarithmen verstehen.

37) Von den oben (35. Satz.) gefundenen Gleichungen ist es hinreichend, die zwei folgenden zu kennen,

$$\sin. \Pi(c) = \sin. \Pi(a) \sin. \Pi(b)$$
$$\sin. \Pi(\alpha) = \sin. \Pi(b) \text{ Cos. } \Pi(\beta)$$

indem man die letzte auf beide Catheten a und b bezieht, um aus ihrer Verbindung die übrigen zwei (35. Satz.) herzuleiten, ohne Zweideutigkeit der algebraischen Zeichen, da hier alle Winkel spitze sind. Auf ähnliche Weise gelangt man zu den zwei Gleichungen:

1. $\text{tang. } \Pi(c) = \sin. \Pi(\alpha) \text{ tang. } \Pi(a)$
2. $\text{Cos. } \Pi(a) = \text{Cos. } \Pi(c) \text{ Cos. } \Pi(\beta)$

Wir wollen jetzt ein geradliniges Dreieck betrachten, dessen Seiten a, b, c, (Fig. 35.) und die ihnen gegenüberliegende Winkel A, B, C sind. Wenn A und B spitze Winkel sind, so fällt der Perpendikel p aus der Spitze des Winkels C innerhalb des Dreiecks und theilt die Seite c in zwei Theile, und zwar in den Theil x auf der Seite des Winkels A, und c — x auf der Seite des Winkels B. Dergestalt entstehen zwei rechtwinklige Dreiecke, für welche man durch Anwendung der Gleichung 1., erhält:

$$\text{tang. } \Pi(a) = \text{sin. } B \text{ tang. } \Pi(p)$$

$$\text{tang. } \Pi(b) = \text{sin. } A \text{ tang. } \Pi(p)$$

welche Gleichungen unverändert bleiben, wenn auch einer der Winkel, z. B. B, ein rechter (Fig. 36.) oder ein stumpfer (Fig. 37.) wäre. Demnach hat man allgemein für jedes Dreieck

$$3. \quad \text{sin. } A \text{ tang. } \Pi(a) = \text{sin. } B \text{ tang. } \Pi(b)$$

Für ein Dreieck mit spitzen Winkeln A, B, (Fig. 35.) hat man auch noch (2. Gleichung)

$$\text{Cos. } \Pi(x) = \text{Cos. } A \text{ Cos. } \Pi(b)$$

$$\text{Cos. } \Pi(c - x) = \text{Cos. } B \text{ Cos. } \Pi(a)$$

welche Gleichungen sich auch auf Dreiecke beziehen, in denen einer der Winkel A oder B ein rechter oder stumpfer ist. Zum Beispiel für $B = \frac{1}{2}\pi$ (Fig. 36.) muß $x = c$ genommen werden, die erste Gleichung geht dann in diejenige über, welche wir oben gefunden haben (2. Gleichung), die andere aber wird von selbst erfüllt. Für $B > \frac{1}{2}\pi$ (Fig. 37.) bleibt die erste Gleichung unverändert, statt der zweiten aber muß man entsprechend schreiben:

$$\text{Cos.}\, \Pi(x - c) = \text{Cos.}\, (\pi - B)\ \text{Cos.}\, \Pi(a)$$

es ist aber $\text{Cos.}\, \Pi(x - c) = - \text{Cos.}\, \Pi(c - x)$ (23. Satz.), und auch $\text{Cos.}\, (\pi - B) = - \text{Cos.}\, B$. Wenn A ein rechter oder stumpfer Winkel ist, so muß statt x und $c - x$ gesetzt werden $c - x$ und x, um diesen Fall auf den frühern zurückzuführen.

Um x aus beiden Gleichungen zu eliminiren, bemerken wir, daß (36. Satz.)

$$\text{Cos.}\, \Pi(c - x)$$

$$= \frac{1 - \text{tang.}\, \frac{1}{2}\Pi(c - x)^2}{1 + \text{tang.}\, \frac{1}{2}\Pi(c - x)^2}$$

$$= \frac{1 - e^{2x - 2c}}{1 + e^{2x - 2c}}$$

$$= \frac{1 - \text{tang.}\, \frac{1}{2}\Pi(c)^2\ \text{Cot.}\, \frac{1}{2}\Pi(x)^2}{1 + \text{tang.}\, \frac{1}{2}\Pi(c)^2\ \text{Cot.}\, \frac{1}{2}\Pi(x)^2}$$

$$= \frac{\text{Cos. } \Pi(c) - \text{Cos. } \Pi(x)}{1 - \text{Cos. } \Pi(c) \text{ Cos. } \Pi(x)}$$

Substituirt man hier den Ausdruck für Cos. $\Pi(x)$, Cos. $\Pi(c-x)$, so erhält man:

$$\text{Cos. } \Pi(c)$$
$$= \frac{\text{Cos. } \Pi(a) \text{ Cos. B} + \text{Cos. } \Pi(b) \text{ Cos. A}}{1 + \text{Cos. } \Pi(a) \text{ Cos. } \Pi(b) \text{ Cos. A Cos. B}}$$

woraus folgt:

$$\text{Cos. } \Pi(a) \text{ Cos. B}$$
$$= \frac{\text{Cos. } \Pi(c) - \text{Cos. A Cos. } \Pi(b)}{1 - \text{Cos. A Cos. } \Pi(b) \text{ Cos. } \Pi(c)}$$

und endlich:

$$\text{sin. } \Pi(c)^2 = [1 - \text{Cos. B Cos. } \Pi(c) \text{ Cos. } \Pi(a)]$$
$$\times [1 - \text{Cos. A Cos. } \Pi(b) \text{ Cos. } \Pi(c)]$$

Auf ähnliche Weise muß auch sein:

4. $$\text{sin. } \Pi(a)^2 = [1 - \text{Cos. C Cos. } \Pi(a) \text{ Cos. } \Pi(b)]$$
$$\times [1 - \text{Cos. B Cos. } \Pi(c) \text{ Cos. } \Pi(a)]$$
$$\text{sin. } \Pi(b)^2 = [1 - \text{Cos. A Cos. } \Pi(b) \text{ Cos. } \Pi(c)]$$
$$\times [1 - \text{Cos C. Cos. } \Pi(a) \text{ Cos. } \Pi(b)]$$

Aus diesen drei Gleichungen findet man noch:

$$\frac{\text{sin. } \Pi(b)^2 \text{ sin. } \Pi(c)^2}{\text{sin. } \Pi(a)^2}$$
$$= [1 - \text{Cos. A Cos. } \Pi(b) \text{ Cos. } \Pi(c)]^2$$

Hieraus folgt ohne Zweideutigkeit der Zeichen:

$$5.\quad \text{Cos. A Cos. } \Pi(b) \text{ Cos. } \Pi(c) + \frac{\text{sin. } \Pi(b) \text{ sin. } \Pi(c)}{\text{sin. } \Pi(a)} = 1$$

Substituirt man hier den Werth von sin. $\Pi(c)$ übereinstimmend mit der Gleichung (3.)

$$\text{sin. } \Pi(c) = \frac{\text{sin. A}}{\text{sin. C}} \text{ tang. } \Pi(a) \text{ Cos. } \Pi(c)$$

so erhält man

$$\text{Cos. } \Pi(c) = \frac{\text{Cos. } \Pi(a) \text{ sin. C}}{\text{sin. A sin. } \Pi(b) + \text{Cos. A sin. C Cos. } \Pi(a) \text{Cos. } \Pi(b)}$$

aber indem man diesen Ausdruck für Cos. $\Pi(c)$ in die Gleichung (4) substituirt:

$$(6)\quad \text{Cot. A sin. C sin. } \Pi(b) + \text{Cos. C} = \frac{\text{Cos. } \Pi(b)}{\text{Cos. } \Pi(a)}$$

Durch Elimination von sin. $\Pi(b)$ mit Hülfe der Gleichung (3) kommt:

$$\frac{\text{Cos. } \Pi(a)}{\text{Cos. } \Pi(b)} \text{ Cos. C} = 1 - \frac{\text{Cos. A}}{\text{sin. B}} \text{ sin. C sin. } \Pi(a)$$

Inzwischen giebt die Gleichung (6) durch Veränderung der Buchstaben:

$$\frac{\text{Cos. } \Pi(a)}{\text{Cos. } \Pi(b)}$$

$$= \text{Cot. B sin. C sin. } \Pi(a) + \text{Cos. C}$$

Aus den beiden letzten Gleichungen folgt:

$$7. \quad \text{Cos. A} + \text{Cos. B Cos. C} = \frac{\text{sin. B sin. C}}{\text{sin. } \Pi(a)}$$

Alle vier Gleichungen für die Abhängigkeit der Seiten a, b, c, und der gegenüberliegenden Winkel A, B, C, im geradlinigen Dreiecke werden demnach sein [Gleich (3), (5), (6), (7)]:

$$8. \begin{cases} \text{sin. A tang. } \Pi(a) = \text{sin. B tang. } \Pi(b) \\ \text{Cos. A Cos. } \Pi(b) \text{ Cos. } \Pi(c) + \dfrac{\text{sin. } \Pi(b) \text{ sin. } \Pi(c)}{\text{sin. } \Pi(a)} = 1 \\ \text{Cot. A sin. C sin. } \Pi(b) + \text{Cos. C} = \dfrac{\text{Cos. } \Pi(b)}{\text{Cos. } \Pi(a)} \\ \text{Cos. A} + \text{Cos. B Cos. C} = \dfrac{\text{sin. B sin. C}}{\text{sin. } \Pi(a)} \end{cases}$$

Wenn die Seiten a, b, c des Dreiecks sehr klein sind, so kann man sich begnügen mit den genäherten Bestimmungen. (36. Satz.)

$$\text{Cot.}\ \Pi(a) = a$$
$$\sin.\ \Pi(a) = 1 - \tfrac{1}{2} a^2$$
$$\text{Cos.}\ \Pi(a) = a$$

und auf ähnliche Weise auch für die anderen Seiten b und c. Die Gleichungen 8. gehen für solche Dreiecke über in folgende:

$$b \sin.\ A = a \sin.\ B$$
$$a^2 = b^2 + c^2 - 2bc\ \text{Cos.}\ A$$
$$a \sin.\ (A + C) = b \sin.\ A$$
$$\text{Cos.}\ A + \text{Cos.}\ (B + C) = 0$$

Von diesen Gleichungen sind die beiden ersten in der gewöhnlichen Geometrie angenommen; die beiden letzten führen mit Hülfe der ersten zu dem Schlusse

$$A + B + C = \pi$$

Demnach geht die imaginäre Geometrie in die gewöhnliche über, wenn man voraussetzt, daß die Seiten eines geradlinigen Dreiecks sehr klein sind.

Ueber die Ausmessung der krummen Linien, der ebenen Figuren, der Oberflächen und des Inhalts der Körper, so wie über die Anwendung der imaginären Geometrie auf die Analysis, habe ich einige Untersuchungen in den „Gelehrten Schriften der Universität Kasan" veröffentlicht.

Die Gleichungen (8.) gewähren für sich selbst schon eine hinreichende Grundlage, um die Voraussetzung der imaginären Geometrie als möglich anzusehen. Demnach giebt es kein anderes Mittel als die astronomischen Beobachtungen zu Hülfe zu nehmen, um über die Genauigkeit zu urtheilen, welche den Berechnungen der gewöhnlichen Geometrie zukommen. Diese Genauigkeit erstreckt sich, wie ich in einer meiner Abhandlungen gezeigt habe, sehr weit, so daß z. B. in Dreiecken, deren Seiten für unsere Ausmessungen zugänglich sind, die Summe der drei Winkel noch nicht um den hundertsten Theil einer Secunde von zwei Rechten verschieden ist.

Es ist noch bemerkenswerth, daß die vier Gleichungen (8.) der ebenen Geometrie in die Gleichungen für sphärische Dreiecke übergehen, wenn man statt der Seiten a, b, c setzt: $a\sqrt{-1}$, $b\sqrt{-1}$, $c\sqrt{-1}$, mit dieser Veränderung muß man aber folglich auch setzen:

$$\sin.\ \Pi(a) = \frac{1}{\text{Cos. } a}$$

$$\text{Cos. } \Pi(a) = \sqrt{-1} \text{ tang. a}$$

$$\text{tang. } \Pi(a) = \frac{1}{\text{sin. a.} \sqrt{-1}}$$

und auf ähnliche Weise auch für die Seiten b und c. Dergestalt geht man von den Gleichungen (8.) über zu den folgenden:

$$\text{sin. A sin. b} = \text{sin. B sin. a}$$

$$\text{Cos. a} = \text{Cos. b Cos. c} + \text{sin. b sin. c Cos. A}$$

$$\text{Cot. A sin. C} + \text{Cos. C Cos. b} = \text{sin. b Cot. a}$$

$$\text{Cos. A} = \text{Cos. a sin. B sin. C} - \text{Cos. B Cos. C}$$

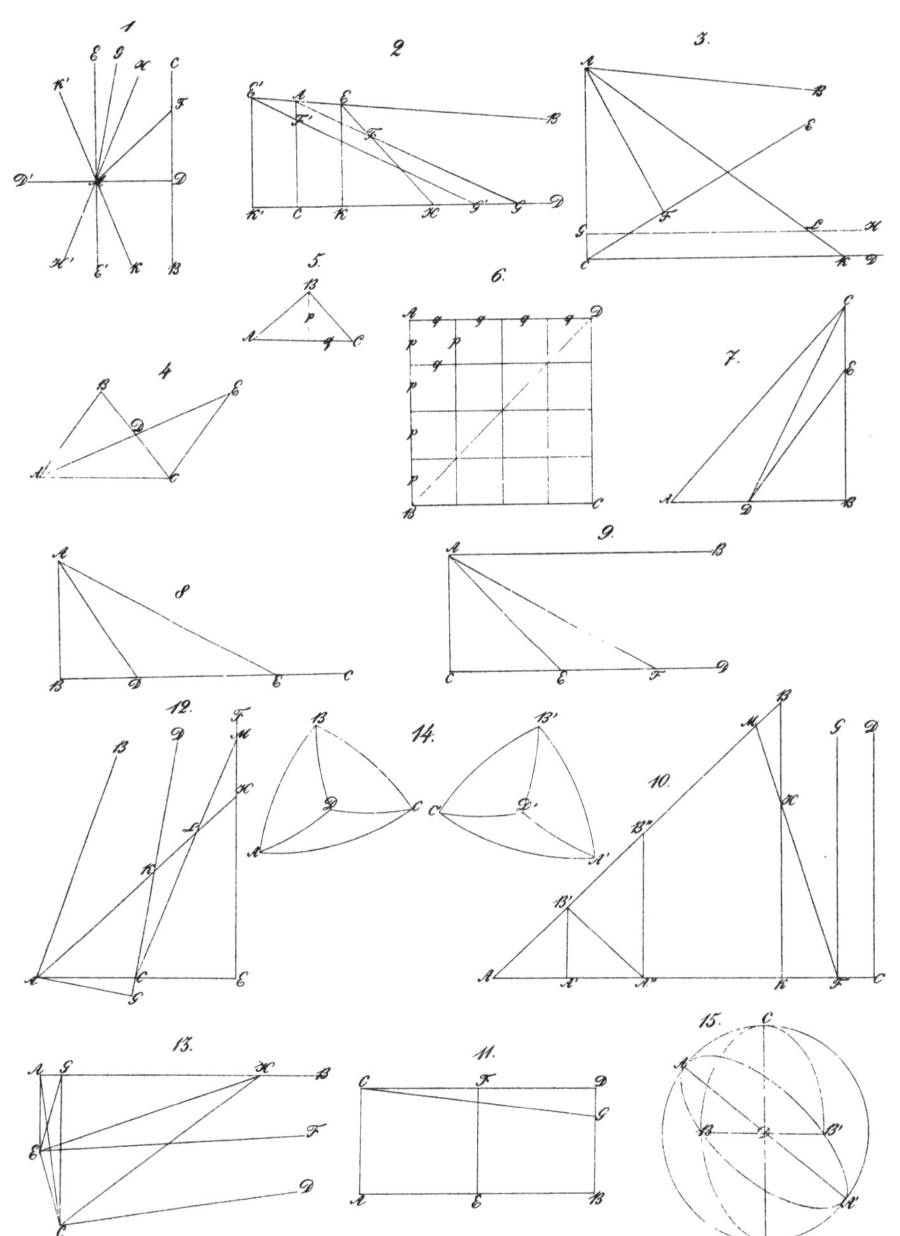
1
E G H C K' F D' D H' E' K B
2
E' A E B F' F K' C K H G' G D
3.
A B E F G H L C K D
4
B E D A C
5.
B p A q C
6.
A q q q q D p p q p p p B C
7.
C E A D B
8
A B D E C
9.
A B C E F D
10.
B M G D H B'' B' A A' A'' K F C
11.
C F D G A E B
12.
F B D M H L K A C E G
13.
A G H B E F D C
14.
B B' D C C' D' A A'
15.
C A B D B' A' C'

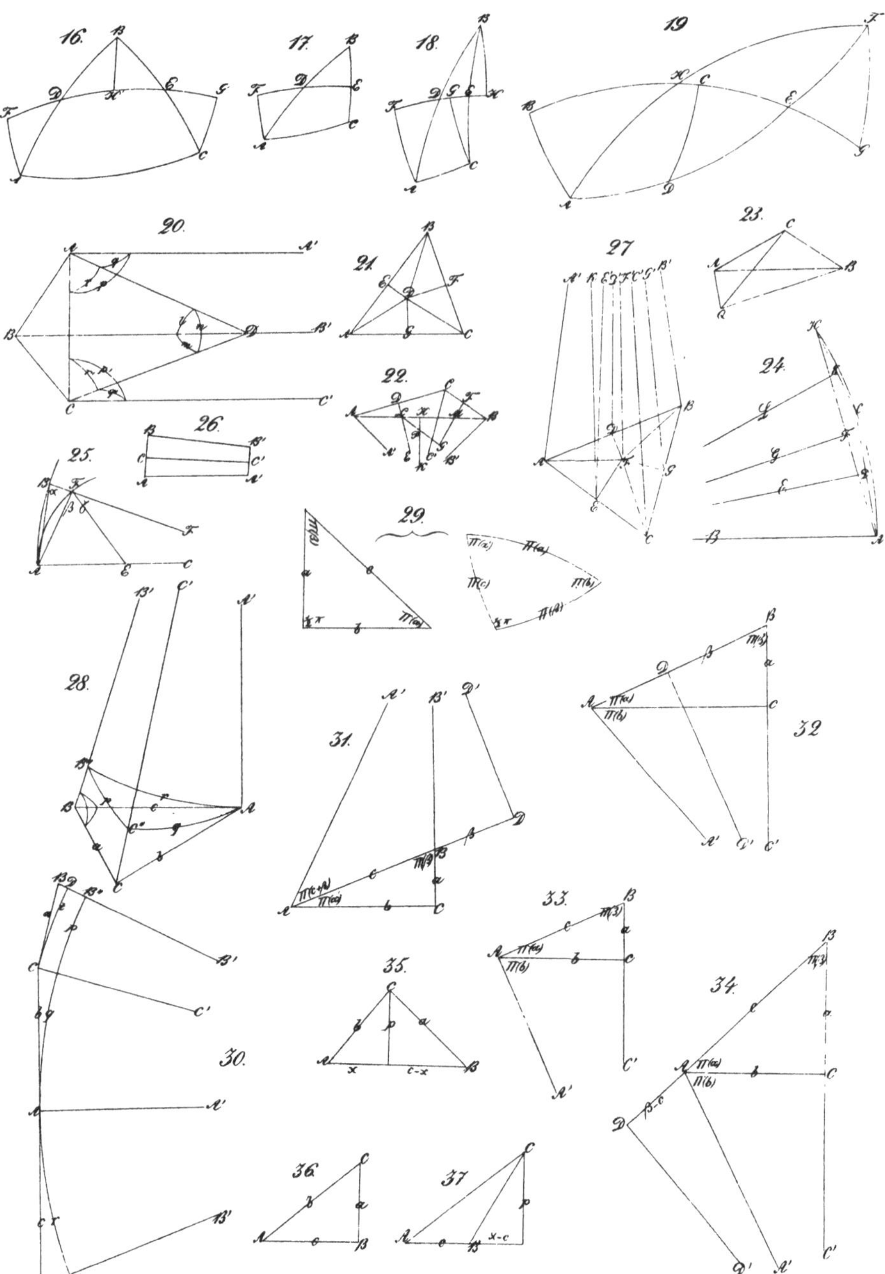

F. Klein

MATHEMATISCHE ANNALEN

HERAUSGEGEBEN

VON

A. CLEBSCH UND **C. NEUMANN,**

PROFESSOR IN GÖTTINGEN. PROFESSOR IN LEIPZIG.

VIERTER BAND.

LEIPZIG,

DRUCK UND VERLAG VON B. G. TEUBNER.

1871.

Ueber die sogenannte Nicht-Euklidische Geometrie.*)

Von Felix Klein in Göttingen.

Die nachstehenden Erörterungen beziehen sich auf die sogenannte Nicht-Euklidische Geometrie von Gauss, Lobatschefsky, Bolyai und die verwandten Betrachtungen, welche Riemann und Helmholtz über die Grundlagen unserer geometrischen Vorstellungen angestellt haben. Sie sollen indess nicht etwa die philosophischen Speculationen weiter verfolgen, welche zu den genannten Arbeiten hingeleitet haben, vielmehr ist ihr Zweck, *die mathematischen Resultate dieser Arbeiten, soweit sie sich auf Parallelentheorie beziehen, in einer neuen anschaulichen Weise darzulegen und einem allgemeinen deutlichen Verständnisse zugänglich zu machen.*

Der Weg hierzu führt durch die projectivische Geometrie. Man kann nämlich, nach dem Vorgange von Cayley**), eine projectivische Massbestimmung im Raume construiren, welche eine beliebig anzunehmende Fläche 2ten Grades als sogenannte fundamentale Fläche benutzt. Je nach der Art der von ihr benutzten Fläche 2ten Grades ist nun diese Massbestimmung ein Bild für die verschiedenen in den vorgenannten Arbeiten aufgestellten Parallelentheorieen. Aber sie ist nicht nur ein Bild für dieselben, sie deckt geradezu, wie sich zeigen wird, deren inneres Wesen auf.

Ich beginne damit, die in Rede stehenden Parallelentheorieen kurz auseinander zu setzen (§ 1.). Sodann wende ich mich der Cayley'schen Massbestimmung zu, die ich im Zusammenhange entwickele, so zwar, dass fortwährend auf die verschiedenartigen Parallelentheorieen Bezug genommen wird. Ich bin dabei um so lieber in ausführlichere Erörterungen eingegangen, als die bez. Cayley'schen Untersuchungen nicht hinlänglich bekannt geworden zu sein scheinen, dann aber auch

---

*) Vergl. eine unter demselben Titel mitgetheilte Note in den Gött. Nachrichten. 1871. Nr. 17.

**) Im Sixth Memoir upon Quantics. Phil. Transactions. t. 149. 1859. Vergl. die Fiedler'sche Uebersetzung von Salmon's Kegelschnitten. 2. Aufl. (Leipzig 1866), oder auch Fiedler: Die Elemente der neueren Geometrie und der Algebra der binären Formen (Leipzig 1862).

bei ihnen der leitende Gesichtspunkt ein anderer ist, als der hier vorliegende. Bei Cayley handelt es sich darum, nachzuweisen, dass die gewöhnliche (Euklidische) Massgeometrie als ein besonderer Theil der projectivischen Geometrie aufgefasst werden kann. Zu diesem Zwecke stellt er die allgemeine projectivische Massbestimmung auf und zeigt sodann, dass aus ihren Formeln die Formeln der gewöhnlichen Massgeometrie hervorgehen, wenn die fundamentale Fläche in einen bestimmten Kegelschnitt, den unendlich fernen imaginären Kreis, degenerirt. Hier dagegen handelt es sich darum, den *geometrischen Inhalt* der allgemeinen Cayley'schen Massbestimmung möglichst deutlich darzulegen und zu erkennen, nicht nur, wie sie durch eine geeignete Particularisation die Euklidische Massgeometrie ergiebt, sondern wesentlich, dass sie in ganz derselben Beziehung zu den verschiedenen Massgeometrieen steht, die sich den genannten Parallelentheorieen anschliessen.

Bei diesen Auseinandersetzungen ergeben sich einige neue Betrachtungen. Ich rechne dahin, abgesehen von den Detailausführungen, namentlich die Art und Weise, wie die Cayley'sche Massbestimmung durch Betrachtung wiederholter räumlicher Transformationen begründet wird. Sodann hebe ich noch die Form hervor, unter welcher in § 7. und § 14. der Begriff des Krümmungsmasses auftritt.

Es ist übrigens die Definition, welche ich für die projectivische Massbestimmung aufstelle, etwas allgemeiner, als die von Cayley selbst gegebene. Um die Entfernung zweier Punkte zu bestimmen, denke ich mir dieselben durch eine gerade Linie verbunden. Dieselbe schneidet die Fundamentalfläche in 2 weiteren Punkten, welche mit den beiden gegebenen ein gewisses Doppelverhältniss besitzen. *Den mit einer willkürlichen, aber fest gewählten Constante c multiplicirten Logarithmus dieses Doppelverhältnisses bezeichne ich als die Entfernung der beiden Punkte.* Um den Winkel zweier Ebenen zu bestimmen, lege ich durch deren Durchschnittslinie die beiden Tangentialebenen an die Fundamentalfläche. Dieselben bilden mit den beiden gegebenen Ebenen ein gewisses Doppelverhältniss. *Als Winkel der beiden gegebenen Ebenen bezeichne ich sodann den mit einer anderen willkürlichen, aber fest gewählten Constanten c′ multiplicirten Logarithmus dieses Doppelverhältnisses.* Die hiermit aufgestellten geometrischen Definitionen stimmen mit den analytischen, von Cayley gegebenen überein, sobald man noch c und c' particuläre Werthe ertheilt, nämlich beide gleich $\frac{\sqrt{-1}}{2}$ setzt.*) Es ist aber für das Folgende wesentlich, die

*) Gelegentlich bezeichnet Cayley auch den „Quadranten" als Einheit. Dies kommt darauf hinaus, c und c' gleich $\frac{\sqrt{-1}}{\pi}$ zu nehmen.

Constanten c und c' beizubehalten, da z. B. c gerade der in der Nicht-Euklidischen Geometrie vorkommenden charakteristischen Constanten entspricht (vergl. auch § 4.).

§ 1.

Die verschiedenen Parallelentheorieen.

Das 11te Axiom des Euklides ist, wie bekannt, mit dem Satze gleichbedeutend, dass die Summe der Winkel im Dreiecke gleich zwei Rechten ist. Nun gelang es Legendre, zu beweisen*), dass die Winkelsumme im Dreiecke nicht grösser sein kann, als 2 Rechte; er zeigte ferner, dass, wenn in einem Dreiecke die Winkelsumme 2 Rechte beträgt, dass dann ein Gleiches bei jedem Dreiecke der Fall ist. Aber er vermochte nicht zu zeigen, dass die Winkelsumme nicht möglicherweise kleiner ist, als 2 Rechte.

Eine ähnliche Ueberlegung scheint den Ausgangspunkt von Gauss' Untersuchungen über diesen Gegenstand gebildet zu haben. Gauss war der Auffassung, dass es in der That unmöglich sei, den Satz von der Gleichheit der Winkelsumme mit 2 Rechten zu beweisen, dass man vielmehr auf Grund der vorangehenden Axiome eine in sich consequente Geometrie construiren könne, bei der die Winkelsumme kleiner ausfällt. Gauss bezeichnete diese Geometrie als Nicht-Euklidische**); er hat sich mit ihr viel beschäftigt, leider aber, von einigen Andeutungen abgesehen, nichts über dieselbe veröffentlicht. In dieser Nicht-Euklidischen Geometrie kommt eine gewisse, für die räumliche Massbestimmung charakteristische Constante vor. Ertheilt man derselben einen unendlichen Werth, so erhält man die gewöhnliche Euklidische Geometrie. Hat aber die Constante einen endlichen Werth, so hat man eine abweichende Geometrie, für welche unter Anderem folgende Gesetze gelten:

Die Winkelsumme im Dreiecke ist kleiner, als 2 Rechte, und zwar um so mehr, je grösser die Fläche des Dreiecks ist. Für ein Dreieck, dessen Ecken unendlich weit entfernt sind, ist die Winkelsumme gleich Null. — Durch einen Punkt ausserhalb einer Geraden kann man 2 Parallele zu der Geraden ziehen, d. h. Linien, welche die Gerade auf der einen oder anderen Seite in einem unendlich fernen Punkte schneiden. Die durch den Punkt gehenden Geraden, welche zwischen den beiden Parallelen verlaufen, schneiden die gegebene Gerade gar nicht.

*) Dieser Beweis, sowie der sich auf den nämlichen Gegenstand beziehende Beweis von Lobatschefsky setzt die unendliche Länge der Geraden voraus. Lässt man diese Annahme fallen (vergl. den weiteren Text), so fallen auch die Beweise, wie man daraus deutlich übersehen mag, dass dieselben sonst in gleicher Weise für die Geometrie auf der Kugel gelten müssten.

**) Vergl. Sartorius v. Waltershausen, Gauss zum Gedächtniss, p. 81. Sodann einige Briefe in dem Briefwechsel von Gauss und Schumacher.

Auf eben diese Nicht-Euklidische Geometrie ist Lobatchefsky*), Professor der Mathematik an der Universität zu Kasan, und, einige Jahre später, der ungarische Mathematiker J. Bolyai**) geführt worden, und haben dieselben den Gegenstand in ausführlichen Veröffentlichungen behandelt. Indess blieben diese Arbeiten ziemlich unbekannt, bis man durch die Herausgabe des Briefwechsels zwischen Gauss und Schumacher, die 1862 erfolgte, auf dieselben aufmerksam gemacht wurde. Seitdem verbreitete sich die Auffassung, dass nunmehr die Parallelentheorie in ihrer realen Unbestimmtheit erkannt sei.

Aber diese Auffassung muss wohl einer wesentlichen Modification unterliegen, seit im Jahre 1867 nach Riemann's Tode dessen Habilitationsvorlesung: „Ueber die Hypothesen, welche der Geometrie zu Grunde liegen" erschienen ist und bald darauf Helmholtz in den Göttinger Nachrichten (1868. Nr. 6.) seine Untersuchungen: „Ueber die Thatsachen, welche der Geometrie zu Grunde liegen", veröffentlichte.

In Riemann's Schrift ist darauf hingewiesen, wie die Unbegränztheit des Raumes nicht auch nothwendig dessen Unendlichkeit mit sich führt. Es wäre vielmehr denkbar und würde unserer Anschauung, die sich immer nur auf einen endlichen Theil des Raumes bezieht, nicht widersprechen, dass der Raum endlich wäre und in sich zurückkehrte: die Geometrie unseres Raumes würde sich dann gestalten, wie die Geometrie auf einer in einer Mannigfaltigkeit von 4 Dimensionen gelegenen Kugel von 3 Dimensionen. — Diese Vorstellung, die sich auch bei Helmholtz findet, würde mit sich bringen, dass die Winkelsumme im Dreiecke (wie beim gewöhnlichen sphärischen Dreiecke) grösser***) ist, als 2 Rechte, und zwar in dem Masse grösser, als das Dreieck einen grösseren Inhalt hat. Die gerade Linie würde alsdann keine unendlich fernen Punkte haben, und man könnte durch einen gegebenen Punkt zu einer gegebenen Geraden überhaupt keine Parallele ziehen.

Eine auf diese Vorstellungen gegründete Geometrie würde sich in ganz gleicher Weise neben die gewöhnliche Euklidische Geometrie

---

*) Im Kasan'schen Boten 1829. — Schriften der Universität Kasan, 1836—38. — Crelle's Journal, t. XVII. 1837. (Géométrie imaginaire.) — Geometrische Untersuchungen zur Theorie der Parallellinien. Berlin 1840. — Pangéométrie. Kasan 1855. (Die Pangéométrie findet sich in italienischer Uebersetzung im t. V. des Giornale di Matematiche. 1867.)

**) In einem Appendix zu W. Bolyai's Werke: Tentamen juventutem .... Maros Vasarhely. 1832. Cf eine italienische Uebersetzung desselben im t. VI. des Giornale di Matematiche. 1868.

***) Die entgegenstehenden Beweise von Legendre und Lobatchefsky setzen, wie bereits bemerkt, die Unendlichkeit des Raumes voraus.

stellen, wie die soeben erwähnte Geometrie von Gauss, Lobatchefsky, Bolyai. Während letztere der Geraden 2 unendlich ferne Punkte ertheilt, giebt diese der Geraden überhaupt keine (d. h. 2 imaginäre) unendlich ferne Punkte. Zwischen beiden steht die Euklidische Geometrie als Uebergangsfall; sie legt der Geraden 2 zusammenfallende unendlich ferne Punkte bei.

Einem in der neueren Geometrie gewöhnlichen Sprachgebrauche*) folgend, sollen diese 3 Geometrieen bezüglich als *hyperbolische*, als *elliptische* und als *parabolische* Geometrie im Nachstehenden bezeichnet werden, je nachdem die beiden unendlich fernen Punkte der Geraden reell oder imaginär sind oder zusammenfallen.

Diese dreierlei Geometrieen werden sich nun im Folgenden als besondere Fälle der allgemeinen Cayley'schen Massbestimmung erweisen. Zu der parabolischen (der gewöhnlichen) Geometrie wird man geführt, wenn man die Fundamentalfläche der Cayley'schen Massbestimmung in einen imaginären Kegelschnitt degeneriren lässt. Nimmt man für die Fundamentalfläche eine eigentliche Fläche 2ten Grades, die aber imaginär ist, so erhält man die elliptische Geometrie. Die hyperbolische Geometrie endlich erhält man, wenn man für die Fundamentalfläche eine reelle, aber nicht geradlinige Fläche 2ten Grades nimmt und auf die Punkte in deren Innerem achtet.

Ich wende mich jetzt zu der Aufstellung der allgemeinen Cayley'schen Massbestimmung, zunächst für die Grundgebilde erster Stufe. Dabei erörtere ich jedesmal, wie sich unter die projectivischen Vorstellungen die Vorstellungen der elliptischen und hyperbolischen Geometrie subsumiren.

Es mag hier übrigens noch des Zusammenhangs gedacht werden, in welchem sich die in Rede stehenden geometrischen Dinge mit den Betrachtungen befinden, die sich auf Massbestimmung in beliebig ausgedehnten analytischen Mannigfaltigkeiten beziehen.

Herr Beltrami hat zuerst gezeigt**), wie der planimetrische Theil der hyperbolischen (Nicht-Euklidischen) Geometrie seine Interpretation in der gewöhnlichen Metrik der Flächen mit constantem negativem Krümmungsmasse findet. In der hyperbolischen Geometrie ist also die Ebene wie eine Mannigfaltigeit von 2 Dimensionen mit constantem negativem Krümmungsmasse. Als darauf die bez. Rie-

---

*) Man bezeichnet z. B. die Punkte einer Fläche als hyperbolische oder elliptische oder parabolische, je nachdem die Haupttangenten reell oder imaginär sind oder zusammenfallen. Steiner nennt die Involutionen hyperbolisch oder elliptisch oder parabolisch, je nachdem die Doppelelemente reell oder imaginär sind oder zusammenfallen u. s. f.

**) Saggio di interpretazione della Geometria non-euclidea. Giornale di Matematiche. 1868.

mann'sche Arbeit erschien, in der zum ersten Male der Begriff des Krümmungsmasses auch für höhere Mannigfaltigkeiten aufgestellt wurde, dehnte Beltrami seine Untersuchungen auf Räume mit beliebig vielen Dimensionen aus.*) Insbesondere zeigte er, dass bei der hyperbolischen Geometrie dem gewöhnlichen Raume (von 3 Dimensionen) auch wieder ein constantes negatives Krümmungsmass beigelegt wird, dass geradezu die Annahme eines constanten negativen Krümmungsmasses sich mit der Annahme der hyperbolischen Geometrie deckt. Die elliptische Geometrie dagegen, oder, wie er sie bezeichnet, die sphärische**) (denn die gewöhnliche sphärische Geometrie gehört hierher), würde dem Raume ein constantes positives Krümmungsmass beilegen. Bei der parabolischen Geometrie endlich würde das Krümmungsmass auch constant, aber gleich Null sein.

Da nun, wie im Folgenden gezeigt werden soll, die allgemeine Cayley'sche Massbestimmung im Raume von 3 Dimensionen gerade die hyperbolische, elliptische und parabolische Geometrie umfasst, sich also mit der Annahme eines constanten Krümmungsmasses deckt, so wird man zu der Vermuthung geleitet, dass auch bei beliebig vielen Dimensionen die allgemeine Cayley'sche Massbestimmung und die Annahme eines constanten Krümmungsmasses überein kommen. Dieses ist, wie indess nicht weiter gezeigt werden soll, in der That der Fall. Man wird also für Räume mit constantem Krümmungsmasse ohne Weiteres die Formeln benutzen können, die im Folgenden unter Annahme von 2 und 3 Dimensionen aufgestellt werden. Es schliesst dies ein, dass in solchen Räumen die kürzesten Linien wie gerade Linien durch lineare Gleichungen dargestellt werden können***); dass die unendlich fernen Elemente eine Fläche 2ten Grades bilden u. s. w. Es sind dies Resultate, welche bereits Beltrami, von anderen Betrachtungen ausgehend, nachgewiesen hat†); auch ist, um von den Formeln von Beltrami zu denen von Cayley zu gelangen, kaum noch ein Schritt zu thun.

Zugleich mag hiermit der Zusammenhang angedeutet sein, der zwischen dem Nachstehenden und den allgemeinen Untersuchungen

*) Teoria fundamentale degli spazii di curvatura costante. Annali di Matematica. Serie II. t. II. 1868/69.

**) Dem gegenüber bezeichnet er die hyperbolische Geometrie als „pseudosphärische".

***) Insbesondere also wird für Räume mit constanter Krümmung die projectivische Geometrie gelten. Vergl. § 17. des Textes.

†) Zunächst für Flächen von constantem Krümmungsmasse in einem Aufsatze: Risolutione del problema di riportare i punti di una superficie etc. Annali di Matematica. Serie I. t. VII. 1866. Sodann allgemein in der genannten Abhandlung: Teoria generale etc.

der Herren Christoffel*) und Lipschitz**) über Differentialausdrücke besteht.

§ 2.

Allgemeines über räumliche Massbestimmung.

Alle räumlichen Massbestimmungen lassen sich bekanntlich auf 2 fundamentale Aufgaben zurückführen: auf die Bestimmung *der Entfernung zweier Punkte* und auf die Bestimmung *der Neigung zweier sich schneidender Geraden*; wie denn die Instrumente, mit denen der praktische Geometer arbeitet, im Allgemeinen *Strecken* oder *Winkel* messen; alle übrigen zu bestimmenden Dinge können aus diesen berechnet werden.

Im Sinne der projectivischen Geometrie wird man diese beiden Grundaufgaben als *das Problem der Massbestimmung auf den Grundgebilden erster Stufe* bezeichnen können. Das Messen der Entfernung zweier Punkte entspricht der Massbestimmung auf der geraden Punktreihe; das Messen der Neigung zweier sich schneidender Geraden der Massbestimmung im ebenen Strahlbüschel. Die Massbestimmung im Ebenenbüschel endlich ist von der im ebenen Strahlbüschel nicht verschieden, da als Neigung zweier Ebenen die Neigung solcher zwei sich schneidender Linien anzusehen ist, in welchen die beiden Ebenen durch eine auf ihrer Durchschnittslinie senkrechte Ebene geschnitten werden. Es bleiben sonach nur zu betrachten die Massbestimmung auf der geraden Punktreihe und die Massbestimmung im ebenen Strahlbüschel, und von ihnen soll hier zunächst gehandelt werden.

Sofern man die gerade Punktreihe und das ebene Strahlbüschel als in der Ebene gelegen betrachtet, sind sie durch das Princip der Dualität verknüpft. Nicht so die für dieselben geltenden Massbestimmungen, die im Gegentheil wesentlich verschieden sind, z. B.:

Die Entfernung zweier Punkte ist eine algebraische, der Winkel zweier Geraden eine transscendente (cyclometrische) Function der Coordinaten.

Die Länge einer unbegränzten geraden Punktreihe ist unendlich gross; dagegen ist die Summe der Winkel im Strahlbüschel endlich.

Eine Strecke ist (bis aufs Vorzeichen) eindeutig bestimmt, ein Winkel nur bis auf Multipla einer Periode. Entsprechend kann die Strecke auf einfache Weise in eine beliebige Anzahl gleicher Theile getheilt werden; nicht so der Winkel, bei dem im Allgemeinen nur die Zweitheilung gelingt etc.

---

*) Borchardt's Journal. t. 70. p. 46.

**) Borchardt's Journal. t. 70. p. 71; t. 72. p. 1.

Trotz dieser Unterschiede haben beide Arten von Massbestimmungen etwas Gemeinsames, und dieser Umstand wird gestatten, beide als besondere Fälle unter eine allgemeinere Massbestimmung zu subsumiren. Dieses Gemeinsame ist zweierlei Art.

Erstens gilt für beide Massbestimmungen das Gesetz, dass sich die Massunterschiede addiren*), d. h. dass der Massunterschied $\overline{12}$, vermehrt um den Massunterschied $\overline{23}$, gleich ist dem Massunterschiede $\overline{13}$, in Zeichen $\overline{12}+\overline{23}=\overline{13}$. Diese *Addirbarkeit der Massunterschiede* ist ein allgemeines Gesetz, welches bei allen Massbestimmungen in Mannigfaltigkeiten einer Dimension von vorn herein gegeben ist.**) Dasselbe hat für die Bestimmung derjenigen Function der Coordinaten, welche den Massunterschied darstellen soll, den Werth einer Functionalgleichung. — Mit dieser Addirbarkeit der Massunterschiede können wir gleich die weitere Eigenschaft verknüpfen, die ebenfalls bei allen Massbestimmungen in Mannigfaltigkeiten einer Dimension hervortritt, nämlich die, dass die Entferung eines Elementes von sich selbst gleich Null ist: $\overline{11}=0$. Hieraus und aus der eben genannten Eigenschaft folgt noch insbesondere: $\overline{12}=-\overline{21}$.

Zweitens haben die hier zu betrachtenden Massbestimmungen noch eine zweite Eigenschaft, welche sie eben geeignet macht, zur Messung im Raume angewandt zu werden. Diese Eigenschaft ist die, *durch eine Bewegung im Raume nicht geändert zu werden.* Der Winkel zweier Geraden eines Büschels ändert sich inbesondere nicht, wenn man das Büschel in seiner Ebene um seinen Mittelpunkt eine Rotation ausführen lässt; ebenso wenig die Entfernung zweier Punkte einer Geraden, wenn man die Gerade in sich verschiebt.

Die genannten beiden Eigenschaften reichen hin, um beide Massbestimmungen zu charakterisiren; sie treten auch in deutlichster Weise hervor bei der Art, wie wirkliche Messungen ausgeführt werden. Man bedient sich dazu, sowohl beim Winkel- als beim Streckenmessen, *einer Scala äquidistanter Elemente,* die man beliebig an den zu messenden Gegenstand anlegt.***) Die Zahl der Scalentheile, welche

---

*) Bei der Winkelmessung gilt dies natürlich nur so weit, als man nicht, was man immer kann, den Winkeln $\overline{12}$ etc. unabhängig von einander Multipla von 2π zufügt.

**) Dasselbe gilt z. B., wenn wir die Zeit oder Gewichte oder Intensitäten messen.

***) Beim Streckenmessen bedient man sich, in Uebereinstimmung mit dem im Texte Gesagten, einer Scala äquidistanter, auf einer Geraden gelegener Punkte, eines *Massstabs.* Dagegen wendet man beim Winkelmessen nicht eine Winkelscala, sondern einen *getheilten Kreis* an, der eine Winkelscala vertritt. Im Texte soll aber an der Vorstellung einer Winkelscala festgehalten werden, weil ein Kreis nicht im Sinne der projectivischen Geometrie ein Grundgebilde ist.

zwischen den beiden Elementen liegen, deren Massunterschied zu bestimmen ist, ergiebt geradezu den gesuchten Massunterschied. Dabei soll nicht weiter discutirt werden, wie die Zahl dieser Scalentheile im Allgemeinen keine ganze und nicht einmal eine rationale ist, wie man damit zusammenhängend auch den Massunterschied zweier Elemente nie genau, sondern nur innerhalb gewisser Fehlergränzen wird bestimmen können. — Dagegen mögen wir des Näheren betrachten, wie die genannten beiden Eigenschaften der Massbestimmung in der hier mit geschilderten Operation des Messens zu Tage treten. Die erste Eigenschaft, die Addirbarkeit der Massunterschiede, ist unmittelbar darin ausgesprochen, dass wir als Massunterschied zweier Elemente schlechthin die Zahl der zwischen ihnen befindlichen Scalentheile nehmen. Die zweite Eigenschaft tritt namentlich darin hervor, dass wir für den Massunterschied dieselbe Zahl finden, unabhängig von der Art und Weise, wie wir die Scala an das zu Messende anlegen. Zu diesem Zwecke muss die Scala die Eigenschaft haben, sich selbst zu decken, wenn man sie an sich selbst beliebig anlegt. Oder, mit anderen Worten: Uebt man auf die Scala eine Bewegung aus, bei der die gerade Punktreihe bez. das Strahlbüschel, welche ihre Träger sind, unverändert bleiben, bei der ferner ein Scalentheil in den nächstfolgenden übergeht, so geht jeder Scalentheil in den nächstfolgenden über.

Diese letztere Eigenschaft der Scala gestattet es, *dieselbe durch eine wiederholte Bewegung anzufertigen.*

Insbesondere, um eine Scala auf der geraden Punktreihe zu construiren, nehme man zwei Punkte (1) und (2) als Gränzpunkte eines ersten Scalentheils an. Sodann verschiebe man die Gerade in sich, bis (1) in (2) fällt. So ist (2) in einen Punkt (3) gerückt, welcher der dritte Scalentheilpunkt sein soll. Verschiebt man noch einmal um ein gleiches Stück, so rückt wieder (1) in (2), (2) in (3), endlich (3) in einen neuen Scalentheilpunkt (4) u. s. w.

Ebenso, will man eine Scala auf dem ebenen Strahlbüschel construiren, so nehme man zuvörderst 2 Strahlen (1) und (2) an als Gränzstrahlen eines ersten Scalentheils*). Eine Drehung des Büschels in seiner Ebene um seinen Mittelpunkt bringe (1) in die Lage von (2), so hat (2) eine Lage (3) angenommen, welches der dritte Theilstrahl ist u. s. f.

Verschiebung einer Punktreihe oder Drehung eines Strahlbüschels in sich fallen nun beide vom Standpunkte der projectivischen Geometrie aus unter den allgemeineren Begriff *einer linearen Transformation,*

---

*) In praxi wird man für den Scalentheil einen solchen Winkel nehmen, dass der rechte Winkel durch eine ganze Anzahl Scalentheile ausgedrückt wird, was hier nicht in Betracht kommt.

38*

welche das betreffende Grundgebilde in sich überführt. Hiernach wird man sofort *eine allgemeinere Construction einer Scala* für die gerade Punktreihe oder das Strahlbüschel und damit *eine allgemeinere Massbestimmung* auf diesen Grundgebilden concipiren, die dann die wirklich angewandten Constructionen und Massbestimmungen als besondere Fälle umfasst. Man wird sich nämlich dadurch, sei es für die Punktreihe oder für das Strahlbüschel, eine Scala construiren, dass man auf ein Element des betreffenden Gebildes eine beliebig anzunehmende lineare Transformation, durch welche das Gebilde in sich übergeht, wiederholt anwendet. Das anfänglich gewählte Element erzeugt dabei eine Elementenreihe, welche eben die Scala ist. Als Massunterschied zweier Elemente gilt die Zahl der zwischen den beiden Elementen befindlichen Scalentheile.*) Ist hiernach zunächst nur der Massunterschied solcher Elemente definirt, welche gerade um eine ganze Anzahl von Scalentheilen von einander abstehen, so wird man durch fortgesetztes Unterabtheilen der Scalentheile (vergl. den folgenden Paragraphen) auch den Massunterschied zweier Elemente festlegen können, die um eine rationale Zahl von Scalentheilen unterschieden sind; man wird endlich, indem man den Begriff der irrationalen Gränze aufnimmt, von einem Massunterschiede zweier beliebiger Elemente reden können.

Diese allgemeinere Art der Massbestimmung auf den Grundgebilden erster Stufe soll in dem folgenden Paragraphen näher untersucht werden. Man wird dabei so viele wesentlich verschiedene Massbestimmungen erhalten, als es wesentlich verschiedene lineare Transformationen im Grundgebilde erster Stufe giebt. Nun giebt es aber solcher Transformationen nur zweierlei Arten:

1) Solche, bei denen zwei (reelle oder imaginäre) Elemente des Grundgebildes fest bleiben. (Allgemeiner Fall.)

2) Solche, bei denen nur ein (doppeltzählendes) Element des Grundgebildes ungeändert bleibt. (Specieller Fall.)

Entsprechend wird es auch nur zwei wesentlich verschiedene Arten projectivischer Massbestimmung auf den Grundgebilden erster Stufe geben: eine *allgemeine*, welche Transformationen erster Art, eine *specielle*, welche Transformationen zweiter Art benutzt.

Die gewöhnliche Massbestimmung im Strahlbüschel ist von der ersten Art. Denn bei einer Rotation des Büschels um seinen Mittelpunkt in seiner Ebene bleiben zwei getrennte Strahlen desselben, die-

*) Hierdurch wird die Art der zu benutzenden linearen Transformation beschränkt. In erster Linie muss die lineare Transformation eine reelle sein, welche ein reelles erstes Element in ein reelles zweites überführt. Sodann ist auch noch erforderlich, dass die Scalentheilelemente in der Reihenfolge ihrer Entstehung aufeinander folgen, und nicht etwa das erste und zweite Element durch das dritte und vierte getrennt werden. Vergl. den weiteren Text.

jenigen, welche nach den unendlich fernen imaginären Kreispunkten hingehen, ungeändert.

Dagegen ist die gewöhnliche Massbestimmung auf der Geraden von der zweiten Art. Denn bei einer Verschiebung einer Geraden in sich selbst bleibt nach der Annahme der gewöhnlichen parabolischen Geometrie nur ein Punkt derselben, der unendlich ferne Punkt, ungeändert. —

Hiermit ist denn bereits angedeutet, wie nach der Annahme der hyperbolischen bez. der elliptischen Geometrie die Massbestimmung auf der Geraden den speciellen Charakter verliert, den ihr die parabolische Geometrie beilegt. Die hyperbolische Geometrie ertheilt der Geraden zwei reelle, die elliptische zwei imaginäre unendlich ferne Punkte. Sie hat dementsprechend eine Verschiebung einer Geraden in sich als eine allgemeine lineare Transformation aufzufassen, welche zwei getrennte Punkte, die beiden unendlich fernen Punkte, ungeändert lässt. Es wird dies im Folgenden noch näher erörtert werden.

§ 12.

Die Massbestimmung in der Ebene bei reellem Fundamentalkegelschnitt. Die hyperbolische Geometrie.

Wir wollen uns jetzt in der Ebene einen reellen Fundamentalkegelschnitt gegeben denken. Es wird dies zu einer Massbestimmung führen, die für die Punkte innerhalb des Fundamentalkegelschnittes mit den Vorstellungen der hyperbolischen Geometrie übereinkommt.

Ist der fundamentale Kegelschnitt reell, so zerfallen die reellen Punkte und Geraden der Ebene, jede für sich, in zwei Classen. Es giebt Punkte, von denen aus sich zwei reelle, und solche, von denen aus sich keine reellen Tangenten an den Kegelschnitt legen lassen. Die ersteren bezeichnet man als die Punkte ausserhalb, die letzteren als die Punkte innerhalb des Kegelschnittes. Analog zerfallen die Geraden in zwei Gruppen, in solche, welche den Kegelschnitt in zwei reellen, und in solche, welche ihn in zwei imaginären Punkten schneiden.

Des Zusammenhangs mit der hyperbolischen Geometrie wegen wollen wir uns auf die Betrachtung der Punkte innerhalb des Kegelschnittes und der durch sie hindurchgehenden Geraden beschränken.

Keins der Strahlbüschel, deren Mittelpunkte in den von uns betrachteten Raum fallen, hat reelle unendlich ferne Elemente. Desswegen soll die Constante c' rein imaginär, $= c_1' i$, genommen werden. Die Winkelsumme in einem beliebigen Büschel, dessen Mittelpunkt innerhalb des fundamentalen Kegelschnittes liegt, ist dann $2 c_1' \pi$.

Dagegen hat jede Gerade, welche das von uns betrachtete Gebiet durchsetzt, zwei reelle (logarithmisch) unendlich ferne Punkte: ihre Durchschnittspunkte mit dem Fundamentalkegelschnitt. Desshalb werden wir der Constanten c einen reellen Werth beilegen.

Bei dieser Festsetzung der Constanten c und c' haben alle Punkte, welche innerhalb des Kegelschnittes liegen, einen reellen Abstand; ebenso bilden alle Geraden, die sich innerhalb des Kegelschnittes schneiden, mit einander einen reellen Winkel. Aber der Abstand zweier Punkte, die durch den Fundamentalkegelschnitt getrennt werden, ist imaginär. Der Fundamentalkegelschnitt ist der Ort der unendlich fernen Punkte. Zwei Gerade, die durch das Innere des Kegelschnittes verlaufen, aber sich ausserhalb desselben schneiden, bilden einen imaginären Winkel. Zwischen ihnen und den Geraden, die sich innerhalb schneiden, bilden diejenigen den Uebergang, deren Schnittpunkt auf den fundamentalen Kegelschnitt, also unendlich weit fällt, d. h. diejenigen Linien, welche parallel (§ 8.) sind. Ihr Winkel ist gleich Null.

Wir wollen uns jetzt denken, dass wir uns an irgend einer Stelle im Inneren des Fundamentalkegelschnittes befänden und dass wir uns auf der Ebene nur vermöge derjenigen linearen Transformationen bewegen könnten, die den fundamentalen Kegelschnitt ungeändert lassen, (vergl. § 5., § 9.). Wir werden uns dann, wie bei unserer gewöhnlichen Massbestimmung, um uns selbst drehen können und nach endlicher Drehung in die Anfangslage zurückkommen, wir werden ebenfalls, wie bei der gewöhnlichen Massbestimmung, auf der geraden Linie nach der einen oder anderen Seite unausgesetzt fortschreiten können. *Aber wir werden nie den fundamentalen Kegelschnitt erreichen, geschweige denn überschreiten.* Wir sind also in das Innere des Kegelschnittes festgebannt; der Kegelschnitt begrenzt für uns die Ebene; ob jenseits desselben noch ein Stück der Ebene vorhanden ist oder nicht, würden wir nicht sagen können. Ein Beobachter, der, mit der gewöhnlichen Massbestimmung ausgerüstet, uns auf den fundamentalen Kegelschnitt zuschreiten sähe, während wir die Bewegung gemäss der neuen Massbestimmung mit constanter Geschwindigkeit ausführen, würde bemerken, wie wir (von einer gewissen Stelle an) zusehens immer langsamer vorwärts kämen und die uns gegebene Grenze, den Fundamentalkegelschnitt, nie erreichten.

Die hiermit geschilderte Massgeometrie *entspricht nun durchaus den Vorstellungen der hyperbolischen Geometrie*, wenn wir noch die einstweilen unbestimmt gebliebene Constante c_1' gleich $\frac{1}{2}$ setzen, damit die Winkelsumme im Strahlbüschel gleich π wird. Betrachten wir, um uns davon zu überzeugen, einige der Propositionen der hyperbolischen Geometrie etwas näher (dieselben sollen in Anführungszeichen aufgeführt werden).

„Durch einen Punkt der Ebene giebt es zu einer gegebenen Geraden zwei Parallele, d. h. Linien, welche die gegebene Gerade in unendlich fernen Punkten schneiden.“ Es sind dies die beiden Verbindungslinien des Punktes mit den beiden Schnittpunkten der gegebenen Geraden und des Fundamentalkegelschnittes.

„Die Neigung der beiden Parallelen, die durch einen Punkt zu einer Geraden gezogen werden können, nimmt bei zunehmender Entfernung des Punktes von der Geraden zu. Rückt der Punkt unendlich weit, so wird dieselbe gleich π, d. h. in anderem Sinne gerechnet, die beiden Parallelen bilden einen Winkel gleich Null“. In der That, wenn der Punkt auf den Fundamentalkegelschnitt rückt, so schliessen die beiden Parallelen, wie überhaupt zwei Gerade, die sich auf dem Fundamentalkegelschnitt schneiden, einen Winkel gleich Null ein. Daher auch der Satz: „Der Winkel zwischen einer Geraden und jeder ihrer Parallelen ist gleich Null“. — Dass auch für nicht unendlich ferne Punkte der „Winkel des Parallelismus,“ den die hyperbolische Geometrie aufstellt, sich bei unserer projectivischen Massbestimmung wiederfindet, mag man daraus ersehen, dass, wie gleich gezeigt werden soll, überhaupt die trigonometrischen Formeln in beiden Fällen übereinstimmen.

„Die Winkelsumme im Dreiecke ist kleiner als 2π; für ein Dreieck mit unendlich fernen Ecken ist die Winkelsumme gleich Null.“ Das letztere folgt daraus, dass diese Ecken des Dreiecks nothwendig auf dem Fundamentalkegelschnitt liegen, und je zwei Linien, die sich in einem Punkte des Fundamentalkegelschnittes schneiden, einen Winkel gleich Null einschliessen. Die allgemeine Giltigkeit des ersteren Satzes, der dadurch wahrscheinlich gemacht wird, dass für unendlich grosse Dreiecke die Winkelsumme 0, für unendlich kleine gleich 2π ist, folgt aus den noch näher anzugebenden trigonometrischen Formeln.

„Zwei Perpendikel, auf einer Geraden errichtet, schneiden sich nicht.“ Bei uns schneiden sie sich allerdings, nämlich in dem Pole der Geraden. Aber dieser liegt in dem Raume ausserhalb des Kegelschnittes, von dessen Existenz wir durch unsere Bewegungen nichts wissen können. Einen solchen Raum können wir uns aber — und das geschieht auch in der hyperbolischen Geometrie — als einen *idealen*

Raum*) adjungiren; ganz in demselben Sinne, wie man in der parabolischen Geometrie den wirklich vorhandenen Elementen der Ebene eine (uneigentliche) unendlich ferne Gerade hinzufügt. Ueber die Existenz des idealen Raumstückes wird damit gar nichts ausgesagt; wir gebrauchen den Ausdruck nur als einen in sich nicht widersprechenden und bequemen Terminus.

„Ein Kreis mit unendlich grossem Radius ist von einer Geraden verschieden.“ Ein Kreis mit unendlich grossem Radius bedeutet bei uns einen Kegelschnitt, der den Fundamentalkegelschnitt vierpunktig berührt. Dagegen würde die Gerade, d. h. eine Gerade, die durch das von uns betrachtete Innere des Kegelschnittes geht, ein Kreis sein, dessen Centrum (der Pol der Geraden) in das ideale Gebiet der Ebene fällt, und dessen Radius einen imaginären Werth hat. —

Wir wollen uns noch eine Vorstellung davon machen, wie sich die Ebene in sich transformirt, wenn sie um einen unendlich fernen oder einen idealen Drehpunkt rotirt (§ 9.). Im ersteren Falle beschreiben alle Punkte Kegelschnitte, die sich in unendlicher Entfernung vierpunktig berühren. Im zweiten Falle beschreiben sie Kegelschnitte, welche den fundamentalen Kegelschnitt in zwei reellen Punkten berühren. Unter ihnen befindet sich eine im Endlichen gelegene Gerade, die Polare des idealen Drehpunktes. Diese Gerade verschiebt sich in sich; aber die übrigen Punkte beschreiben nicht etwa, entsprechend den Vorstellungen der parabolischen Geometrie, parallele Gerade, sondern (in der Nähe der Geraden flachgestreckte) Kegelschnitte, die den Fundamentalkegelschnitt in den beiden Durchschnittspunkten mit der ausgezeichneten Geraden berühren.

Was nun endlich die *trigonometrischen Formeln* angeht, die bei unserer jetzigen Massbestimmung gelten, so erhält man dieselben unmittelbar durch die folgende Ueberlegung. In § 11. haben wir gesehen, dass, bei Zugrundelegung eines imaginären Kegelschnittes in der Ebene und bei der Annahme der Constanten $c = c_1 i$, $c' = c_1' i = \frac{\sqrt{-1}}{2}$ für die Ebene eine Trigonometrie gilt, deren Formeln sich aus den Formeln der sphärischen Trigonometrie ergeben, wenn man statt der Seiten die Seiten, dividirt durch $2c_1$, einführt. Ein Gleiches wird nun auch gelten, wenn ein reeller Kegelschnitt zu Grunde gelegt wird. Denn die Geltung der Formeln der sphärischen Trigonometrie beruht doch auf analytischen Identitäten, die unabhängig sind von der Frage nach der Art des zu Grunde gelegten fundamentalen Kegelschnittes. Der einzige Unterschied, der nun, gegenüber

*) Man vergl. hierzu namentlich die Auseinandersetzungen, welche Herr Battaglini gegeben hat: *Sulla geometria imaginaria di Lobatchefsky*. Giornale di Matematiche. t. V. 1867.

dem früheren Falle, eintritt, ist, dass $c_1 = \frac{c}{i}$ nunmehr imaginär geworden ist.

Die trigonometrischen Formeln, welche bei unserer jetzigen Massbestimmung gelten, ergeben sich aus den Formeln der sphärischen Trigonometrie, wenn man statt der Seiten die Seiten, dividirt durch $\frac{c}{i}$, *einführt.*

Das ist aber dieselbe Regel, nach welcher man in der hyperbolischen Geometrie die trigonometrischen Formeln aufstellt. Die Constante c ist die in der hyperbolischen Geometrie vorkommende charakteristische Constante. Man kann sagen, dass die Planimetrie sich nach der Annahme der hyperbolischen Geometrie so gestaltet, wie die Geometrie auf einer Kugel mit dem imaginären Radius $\frac{c}{i}$.

Für die Vorstellungen der hyperbolischen Geometrie erhalten wir nach dem Vorstehenden sofort ein Bild, wenn wir einen beliebigen reellen Kegelschnitt hinzeichnen und auf ihn eine projectivische Massbestimmung gründen. Umgekehrt: ist die uns thatsächlich gegebene Massbestimmung von der Art, wie sie sich die hyperbolische Geometrie vorstellt, so bilden die unendlich fernen Punkte der Ebene einen reellen uns umschliessenden Kegelschnitt, und ist die hyperbolische Geometrie nichts Anderes, als die auf diesen Kegelschnitt gegründete projectivische Massbestimmung.

Anmerkungen

1. Zu F. KLEINS Arbeit „Über die sogenannte Nicht-Euklidische Geometrie“

Die Bedeutung dieser Arbeit FELIX KLEINS, von der im vorliegenden Band nur einige Paragraphen wiedergegeben werden, besteht darin, daß in ihr die Ergebnisse von CAYLEY über die „projectivische Maßbestimmung“ als Modell für die nicht-euklidische Geometrie nachgewiesen werden. Das heißt also, es gibt in der projektiven Geometrie (zunächst einmal der Ebene) Elemente, nämlich die Punkte im Inneren eines Kegelschnittes, dessen Sehnen und dessen projektive Abbildungen auf sich selbst, welche die gleichen Grundeigenschaften wie die Punkte, Geraden und Bewegungen der nicht-euklidischen Geometrie besitzen, wobei als Metrik die von CAYLEY in der projektiven Ebene eingeführte Maßbestimmung dient, die sich mit Hilfe eines Kegelschnittes definieren läßt. Damit war die Widerspruchslosigkeit der bisher nur als existent angenommenen nicht-euklidischen Geometrie bewiesen oder genauer gesagt auf die Widerspruchslosigkeit der projektiven Geometrie zurückgeführt. Weiter folgte nun die Unabhängigkeit des Parallelenaxioms von den anderen Axiomen EUKLIDS.

Ganz nebenbei hat sich damit ein neuer Zugang zur nicht-euklidischen Geometrie (oder zur hyperbolischen, wie sie KLEIN jetzt nennt) erschlossen, der viel einfacher erscheint als der bis dahin von GAUSS, BOLYAI und LOBATSCHEWSKI beschrittene. Der Aufbau der nicht-euklidischen Geometrie aus den Axiomen ist ja, wie man aus den Darstellungen von BOLYAI und LOBATSCHEWSKI erkennen kann, recht mühsam und kompliziert, und es werden dabei sehr oft Stetigkeitsschlüsse benützt, die nicht auf den Axiomen beruhen und kein solides Fundament besitzen. Wenn man dagegen von der Cayleyschen Geometrie ausgeht, die auf der projektiven Geometrie beruht, so hat man ein ganz konkretes Modell vor sich. Der Vollständigkeit halber hat KLEIN in dieser Arbeit dargelegt, daß sich die elliptische Geometrie (d.h. im wesentlichen die sphärische) ganz analog auf die projektive Geometrie zurückführen läßt, wenn man nicht einen reellen, sondern einen imaginären Kegelschnitt benützt, und daß die parabolische Geometrie, wie KLEIN die euklidische nennt, als Übergangsfall zwischen elliptischer und hyperbolischer Geometrie steht. Dabei tritt nun noch ein kleines Problem auf, das mit der Definition des Doppelverhältnisses als Verhältnis von zwei Streckenverhältnissen zusammenhängt. KLEIN weist darauf hin, daß bereits v. STAUDT eine projektiv invariante Definition des Doppelverhältnisses im Rahmen der projektiven Geometrie gegeben hat, so daß die Cayleysche projektivische Maßbestimmung, in der ja die Metrik mit Hilfe von Doppelverhältnissen definiert wird, wirklich eine Angelegenheit der projektiven Geometrie ist.

Einen Anschluß an die Gaußsche Flächentheorie und an die Theorie der Riemannschen Räume mit freier Beweglichkeit bekommt KLEIN, indem er in einem beliebigen Punkt die Metrik näherungsweise durch eine spezielle, nämlich eine parabolische oder auch euklidische, ersetzt und den Unterschied zwischen beiden („sich berührenden“) Metriken genauer untersucht. Dabei erscheint eine Konstante, die sich – abgesehen von einem Normierungsfaktor – als das Gaußsche Krümmungsmaß erweist.

Der Kleinsche Gedankengang läßt sich leicht aus den folgenden Überschriften der einzelnen Paragraphen seiner Arbeit ablesen, von denen die §§ 1, 2 und 12 hier vollständig wiedergegeben werden, weil man darin die Zielsetzung, die Methoden und Ergebnisse von Klein schon sehr gut erkennen kann. Diese Überschriften lauten:

§ 1. Die verschiedenen Parallelentheorien. § 2. Allgemeines über räumliche Maßbestimmung. § 3. Die allgemeine projektivische Maßbestimmung auf den Grundgebilden erster Stufe. § 4. Übergang zu komplexen Elementen. Verallgemeinerung der Koordinatenbestimmung. § 5. Besondere Betrachtung der reellen Elemente des Grundgebildes. § 6. Die spezielle Maßbestimmung bei zusammenfallenden Grundelementen. § 7. Spezielle Maßbestimmung, welche eine allgemeine in einem Elemente berührt. Krümmung der letzteren. § 8. Die allgemeine projektivische Maßbestimmung in der Ebene. § 9. Über diejenigen linearen Transformationen der Ebene, welche an Stelle der Bewegungen treten. § 10. Die allgemeine projektivische Maßbestimmung im Strahlen- und Ebenenbüschel. § 11. Die Maßbestimmung in der Ebene bei imaginärem Fundamentalkegelschnitte. Die elliptische Geometrie. § 12. Die Maßbestimmung in der Ebene bei reellem Fundamentalkegelschnitt. Die hyperbolische Geometrie. § 13. Die spezielle Maßbestimmung in der Ebene. Die parabolische Geometrie. § 14. Spezielle Maßbestimmung in der Ebene, welche eine allgemeine in einem Punkte berührt. Krümmung der letzteren. § 15. Das gegenseitige Verhältnis der elliptischen, hyperbolischen und parabolischen Geometrie in der Ebene. § 16. Die projektivische Maßbestimmung im Raume. § 17. Die Unabhängigkeit der projektivischen Geometrie von der Parallelentheorie. § 18. Ableitung der dreierlei Geometrien: der elliptischen, hyperbolischen und parabolischen aus der projektivischen.

2. „Nicht-euklidisch"

Von Gauss selbst stammt die nicht sehr glücklich gewählte Bezeichnung „nicht-euklidische Geometrie", die er anfänglich gelegentlich auch „anti-euklidisch" nannte. Der Marburger Jura-Professor Schweikart sprach 1818 von „astralischer Größenlehre" [35, S. 36/37; vgl. S. 42/43 dieses Bandes], weil sie sich erst bei astronomischen Entfernungen von der euklidischen Geometrie unterscheiden würde, und Lobatschewski verwendete die Bezeichnung „imaginäre Geometrie". Felix Klein, der nicht nur die nicht-euklidische, sondern auch die euklidische und die sphärische Geometrie in einheitlicher Weise in der Cayleyschen projektiven Maßbestimmung realisierte, nannte diese drei Geometrien hyperbolisch, parabolisch und elliptisch. Seinem Unbehagen über den Ausdruck „nicht-euklidisch" gab er deutlich Ausdruck, indem er in der Überschrift seiner diesbezüglichen Arbeit von der „sogenannten Nicht-Euklidischen Geometrie" sprach.

Als lustiges Kuriosum sei hier ein Auszug aus der vergnüglichen Faust-Parodie „Prost. Der Faust-Tragödie (−n)ter Teil" von dem Philosophen und Schriftsteller Kurd Lasswitz wiedergegeben, abgedruckt in der im Teubner-Verlag erschienenen „Zeitschrift für mathematischen und naturwissenschaftlichen Unterricht" 14 (1883), S. 312–318. Mephistopheles gibt einem Fuchs, einem Studenten des ersten Semesters, gute Ratschläge, und über die Geometrie heißt es da:

„**Fuchs.** ... Was soll ich nun aber denn studieren?

Meph. Ihr könnt es mit analytischer Geometrie probieren.
Da wird der Raum euch wohl dressiert,
in Koordinaten eingeschnürt,
daß ihr nicht etwa auf gut Glück
von der Figur gewinnt ein Stück.
Dann lehret man euch manchen Tag,
daß, was ihr sonst auf einen Schlag
konstruiertet im Raume frei,
eine Gleichung dazu nötig sei.
Zwar ward dem Menschen zu seiner Erbauung
die dreidimensionale Raumanschauung,
daß er sieht, was um ihn passiert,
und die Figuren sich konstruiert, –
der Analytiker tritt herein
und beweist, das könnte auch anders sein.
Gleichungen, die auf dem Papiere stehn,
die müßt' man auch können im Raume seh'n;
und könnte man's nicht konstruieren,
da müßte man's anders definieren.
Denn was man formt nach Zahlengesetzen
müßt' uns auch geometrisch erletzen.
Drum in den unendlich fernen beiden
imaginären Punkten müssen sich schneiden
alle Kreise fein säuberlich,
auch Parallelen, die treffen sich,
und im Raume kann man daneben
allerlei Krümmungsmaße erleben.
Die Formeln sind alle wahr und schön,
warum sollten sie nicht zu deuten gehn?
Da preisen's die Schüler aller Orten,
daß das Gerade ist krumm geworden.
Nicht-Euklidisch nennt's die Geometrie,
spottet ihrer selbst, und weiß nicht wie.

Fuchs. Kann euch nicht eben ganz verstehn.

Meph. Das soll den Philosophen auch so gehn. ...“

3. Zum Bildnis „Johann Bolyai“

Anläßlich des 100. Todestages J. Bolyais (1802–1860) gaben die rumänische und auch die ungarische Post je eine Gedenkmarke heraus (vgl. Abb.). Diese Briefmarken wurden seither mehrfach als Vorlagen für Porträts des Mathematikers J. Bolyai verwendet.

Im Jahre 1976 veröffentlichte der BSB B. G. Teubner Verlagsgesellschaft, Leipzig, das Buch von H. REICHARDT „Gauß und die nicht-euklidische Geometrie“, das auf Seite 55 (vgl. S. 61 dieses Bandes) ebenfalls jenes Bildnis enthält.

Jedoch schrieb bereits 1951 L. v. DÁVID in seiner Abhandlung „Die beiden Bolyai“: „Während Wolfgang mehrere Bildnisse hinterließ, blieb von Johann nicht ein einziges übrig. Das Bild, welches er hatte, vernichtete er mit seinem Säbel: warum ein Bild für diese gleichgültige Welt? Sein sterbliches Antlitz bleibt ein ewiges Geheimnis, wer aber seine unsterblichen Züge kennen will, der findet diese im Appendix und in der Responsio.“

Auch P. SCHREIBER stellte in seinem 1980 bei Teubner veröffentlichten Buch „Die Mathematik und ihre Geschichte im Spiegel der Philatelie“ fest: „Ein authentisches Bild J. v. BOLYAIS existiert nicht. Zum 100. Geburtstag gaben jedoch die ungarische und die rumänische Post je eine Gedenkmarke heraus, die das Porträt eines unbekannten Altersgenossen J. v. BOLYAIS zeigt.“

Während der Vorbereitung dieses 4. Bandes der Reihe „TEUBNER-ARCHIV zur Mathematik“ fragte der Teubner-Verlag im Februar 1984 sowohl bei der rumänischen als auch bei der ungarischen Post an, ob auf den Briefmarken des Jahres 1960 ein authentisches Bildnis J. BOLYAIS wiedergegeben ist.

Im Antwortschreiben vom April 1984 (Ministry of Transports and Telecommunications, Bucureşti), dem freundlicherweise ein Foto (vgl. S. 243 dieses Bandes) beigelegt war, wurde mitgeteilt: „This photo is an authentic portrait of this mathematician and is reproduced after the model of the stamp issued by Romanian Post in 1960 – Great Cultural Anniversaries issue.“

Mit dem Antwortschreiben vom April 1984 (Administration Centrale des Postes et Télécommunications de Hongrie, Budapest) wurden freundlicherweise mehrere 1982/83 in der Zeitschrift „Élet és Tudomány“ erschienene Artikel übersandt, in denen die Ansicht vertreten wird, daß es sich bei der auf den Gedenkbriefmarken porträtierten Person nicht um J. Bolyai handelt. Außerdem wurde in diesem Antwortschreiben der ungarischen Post an den Teubner-Verlag mitgeteilt: „Ihre Wissenschaftshistoriker hatten recht, als sie behaupteten, daß kein authentisches Bild vom Mathematiker János Bólyai existiert. Die regen Diskussionen, die z. Z. in Ungarn in dieser Hinsicht geführt werden, sind noch lange nicht abgeschlossen."

Literatur

[1] HILBERT, D.: Grundlagen der Geometrie. Leipzig: Teubner-Verlag 1899. 12. Aufl., mit Supplementen von P. BERNAYS. Stuttgart: Teubner-Verlag 1977.

[2] LEGENDRE, A. M.: Éléments de Géométrie. 8. Aufl. Paris: Didot 1809.

[3] STÄCKEL, P.; ENGEL, F.: Die Theorie der Parallellinien von Euklid bis auf Gauß, eine Urkundensammlung zur Vorgeschichte der nichteuklidischen Geometrie. Leipzig: Teubner-Verlag 1895.

[4] GAUSS, C. F.: Werke, Bd. I–XII. Herausgegeben von der Gesellschaft der Wissenschaften zu Göttingen, 1863–1933.

[5] Urkunden zur Geschichte der Nichteuklidischen Geometrie, herausgegeben von F. ENGEL und P. STÄKKEL. II. Wolfgang und Johann Bolyai. Geometrische Untersuchungen, mit Unterstützung der Ungarischen Akademie der Wissenschaften herausgegeben von P. STÄCKEL. Erster Teil, Leben und Schriften der beiden Bolyai. Zweiter Teil, Stücke aus den Schriften der beiden Bolyai. Leipzig-Berlin: Teubner-Verlag 1913.

[6] Briefwechsel zwischen C. F. Gauß und C. L. Gerling. Herausgegeben von C. SCHAEFER. Berlin 1927.

[7] LOBATSCHEWSKY, N.: Geometrische Untersuchungen zur Theorie der Parallellinien. Berlin: G. Fincke'sche Buchhandlung 1840.

[8] Карл Фридрих Гаусс, Сборник статей к 100-летию со ДНЯ смерти, под общей редакцией академика И. М. ВИНОГРАДОВА. Москва: Изд. Академии Наук СССР 1956.

[9] LOBATSCHEWSKIJ, N. I.: Zwei geometrische Abhandlungen. I, II. Übersetzt von F. ENGEL. Leipzig: Teubner-Verlag 1898, 1899.

[10] ЛОБАЧЕВСКИЙ, Н. И.: Полное собрание сочинений, под общей редакцией В. Ф. КАГАНА, А. П. КОТЕЛЬНИКОВА, В. В. СТЕПАНОВА, Н. Г. ЧЕБОТАРЕВА, П. А. ШИРОКОВА, Главний Редактор В. Ф. КАГАН. Т.I–V. Москва–Ленинград 1946.

[11] RIEMANN, B.: Gesammelte Mathematische Werke und wissenschaftlicher Nachlaß. Herausgegeben unter Mitwirkung von R. DEDEKIND von H. WEBER. Leipzig: Teubner-Verlag 1876. 2. Aufl. Leipzig: Teubner-Verlag 1892.

[12] MINDING, F.: Beiträge zur Theorie der kürzesten Linien auf krummen Flächen. Crelles Journal 20 (1840), S. 325.

[13] HILBERT, D.: Trans. Amer. math. Soc. 2 (1901), S. 87.

[14] KILLING, W.: Die nicht-euklidischen Raumformen in analytischer Behandlung. Leipzig: Teubner-Verlag 1885, S. 260.

[15] CAYLEY, A.: Phil. Transactions, t. 149 (1859).

[16] KLEIN, F.: Über die sogenannte Nicht-Euklidische Geometrie. Math. Ann. 4 (1871), S. 573.

[17] REICHARDT, H.: Vorlesungen über Vektor- und Tensorrechnung. 2. Aufl. Berlin: Deutscher Verlag der Wissenschaften 1968.

[18] KLEIN, F.: Vergleichende Betrachtungen über neuere geometrische Forschungen. Erlangen 1873, sowie Math. Ann. 43 (1893), S. 63.

[19] C. F. GAUSS, Gedenkband anläßlich des 100. Todestages am 23. Februar 1955. Herausgegeben von H. REICHARDT. Leipzig: Teubner-Verlag 1957.

[20] BELTRAMI, E.: Saggio di interpretazione della geometria noneuclidea. Giornale di Matematiche VI (1868).

[21] Briefwechsel zwischen C. F. Gauß und H. C. Schumacher. Herausgegeben von C. A. F. PETERS. Band I–VI. Altona 1860–1865.

Einige weiterführende Literaturangaben

[22] Briefwechsel zwischen C. F. Gauß und W. Bolyai. Mit Unterstützung der Ungarischen Akademie der Wissenschaften herausgegeben von F. SCHMIDT und P. STÄCKEL. Leipzig: Teubner-Verlag 1899.

[23] BONOLA, R.: Die nichteuklidische Geometrie, Historisch-kritische Darstellung ihrer Entwicklung. Deutsche Ausgabe, besorgt von H. LIEBMANN. Leipzig–Berlin: Teubner-Verlag 1919.

[24] LIEBMANN, H.: Nichteuklidische Geometrie. Berlin–Leipzig: W. de Gruyter 1923.

[25] ENRIQUES, F.: Prinzipien der Geometrie. Enzyklopädie der mathematischen Wissenschaften III_1, Heft 1, S. 1–129. Leipzig: Teubner-Verlag 1907.

[26] ZACHARIAS, M.: Elementargeometrie und elementare nichteuklidische Geometrie in synthetischer Behandlung. Enzyklopädie der mathematischen Wissenschaften III_1, Hefte 5, 6, S. 859–1172. Leipzig: Teubner-Verlag 1914, 1920.

[27] Klein, F.: Vorlesungen über höhere Geometrie. 3. Aufl. Berlin: Springer-Verlag 1926 (Unveränderter Nachdruck 1968).
[28] Klein, F.: Vorlesungen über die Entwicklung der Mathematik im 19. Jahrhundert. Bd. 1, 2. Berlin: Springer-Verlag 1926, 1927 (Reprint 1979).
[29] Klein, F.: Vorlesungen über nicht-euklidische Geometrie. Berlin: Springer-Verlag 1928 (Unveränderter Nachdruck 1968).
[30] Norden, A. P.: Elementare Einführung in die Lobatschewskische Geometrie. Berlin: Deutscher Verlag der Wissenschaften 1958.
[31] Raschewski, P. K.: Riemannsche Geometrie und Tensoranalysis. Übers. a. d. Russ. Berlin: Deutscher Verlag der Wissenschaften 1959.
[32] Розенфельд, Б. А.: Неевклидовы геометрии. Москва 1955.
[33] Розенфельд, Б. А.: Неевклидовы пространства. Москва 1969.
[34] Лаптев, Б. Л.: Николай Иванович Лобачевский, к 150-летию геометрии Лобачевского 1826–1976. Казан: Изд. Казанского Униветситета 1976.
[35] Reichardt, H.: Gauß und die nicht-euklidische Geometrie. Leipzig: Teubner-Verlag 1976.
[36] Gauss, C. F.; Riemann, B.; Minkowski, H.: Gaußsche Flächentheorie, Riemannsche Räume und Minkowski-Welt. TEUBNER-ARCHIV zur Mathematik, Band 1. Herausgegeben und mit einem Anhang versehen von J. Böhm und H. Reichardt. Leipzig: Teubner-Verlag 1984.

Namen- und Sachverzeichnis

(Die kursiv gedruckten Seitenzahlen verweisen auf die Originalarbeiten von J. Bolyai, N. I. Lobatschewski, F. Klein und auf die neuverfaßten Anmerkungen.)

Die Reihe „TEUBNER-ARCHIV zur Mathematik“ veröffentlicht klassische mathematische Arbeiten, Auszüge aus umfangreichen Werkausgaben, Zeitschriftenbeiträge und bisher noch nicht publizierte Texte. Bereits veröffentlichte Werke werden fotomechanisch nachgedruckt, und jeder Band enthält aktuelle Anmerkungen oder Kommentare kompetenter Mathematiker unserer Tage.

Mit dieser Reihe stellt der BSB B. G. Teubner Verlagsgesellschaft, Leipzig, bedeutende mathematische Arbeiten einem breiten Leserkreis zur Verfügung.

The series „TEUBNER-ARCHIV zur Mathematik“ publishes classical mathematical works, extracts from voluminous treatises, journal articles and hitherto unpublished material. Work previously published will be reproduced photographically, and each volume will contain notes or commentaries by modern specialists.

By means of this series the publishers, BSB B. G. Teubner Verlagsgesellschaft, Leipzig, intend to make important mathematical works available to a wide audience.

La série „TEUBNER-ARCHIV zur Mathematik“ publie des travaux mathématiques classiques, des extraits d'ouvrages édités volumineux, articles de périodiques et des textes non encore publiés jusqu'ici. Des ouvrages déjà publiés sont réimprimés d'après le procédé photomécanique, et chaque volume contient des annotations ou des commentaires actuels de mathématiciens compétents contemporains.

Avec cette série, les éditions BSB B. G. Teubner Verlagsgesellschaft de Leipzig mettent des travaux mathématiques importants à la disposition d'un large cercle de lecteurs.

В серии „TEUBNER-ARCHIV zur Mathematik“ публикуются классические математические работы, выдержки из больших собраний сочинений, журнальные статьи и до сих пор не опубликованные тексты. Уже изданные работы перепечатываются фотомеханическим способом и каждый том содержит актуальные примечания или комментарии компетентных математиков наших дней.

Эта серия издательства BSB. B. G. Teubner Verlagsgesellschaft г. Лейпцига знакомит широкий круг читателей с известными математическими работами.